Food

新编

食品添加剂速查手册

何春毅　主编

化学工业出版社

·北京·

一种食品中允许使用多种食品添加剂，这些食品添加剂分布在GB 2760—2014标准各处，想从食品的角度出发，从中查找出某种食品允许使用哪些食品添加剂，就会感到很不方便，有一定难度，企业在生产中也易发生错用和超量使用食品添加剂的情况。这本手册就是为解决这些难题而编写的，通过使用本手册能快速查找出某种食品可使用的食品添加剂品种和用量。本手册是按食品的分类、食品产品名称对GB 2760—2014中食品添加剂产品种类进行重新整理归类，同时又按这些食品添加剂的功能进行分类汇总，列出了对应的使用量，这样，相关食品工作人员可快捷、准确地查询和选择食品添加剂。

本书适用对象是食品企业的生产技术人员、产品研发人员和质量监管人员，可作为他们的必备工具书。同时本手册也是食品安全监管人员的得力助手。

图书在版编目（CIP）数据

新编食品添加剂速查手册/何春毅主编. —北京：化学工业出版社，2017.10（2025.1重印）
ISBN 978-7-122-30526-8

Ⅰ.①新… Ⅱ.①何… Ⅲ.①食品添加剂-手册 Ⅳ.①TS202.3-62

中国版本图书馆CIP数据核字（2017）第211832号

责任编辑：赵玉清　　文字编辑：周　倜
责任校对：宋　夏　　装帧设计：关　飞

出版发行：化学工业出版社（北京市东城区青年湖南街13号　邮政编码100011）
印　　装：北京建宏印刷有限公司
787mm×1092mm　1/16　印张$14\frac{3}{4}$　字数363千字　2025年1月北京第1版第9次印刷

购书咨询：010-64518888　　售后服务：010-64518899
网　　址：http://www.cip.com.cn
凡购买本书，如有缺损质量问题，本社销售中心负责调换。

定　　价：80.00元

序

食品添加剂是现代食品生产中不可或缺的必需品，极大地促进了食品工业的发展，并被誉为现代食品工业的灵魂。

食品添加剂的使用是一门十分专业的学科，有明确的规定和严格的使用范围及使用量，任何超量、超范围使用都是违法的。食品添加剂在使用时，是为了增加食品的满意度，应遵循不对人体产生任何健康危害，在达到预期的效果下尽可能降低用量，但是什么食品能加、加多少，都有严格的控制，都有科学的标准衡量，国家对于超标准、超范围使用食品添加剂现象坚决进行严厉打击。

我国有许多规模不等的食品加工企业，自最严的 2015 版《食品安全法》和新版 GB 2760—2014《食品添加剂使用标准》发布实施以来，在国家食品抽检中仍然不断出现食品添加剂超限量、超范围使用的现象。究其原因，一是食品添加剂本身类别和产品品种多，是一门十分专业的学科，中小食品加工企业一般缺乏食品添加剂应用的专业人才，很多企业在食品添加剂的使用上有的参考别家企业产品，或只按食品添加剂的功能（如甜味剂的代糖功能）的方式而未考虑对食品的类别要求来使用，这就容易发生误用；二是食品中允许使用的各类食品添加剂分布在 GB 2760—2014 标准各处，想从食品的角度出发，从中查找出某种食品中允许使用哪些食品添加剂，就会感到很不方便，也有一定困难，从而导致相关生产技术人员对 GB 2760—2014 的理解不足的可能，企业在生产中也易发生错用和超量使用食品添加剂的情况。因此编辑一本实用性强的专业用书，对 GB 2760—2014 中使用的食品添加剂进行整理归类是非常有必要的，以便相关人员能方便、快捷、准确地查询，也有助于科学规范使用食品添加剂，保障公众食品安全。

手册是从食品的分类、食品产品名称对 GB 2760—2014 中食品添加剂进行整理归类，它能方便查找出某一食品中允许使用的食品添加剂产品种类、数量及其最大使用量；同时手册在编排时又对这些食品添加剂按功能进行分类排列，这样相关人员更能快捷、准确地查询、选择和使用食品添加剂，查找起来又快又准。

这本手册，可以作为食品行业，尤其是食品、食品添加剂生产企业和食品安全监管人员必备的工具书，手册也是食品添加剂企业营销人员的贴身助手。

浙江省食品药品监督管理局副局长

前言

本手册是在浙江省食品添加剂和配料行业协会培训教材的基础上，为了方便查询各类食品中允许使用的食品添加剂而编写的，经浙江大学冯凤琴教授向化学工业出版社推荐，才得与广大食品工作者见面，在此向冯凤琴教授和化学工业出版社谨致谢意。

GB 2760—2014《食品添加剂使用标准》是按照食品添加剂产品名称首字母的拼音顺序排列，将允许使用的食品添加剂（除香料、加工助剂）以附录A形式列出，允许使用的香料（含天然和合成香料）以附录B形式列出，允许使用的食品工业用加工助剂以附录C形式列出。当使用者想知道某一食品添加剂、香料或加工助剂的使用规定时，可按食品添加剂名称从GB 2760—2014附录A各表、附录B各表、附录C各表中方便查到。可是要从附录A查询某类或某种食品中可使用哪些食品添加剂时，就会感到无从下手，因为每种食品需要使用的食品添加剂遍布在食品安全国家标准GB 2760—2014《食品添加剂使用标准》文本各处，虽然新版标准中有功能分类表（附录D）和食品添加剂汉语拼音顺序索引（附录F），但标准也没有提供按这些途径查找食品生产中需要使用哪些食品添加剂的方法。浙江省食品添加剂和配料行业协会在日常工作中经常有食品企业咨询食品添加剂应用事项，发现有相当数量的企业及部分食品检测机构对GB 2760—2014理解不足而导致误用和误判。作为食品添加剂的专业组织机构，浙江省食品添加剂和配料行业协会有责任编写一本实用性强、查询方便的手册来解决存在的问题，本书可作为食品安全国家标准GB 2760—2014《食品添加剂使用标准》的配套用书。

在本手册编写中，浙江省食品添加剂和配料行业协会会长邵斌教授级高工和童永和名誉会长给予了组织协调和鼎力支持，协会专家胡振长教授、傅竹生高工、周斌高工、袁长贵老师、王国军老师对相关章节进行了审核，协会工作人员徐璟、鲍晓娟做了大量的基础性工作，对他们在本手册编写中的辛勤付出致以敬意。

浙江省食品添加剂和配料行业协会

何春毅

2017年6月

本书编写原则及使用方法

本手册可作为食品安全国家标准 GB 2760—2014《食品添加剂使用标准》的配套用书，是为了方便查询各类食品中允许使用的食品添加剂而编写的。

为了便于各相关食品安全管理人员、科研院所研发人员及食品企业生产技术及质量管理方面的使用者更方便快捷地使用 GB 2760—2014，编者在认真研究 GB 2760—2014 结构和内容的基础上，提出本书的编写思路：借鉴 2007 版 GB2760 中按食品分类编排食品添加剂的方法，以 GB 2760—2014 适用的食品分类表为依据，对 16 类食品按大类、亚类、子类排列，各类食品中可用的食品添加剂，按品种和用量进行汇编，并按食品添加剂的功能进行了归类排序，这样就能方便地查找出任何一种食品中允许使用的食品添加剂产品种类、数量及其最大使用量。

本书所述的表 A.1、表 A.2、表 A.3、表 B.1、表 B.2、表 B.3、表 C.1、表 C.2、表 C.3 均为 GB 2760—2014 标准中的表。为了节省篇幅，本书除引用“表 A.2 可在各类食品中按生产需要适量使用的食品添加剂名单”以外，不再对各附录表引用，同时对各食品添加剂品种简化省略了 CNS 号、英文名和 INS 号。

GB 2760—2014 标准附录 E 食品分类系统（见标准 197 页）用于界定食品添加剂的使用范围，允许某一食品添加剂应用于某一食品类别时，则允许其应用于该类别下的所有类别食品，但表 A.3 规定的按生产需要适量使用的食品添加剂（表 A.2）所例外的食品类别除外，这些食品类别（表 A.3）在使用食品添加剂时应符合表 A.1 的规定。

为查询方便，本手册设计的查询表已整合了 GB 2760—2014 标准中表 A.3 所例外的食品类别，也整合了国家卫生计生委新发布的新增和扩大使用范围和使用量的食品添加剂，查询时请关注以下重要内容。

一、本手册增补了自 GB 2760—2014 颁布以来国家卫生计生委新发布的新增和扩大使用范围和使用量的食品添加剂、香料和食品工业用加工助剂，在本书第五单元“新颁布和扩大使用范围的食品添加剂”中以简明汇总表形式列出（截至 2017 年 2 月），含以下五项公告。

1. 国家卫生计生委关于批准 β-半乳糖苷酶为食品添加剂新品种等的公告（2015 年第 1 号）。

2. 国家卫生计生委关于海藻酸钙等食品添加剂新品种的公告（2016 年第 8 号）。

3. 国家卫生计生委关于抗坏血酸棕榈酸酯（酶法）等食品添加剂新品种的公告（2016 年第 9 号）。

4. 国家卫生计生委关于食品用香料新品种 9-癸烯-2-酮、茶多酚等 7 种食品添加剂扩大使用范围和食品营养强化剂钙扩大使用范围的公告（2016 年第 14 号）。

5. 国家卫生计生委关于食品添加剂新品种碳酸铵、6-甲基庚醛等 9 种食品用香料新品种和焦亚硫酸钠等 2 种食品添加剂扩大使用范围的公告（2017 年第 1 号）。

二、以上新增和扩大使用范围和使用量的食品添加剂，已整合列入本手册第二单元“各类食品中允许使用的食品添加剂”查询表中（截至 2017 年 2 月）。

三、以上新增和扩大使用范围和使用量的香料和加工助剂已在本手册第三单元“食品用香料、香精”和第四单元“食品工业用加工助剂”中单独列表列出（截至 2017 年 2 月）。

四、本书对食品添加剂的使用品种和范围的查询方法如下：

1. 在本手册第 1 页食品分类查询表中查到该食品所属大类及亚类和最终所属子类。翻到食品分类查询表中右侧所示本书页码，可查看该子类食品中所列食品添加剂。

2. 本手册的每一食品中可用的食品添加剂品种和数量由几部分构成：一是子类食品中直接列出的食品添加剂，二是上一级亚类或大类食品中可用的食品添加剂，三是表 A.2 中各种食品中可适量使用的食品添加剂 75 种（表 A.3 所列食品类别不适用）。

3. 在分类查询表中有上级食品分类中允许使用的食品添加剂，也适用该子类食品，表 A.3 所列的例外食品类别，其所属子类也适用该规定，即表 A.3 食品类别的下级子类可使用表 A.3 食品类别中的食品添加剂，但是表 A.3 食品类别的食品不能使用其上一级类别所使用的食品添加剂。

4. 上级食品分类中允许使用的食品添加剂与子类食品分类中相同时，以子类食品分类所列食品添加剂的使用范围和使用量为准。在表 A.3 所列食品类别内部也适用。

5. 本手册已对各类食品中所列食品添加剂按功能进行了排序归类，在查询和选择食品添加剂时，可方便地从表中相同功能的食品添加剂中选择适合的品种。

例如，以酿造酱油为例，从 GB 2760 标准出发很难查全有多少食品添加剂可用，如果按本手册的方法，依第 1 页的食品分类查询表，查到食品分类号 12.0 调味品＞食品分类号 12.04 酱油＞食品分类号 12.04.01 酿造酱油，翻到一旁所示的“本书页码 148 页”，就可查到共有 106 种食品添加剂可以使用。

本手册编写时尽可能详细准确地提供食品添加剂的查询信息，因每种食品需要使用的食品添加剂遍布在食品安全国家标准 GB 2760—2014《食品添加剂使用标准》文本各处，或因理解上有偏差，编写时可能会出现疏漏，导致本书编写结果出现偏差，不足与疏漏在所难免，敬请各位读者批评指正，本查询结果仅供参考，如果使用者发现本书与标准有偏差，食品添加剂使用范围和使用量的确定，皆以食品安全国家标准 GB 2760—2014《食品添加剂使用标准》文本和国家卫生计生委公告为准。

目录

一、

GB2760-2014标准适用的食品分类查询表

一、乳及乳制品（13.0特殊膳食用食品涉及品种除外）

食品分类号	食品名称	本书页码
01.0	乳及乳制品(13.0特殊膳食用食品涉及品种除外)	18
01.01	巴氏杀菌乳、灭菌乳和调制乳	18
01.01.01	巴氏杀菌乳	18
01.01.02	灭菌乳	19
01.01.03	调制乳	19
01.02	发酵乳和风味发酵乳	20
01.02.01	发酵乳	20
01.02.02	风味发酵乳	21
01.03	乳粉(包括加糖乳粉)和奶油粉及其调制产品	22
01.03.01	乳粉和奶油粉	22
01.03.02	调制乳粉和调制奶油粉	23
01.04	炼乳及其调制产品	24
01.04.01	淡炼乳(原味)	24
01.04.02	调制炼乳(包括加糖炼乳及使用了非乳原料的调制炼乳等)	24
01.05	稀奶油(淡奶油)及其类似品	25
01.05.01	稀奶油	25
01.05.02	—	27
01.05.03	调制稀奶油	27
01.05.04	稀奶油类似品	28
01.06	干酪和再制干酪及其类似品	28
01.06.01	非熟化干酪	28

续表

食品分类号	食品名称	本书页码
01.06.02	熟化干酪	29
01.06.03	乳清干酪	29
01.06.04	再制干酪	29
01.06.04.01	普通再制干酪	30
01.06.04.02	调味再制干酪	30
01.06.05	干酪类似品	31
01.06.06	乳清蛋白干酪	31
01.07	以乳为主要配料的即食风味食品或其预制产品(不包括冰淇淋和风味发酵乳)	31
01.08	其他乳制品(如乳清粉、酪蛋白粉)	32

二、脂肪，油和乳化脂肪制品

食品分类号	食品名称	本书页码
02.0	脂肪,油和乳化脂肪制品	32
02.01	基本不含水的脂肪和油	33
02.01.01	植物油脂	34
02.01.01.01	植物油	34
02.01.01.02	氢化植物油	34
02.01.02	动物油脂(包括猪油、牛油、鱼油和其他动物脂肪等)	35
02.01.03	无水黄油,无水乳脂	35
02.02	水油状脂肪乳化制品	36
02.02.01	脂肪含量80%以上的乳化制品	36
02.02.01.01	黄油和浓缩黄油	37
02.02.01.02	人造黄油(人造奶油)及其类似制品(如黄油和人造黄油混合品)	37
02.02.02	脂肪含量80%以下的乳化制品	38
02.03	02.02类以外的脂肪乳化制品,包括混合的和(或)调味的脂肪乳化制品	38
02.04	脂肪类甜品	39
02.05	其他油脂或油脂制品	40

三、冷冻饮品

食品分类号	食品名称	本书页码
03.0	冷冻饮品	40
03.01	冰淇淋、雪糕类	43
03.02	—	44
03.03	风味冰、冰棍类	44
03.04	食用冰	44
03.05	其他冷冻饮品	44

四、水果、蔬菜（包括块根类）、豆类、食用菌、藻类、坚果以及籽类等

食品分类号	食品名称	本书页码
04.0	水果、蔬菜（包括块根类）、豆类、食用菌、藻类、坚果以及籽类等	45
04.01	水果	45
04.01.01	新鲜水果	45
04.01.01.01	未经加工的鲜果	45
04.01.01.02	经表面处理的鲜水果	46
04.01.01.03	去皮或预切的鲜水果	47
04.01.02	加工水果	47
04.01.02.01	冷冻水果	47
04.01.02.02	水果干类	48
04.01.02.03	醋、油或盐渍水果	48
04.01.02.04	水果罐头	49
04.01.02.05	果酱	49
04.01.02.06	果泥	52
04.01.02.07	除 04.01.02.05 以外的果酱（如印度酸辣酱）	52
04.01.02.08	蜜饯凉果	52
04.01.02.08.01	蜜饯类	54
04.01.02.08.02	凉果类	54
04.01.02.08.03	果脯类	55
04.01.02.08.04	话化类	55
04.01.02.08.05	果糕类	55
04.01.02.09	装饰性果蔬	56

续表

食品分类号	食品名称	本书页码
04.01.02.10	水果甜品,包括果味液体甜品	57
04.01.02.11	发酵的水果制品	57
04.01.02.12	煮熟的或油炸的水果	57
04.01.02.13	其他加工水果	58
04.02	蔬菜	58
04.02.01	新鲜蔬菜	58
04.02.01.01	未经加工鲜蔬菜	58
04.02.01.02	经表面处理的新鲜蔬菜	59
04.02.01.03	去皮、切块或切丝的蔬菜	59
04.02.01.04	豆芽菜	59
04.02.02	加工蔬菜	59
04.02.02.01	冷冻蔬菜	60
04.02.02.02	干制蔬菜	60
04.02.02.03	腌渍的蔬菜	61
04.02.02.04	蔬菜罐头	62
04.02.02.05	蔬菜泥(酱),番茄沙司除外	63
04.02.02.06	发酵蔬菜制品	64
04.02.02.07	经水煮或油炸的蔬菜	64
04.02.02.08	其他加工蔬菜	64
04.03	食用菌和藻类	65
04.03.01	新鲜食用菌和藻类	65
04.03.01.01	未经加工鲜食用菌和藻类	65
04.03.01.02	经表面处理的鲜食用菌和藻类	65
04.03.01.03	去皮、切块或切丝的食用菌和藻类	66
04.03.02	加工食用菌和藻类	66
04.03.02.01	冷冻食用菌和藻类	66
04.03.02.02	干制食用菌和藻类	66
04.03.02.03	腌渍的食用菌和藻类	66
04.03.02.04	食用菌和藻类罐头	67
04.03.02.05	经水煮或油炸的藻类	68
04.03.02.06	其他加工食用菌和藻类	68
04.04	豆类制品	69
04.04.01	非发酵豆制品	69

续表

食品分类号	食品名称	本书页码
04.04.01.01	豆腐类	69
04.04.01.02	豆干类	70
04.04.01.03	豆干再制品	70
04.04.01.03.01	炸制半干豆腐	71
04.04.01.03.02	卤制半干豆腐	71
04.04.01.03.03	熏制半干豆腐	71
04.04.01.03.04	其他半干豆腐	72
04.04.01.04	腐竹类(包括腐竹、油皮等)	72
04.04.01.05	新型豆制品(大豆蛋白及其膨化食品、大豆素肉等)	72
04.04.01.06	熟制豆类	73
04.04.02	发酵豆制品	73
04.04.02.01	腐乳类	73
04.04.02.02	豆豉及其制品(包括纳豆)	74
04.04.03	其他豆制品	74
04.05	坚果和籽类	74
04.05.01	新鲜坚果与籽类	75
04.05.02	加工坚果与籽类	75
04.05.02.01	熟制坚果与籽类	75
04.05.02.01.01	带壳熟制坚果与籽类	77
04.05.02.01.02	脱壳熟制坚果与籽类	77
04.05.02.02	—	78
04.05.02.03	坚果与籽类罐头	78
04.05.02.04	坚果与籽类的泥(酱),包括花生酱等	78
04.05.02.05	其他加工的坚果与籽类(如腌渍的果仁)	79

五、可可制品、巧克力和巧克力制品（包括代可可脂巧克力及制品）以及糖果

食品分类号	食品名称	本书页码
05.0	可可制品、巧克力和巧克力制品(包括代可可脂巧克力及制品)以及糖果	79
05.01	可可制品、巧克力和巧克力制品,包括代可可脂巧克力及制品	81
05.01.01	可可制品(包括以可可为主要原料的脂、粉、浆、酱、馅等)	81
05.01.02	巧克力和巧克力制品、除05.01.01以外的可可制品	82

续表

食品分类号	食品名称	本书页码
05.01.03	代可可脂巧克力及使用可可脂代用品的巧克力类似产品	82
05.02	糖果	83
05.02.01	胶基糖果	85
05.02.02	除胶基糖果以外的其他糖果	86
05.03	糖果和巧克力制品包衣	87
05.04	装饰糖果(如工艺造型,或用于蛋糕装饰)、顶饰(非水果材料)和甜汁	88

六、粮食和粮食制品，包括大米、面粉、杂粮、块根植物、豆类和玉米提取的淀粉等（不包括 07.0 类焙烤制品）

食品分类号	食品名称	本书页码
06.0	粮食和粮食制品,包括大米、面粉、杂粮、块根植物、豆类和玉米提取的淀粉等(不包括 07.0 类焙烤制品)	88
06.01	原粮	89
06.02	大米及其制品	89
06.02.01	大米	89
06.02.02	大米制品	89
06.02.03	米粉(包括汤圆粉等)	90
06.02.04	米粉制品	90
06.03	小麦粉及其制品	90
06.03.01	小麦粉	90
06.03.01.01	通用小麦粉	91
06.03.01.02	专用小麦粉(如自发粉、饺子粉等)	91
06.03.02	小麦粉制品	92
06.03.02.01	生湿面制品(如面条、饺子皮、馄饨皮、烧麦皮)	92
06.03.02.02	生干面制品	93
06.03.02.03	发酵面制品	94
06.03.02.04	面糊(如用于鱼和禽肉的拖面糊)、裹粉、煎炸粉	94
06.03.02.05	油炸面制品	96
06.04	杂粮粉及其制品	96
06.04.01	杂粮粉	96
06.04.02	杂粮制品	97
06.04.02.01	杂粮罐头	97

续表

食品分类号	食品名称	本书页码
06.04.02.02	其他杂粮制品	98
06.05	淀粉及淀粉类制品	98
06.05.01	食用淀粉	98
06.05.02	淀粉制品	99
06.05.02.01	粉丝、粉条	99
06.05.02.02	虾味片	100
06.05.02.03	藕粉	100
06.05.02.04	粉圆	100
06.06	即食谷物，包括碾轧燕麦（片）	101
06.07	方便米面制品	102
06.08	冷冻米面制品	104
06.09	谷类和淀粉类甜品（如米布丁、木薯布丁）	104
06.10	粮食制品馅料	105

七、焙烤食品

食品分类号	食品名称	本书页码
07.0	焙烤食品	106
07.01	面包	108
07.02	糕点	109
07.02.01	中式糕点（月饼除外）	111
07.02.02	西式糕点	111
07.02.03	月饼	111
07.02.04	糕点上彩装	112
07.03	饼干	112
07.03.01	夹心及装饰类饼干	114
07.03.02	威化饼干	114
07.03.03	蛋卷	115
07.03.04	其他饼干	115
07.04	焙烤食品馅料及表面用挂浆	115
07.05	其他焙烤食品	117

八、肉及肉制品

九、水产及其制品(包括鱼类、甲壳类、贝类、软体类、棘皮类等水产及其加工制品等)

续表

食品分类号	食品名称	本书页码
09.02	冷冻水产品及其制品	130
09.02.01	冷冻水产品	130
09.02.02	冷冻挂浆制品	130
09.02.03	冷冻鱼糜制品(包括鱼丸等)	130
09.03	预制水产品(半成品)	131
09.03.01	醋渍或肉冻状水产品	132
09.03.02	腌制水产品	132
09.03.03	鱼子制品	133
09.03.04	风干、烘干、压干等水产品	133
09.03.05	其他预制水产品(如鱼肉饺皮)	133
09.04	熟制水产品(可直接食用)	133
09.04.01	熟干水产品	134
09.04.02	经烹调或油炸的水产品	134
09.04.03	熏、烤水产品	135
09.04.04	发酵水产品	135
09.04.05	鱼肉灌肠类	135
09.05	水产品罐头	135
09.06	其他水产品及其制品	136

十、蛋及蛋制品

食品分类号	食品名称	本书页码
10.0	蛋及蛋制品	136
10.01	鲜蛋	136
10.02	再制蛋(不改变物理性状)	137
10.02.01	卤蛋	137
10.02.02	糟蛋	137
10.02.03	皮蛋	137
10.02.04	咸蛋	137
10.02.05	其他再制蛋	138
10.03	蛋制品(改变其物理性状)	138
10.03.01	脱水蛋制品(如蛋白粉、蛋黄粉、蛋白片)	138
10.03.02	热凝固蛋制品(如蛋黄酪、松花蛋肠)	139
10.03.03	蛋液与液体蛋	139
10.04	其他蛋制品	139

十一、甜味料，包括蜂蜜

十二、调味品

续表

食品分类号	食品名称	本书页码
12.09.01	香辛料及粉	150
12.09.02	香辛料油	151
12.09.03	香辛料酱(如芥末酱、青芥酱)	151
12.09.04	其他香辛料加工品	152
12.10	复合调味料	152
12.10.01	固体复合调味料	153
12.10.01.01	固体汤料	154
12.10.01.02	鸡精、鸡粉	155
12.10.01.03	其他固体复合调味料	155
12.10.02	半固体复合调味料	155
12.10.02.01	蛋黄酱、沙拉酱	156
12.10.02.02	以动物性原料为基料的调味酱	157
12.10.02.03	以蔬菜为基料的调味酱	157
12.10.02.04	其他半固体复合调味料	158
12.10.03	液体复合调味料(不包括 12.03,12.04)	158
12.10.03.01	浓缩汤(罐装、瓶装)	159
12.10.03.02	肉汤、骨汤	159
12.10.03.03	调味清汁	159
12.10.03.04	蚝油、虾油、鱼露等	159
12.11	其他调味料	160

十三、特殊膳食用食品

食品分类号	食品名称	本书页码
13.0	特殊膳食用食品	160
13.01	婴幼儿配方食品	160
13.01.01	婴儿配方食品	161
13.01.02	较大婴儿和幼儿配方食品	162
13.01.03	特殊医学用途婴儿配方食品	162
13.02	婴幼儿辅助食品	162
13.02.01	婴幼儿谷类辅助食品	163
13.02.02	婴幼儿罐装辅助食品	163
13.03	—	163
13.04	—	163
13.05	其他特殊膳食用食品	164

十四、饮料类

十五、酒类

食品分类号	食品名称	本书页码
15.0	酒类	190
15.01	蒸馏酒	190
15.01.01	白酒	190
15.01.02	调香蒸馏酒	191
15.01.03	白兰地	191
15.01.04	威士忌	191
15.01.05	伏特加	191
15.01.06	朗姆酒	192
15.01.07	其他蒸馏酒	192
15.02	配制酒	192
15.03	发酵酒	194
15.03.01	葡萄酒	194
15.03.01.01	无汽葡萄酒	195
15.03.01.02	起泡和半起泡葡萄酒	195
15.03.01.03	调香葡萄酒	195
15.03.01.04	特种葡萄酒(按特殊工艺加工制作的葡萄酒,如在葡萄原酒中加入白兰地、浓缩葡萄汁等)	195
15.03.02	黄酒	196
15.03.03	果酒	196
15.03.04	蜂蜜酒	196
15.03.05	啤酒和麦芽饮料	197
15.03.06	其他发酵酒类(充气型)	197

十六、其他类(第01.0—15.0类除外)

食品分类号	食品名称	本书页码
16.0	其他类(第01.0—15.0类除外)	197
16.01	果冻	198
16.02	茶叶、咖啡和茶制品	201
16.02.01	茶叶、咖啡	201
16.02.02	茶制品(包括调味茶和代用茶)	201
16.03	胶原蛋白肠衣	201

续表

食品分类号	食品名称	本书页码
16.04	酵母及酵母类制品	202
16.04.01	干酵母	202
16.04.02	其他酵母及酵母类制品	202
16.05	—	203
16.06	膨化食品	203
16.07	其他	205

二、各类食品中允许使用的食品添加剂

GB 2760—2014 对附录表 A.2 规定了可在各类食品中按生产需要适量使用的食品添加剂，同时又规定附录中表 A.3 所例外的食品类别名单，因本书对附录表 A.2 引用较多，现将表 A.2 列出，进行了重排，省略了各品种的 CNS 号、英文名和 INS 号。

表 A.2　可在各类食品中按生产需要适量使用的食品添加剂名单（简化）

食品添加剂名称	功能	最大使用量/(g/kg)	备注
微晶纤维素	抗结剂、增稠剂、稳定剂	适量使用	
抗坏血酸(又名维生素 C)	抗氧化剂	适量使用	
抗坏血酸钠	抗氧化剂	适量使用	
抗坏血酸钙	抗氧化剂	适量使用	
D-异抗坏血酸及其钠盐	抗氧化剂	适量使用	
磷脂	抗氧化剂、乳化剂	适量使用	
碳酸钙(包括轻质和重质碳酸钙)	面粉处理剂、膨松剂	适量使用	
碳酸氢铵	膨松剂	适量使用	
碳酸氢钠	膨松剂、酸度调节剂、稳定剂	适量使用	
单,双甘油脂肪酸酯(油酸、亚油酸、棕榈酸、山嵛酸、硬脂酸、月桂酸、亚麻酸)	乳化剂	适量使用	
酪蛋白酸钠(又名酪朊酸钠)	乳化剂	适量使用	
柠檬酸脂肪酸甘油酯	乳化剂	适量使用	
乳酸脂肪酸甘油酯	乳化剂	适量使用	
辛烯基琥珀酸淀粉钠	乳化剂	适量使用	
改性大豆磷脂	乳化剂	适量使用	
酶解大豆磷脂	乳化剂	适量使用	
乙酰化单、双甘油脂肪酸酯	乳化剂	适量使用	
乳酸钾	水分保持剂	适量使用	

续表

食品添加剂名称	功能	最大使用量/(g/kg)	备注
甘油(又名丙三醇)	水分保持剂、乳化剂	适量使用	
乳酸钠	水分保持剂、酸度调节剂、抗氧化剂、膨松剂、增稠剂、稳定剂	适量使用	
乳酸	酸度调节剂	适量使用	
碳酸钾	酸度调节剂	适量使用	
碳酸钠	酸度调节剂	适量使用	
碳酸氢钾	酸度调节剂	适量使用	
DL-苹果酸钠	酸度调节剂	适量使用	
L-苹果酸	酸度调节剂	适量使用	
DL -苹果酸	酸度调节剂	适量使用	
冰乙酸(又名冰醋酸)	酸度调节剂	适量使用	
冰乙酸(低压羰基化法)	酸度调节剂	适量使用	
柠檬酸	酸度调节剂	适量使用	
柠檬酸钾	酸度调节剂	适量使用	
柠檬酸一钠	酸度调节剂	适量使用	
葡萄糖酸钠	酸度调节剂	适量使用	
柠檬酸钠	酸度调节剂、稳定剂	适量使用	
乳糖醇(又名 4-β-D 吡喃半乳糖-D-山梨醇)	甜味剂	适量使用	
赤藓糖醇	甜味剂	适量使用	生产菌株分别为 *Moniliella pollinis*、*Trichosporonides megachiliensis* 和解脂假丝酵母 *Candida lipolytica*
罗汉果甜苷	甜味剂	适量使用	
木糖醇	甜味剂	适量使用	
葡萄糖酸-δ-内酯	稳定和凝固剂	适量使用	
黄原胶(又名汉生胶)	稳定剂、增稠剂	适量使用	
α-环状糊精	稳定剂、增稠剂	适量使用	
γ-环状糊精	稳定剂、增稠剂	适量使用	
醋酸酯淀粉	增稠剂	适量使用	
瓜尔胶	增稠剂	适量使用	
果胶	增稠剂	适量使用	
海藻酸钠(又名褐藻酸钠)	增稠剂	适量使用	

续表

食品添加剂名称	功能	最大使用量/(g/kg)	备注
槐豆胶(又名刺槐豆胶)	增稠剂	适量使用	
卡拉胶	增稠剂	适量使用	
羟丙基二淀粉磷酸酯	增稠剂	适量使用	
羧甲基纤维素钠	增稠剂	适量使用	
阿拉伯胶	增稠剂	适量使用	
海藻酸钾(又名褐藻酸钾)	增稠剂	适量使用	
甲基纤维素	增稠剂	适量使用	
结冷胶	增稠剂	适量使用	
聚丙烯酸钠	增稠剂	适量使用	
磷酸酯双淀粉	增稠剂	适量使用	
明胶	增稠剂	适量使用	
羟丙基甲基纤维素(HPMC)	增稠剂	适量使用	
琼脂	增稠剂	适量使用	
酸处理淀粉	增稠剂	适量使用	
氧化淀粉	增稠剂	适量使用	
氧化羟丙基淀粉	增稠剂	适量使用	
乙酰化二淀粉磷酸酯	增稠剂	适量使用	
乙酰化双淀粉己二酸酯	增稠剂	适量使用	
羟丙基淀粉	增稠剂、膨松剂、乳化剂、稳定剂	适量使用	
5′-呈味核苷酸二钠(又名呈味核苷酸二钠)	增味剂	适量使用	
5′-肌苷酸二钠	增味剂	适量使用	
5′-鸟苷酸二钠	增味剂	适量使用	
谷氨酸钠	增味剂	适量使用	
柑橘黄	着色剂	适量使用	
高粱红	着色剂	适量使用	
天然胡萝卜素	着色剂	适量使用	
甜菜红	着色剂	适量使用	
氯化钾	其他	适量使用	
半乳甘露聚糖	其他	适量使用	

第一类 乳及乳制品（13.0特殊膳食用食品涉及品种除外）

食品分类号 01.0　食品名称：乳及乳制品（13.0 特殊膳食用食品涉及品种除外）

本类食品说明：包括巴氏杀菌乳、灭菌乳和调制乳、发酵乳和风味发酵乳、乳粉（包括加糖乳粉）和奶油粉及其调制产品、炼乳及其调制产品、稀奶油（淡奶油）及其类似品、干酪和再制干酪及其类似品、以乳为主要配料的即食风味食品或其预制产品（不包括 03.01 冰淇淋、雪糕类，13.0 特殊膳食用食品涉及品种除外）。

允许使用的食品添加剂：

食品添加剂名称	功能	最大使用量/(g/kg)	备注
丙二醇脂肪酸酯	乳化剂、稳定剂	5.0	
海藻酸丙二醇酯	增稠剂、乳化剂、稳定剂	3.0	
磷酸，焦磷酸二氢二钠，焦磷酸钠，磷酸二氢钙，磷酸二氢钾，磷酸氢二铵，磷酸氢二钾，磷酸氢钙，磷酸三钙，磷酸三钾，磷酸三钠，六偏磷酸钠，三聚磷酸钠，磷酸二氢钠，磷酸氢二钠，焦磷酸四钾，焦磷酸一氢三钠，聚偏磷酸钾，酸式焦磷酸钙	水分保持剂、酸度调节剂、稳定剂、凝固剂	5.0	可单独或混合使用，最大使用量以磷酸根(PO_4^{3-})计
乳酸链球菌素	防腐剂	0.5	
碳酸氢三钠(又名倍半碳酸钠)	酸度调节剂	按生产需要适量使用	仅限羊奶
依据表 A.2 可以适量使用的食品添加剂 75 种(项)，见本手册 15 页			
01.01.01 巴氏杀菌乳和 01.01.02 灭菌乳除外			

食品分类号 01.01　食品名称：巴氏杀菌乳、灭菌乳和调制乳

本类食品说明：包括巴氏杀菌乳、灭菌乳和调制乳。

允许使用的食品添加剂：

食品添加剂名称	功能	最大使用量/(g/kg)	备注
上级 01.0 分类允许使用的食品添加剂 5 项			
依据表 A.2 可以适量使用的食品添加剂 75 种(项)，见本手册 15 页			

食品分类号 01.01.01　食品名称：巴氏杀菌乳（属表 A.3 所例外的食品类别）

本类食品说明：仅以生牛（羊）乳为原料，经巴氏杀菌等工序制得的液体产品。

允许使用的食品添加剂：不允许使用食品添加剂

食品分类号 01.01.02 食品名称：灭菌乳（属表 A.3 所例外的食品类别）

本类食品说明：灭菌乳包括超高温灭菌乳和保持灭菌乳。

超高温灭菌乳：以生牛（羊）乳为原料，添加或不添加复原乳，在连续流动的状态下，加热到至少 132℃，经瞬时灭菌工艺灭菌，再经无菌灌装等工序制成的液体包装产品。

保持灭菌乳：以生牛（羊）乳为原料，添加或不添加复原乳，无论是否经过预热处理，在灌装并密封之后经灭菌等工序制成的液体包装产品。

允许使用的食品添加剂：不允许使用食品添加剂

食品分类号 01.01.03 食品名称：调制乳

本类食品说明：以不低于 80%的生牛（羊）乳或复原乳为主要原料，添加其他配料或食品添加剂或营养强化剂，采用适当的灭菌等工艺制成的液体包装产品。

允许使用的食品添加剂：

食品添加剂名称	功能	最大使用量/(g/kg)	备注
维生素 E(dl-α-生育酚，d-α-生育酚，混合生育酚浓缩物)	抗氧化剂	0.2	
琥珀酸单甘油酯	乳化剂	5.0	
山梨醇酐单月桂酸酯(又名司盘 20)，山梨醇酐单棕榈酸酯(又名司盘 40)，山梨醇酐单硬脂酸酯(又名司盘 60)，山梨醇酐三硬脂酸酯(又名司盘 65)，山梨醇酐单油酸酯(又名司盘 80)	乳化剂	3.0	
蔗糖脂肪酸酯	乳化剂	3.0	
硬脂酰乳酸钠，硬脂酰乳酸钙	乳化剂、稳定剂	2.0	
聚甘油脂肪酸酯	乳化剂、稳定剂、增稠剂	10.0	
聚氧乙烯(20)山梨醇酐单月桂酸酯(又名吐温 20)，聚氧乙烯(20)山梨醇酐单棕榈酸酯(又名吐温 40)，聚氧乙烯(20)山梨醇酐单硬脂酸酯(又名吐温 60)，聚氧乙烯(20)山梨醇酐单油酸酯(又名吐温 80)	乳化剂、消泡剂、稳定剂	1.5	
双乙酰酒石酸单双甘油酯	乳化剂、增稠剂	5.0	
氢氧化钙	酸度调节剂	按生产需要适量使用	
N-[*N*-(3,3-二甲基丁基)]-L-α-天门冬氨-L-苯丙氨酸 1-甲酯(又名纽甜)	甜味剂	0.02	

续表

食品添加剂名称	功能	最大使用量/(g/kg)	备注
天门冬酰苯丙氨酸甲酯(又名阿斯巴甜)	甜味剂	0.6	添加阿斯巴甜的食品应标明:“阿斯巴甜(含苯丙氨酸)”
异麦芽酮糖	甜味剂	按生产需要适量使用	
三氯蔗糖(又名蔗糖素)	甜味剂	0.3	
麦芽糖醇和麦芽糖醇液	甜味剂、稳定剂、水分保持剂、乳化剂、增稠剂	按生产需要适量使用	
聚葡萄糖	增稠剂、水分保持剂、稳定剂	按生产需要适量使用	
番茄红素	着色剂	0.015	以纯番茄红素计
红米红	着色剂	按生产需要适量使用	
红曲米,红曲红	着色剂	按生产需要适量使用	
β-胡萝卜素	着色剂	1.0	
日落黄及其铝色淀	着色剂	0.05	以日落黄计
胭脂红及其铝色淀	着色剂	0.05	以胭脂红计
乳糖酶	其他	按生产需要适量使用	来源、供体同表 C.3
上级 01.0 分类允许使用的食品添加剂 5 项			
依据表 A.2 可以适量使用的食品添加剂 75 种(项),见本手册 15 页			

食品分类号 01.02　食品名称：发酵乳和风味发酵乳

本类食品说明：包括发酵乳和风味发酵乳。

允许使用的食品添加剂：

食品添加剂名称	功能	最大使用量/(g/kg)	备注
上级 01.0 分类允许使用的食品添加剂 5 项			
依据表 A.2 可以适量使用的食品添加剂 75 种(项),见本手册 15 页			

食品分类号 01.02.01　食品名称：发酵乳（属表 A.3 所例外的食品类别）

本类食品说明：包括发酵乳和酸乳。发酵乳为以鲜牛（羊）乳或乳粉为原料，经杀菌、发酵后制成 pH 值降低的产品。

酸乳为以鲜牛（羊）乳或乳粉为原料，经杀菌、接种嗜热链球菌和保加利亚乳杆菌发酵制成的产品。

允许使用的食品添加剂：不允许使用食品添加剂

食品分类号 01.02.02　食品名称：风味发酵乳

本类食品说明：包括风味发酵乳和风味酸乳。风味发酵乳是以 80%以上鲜牛（羊）乳或乳粉为原料，可添加其他原料，经杀菌发酵后制成 pH 值降低的产品。可添加或不添加食品添加剂、营养强化剂、果蔬、谷物等。

风味酸乳是以 80%以上鲜牛（羊）乳或乳粉为原料，可添加其他原料，经杀菌、接种嗜热链球菌和保加利亚乳杆菌，经发酵制成的产品。可添加或不添加食品添加剂、营养强化剂、果蔬、谷物等。

允许使用的食品添加剂：

食品添加剂名称	功能	最大使用量/(g/kg)	备注
硬脂酰乳酸钠，硬脂酰乳酸钙	乳化剂、稳定剂	2.0	
双乙酰酒石酸单双甘油酯	乳化剂、增稠剂	10.0	
N-[*N*-(3,3-二甲基丁基)]-L-α-天门冬氨-L-苯丙氨酸 1-甲酯(又名纽甜)	甜味剂	0.1	
三氯蔗糖(又名蔗糖素)	甜味剂	0.3	
天门冬酰苯丙氨酸甲酯(又名阿斯巴甜)	甜味剂	1.0	添加阿斯巴甜的食品应标明："阿斯巴甜(含苯丙氨酸)"
天门冬酰苯丙氨酸甲酯乙酰磺胺酸	甜味剂	0.79	
甜菊糖苷	甜味剂	0.2	以甜菊醇当量计
乙酰磺胺酸钾(又名安赛蜜)	甜味剂	0.35	
异麦芽酮糖	甜味剂	按生产需要适量使用	
麦芽糖醇和麦芽糖醇液	甜味剂、稳定剂、水分保持剂、乳化剂、增稠剂	按生产需要适量使用	
决明胶	增稠剂	2.5	
聚葡萄糖	增稠剂、水分保持剂、稳定剂	按生产需要适量使用	
海藻酸丙二醇酯	增稠剂、乳化剂、稳定剂	4.0	
可得然胶	稳定剂和凝固剂、增稠剂	按生产需要适量使用	由关于海藻酸钙等食品添加剂新品种的公告(2016 年第 8 号)增补
β-阿朴-8′-胡萝卜素醛	着色剂	0.015	以 β-阿朴-8′-胡萝卜素醛计
番茄红	着色剂	0.006	
番茄红素	着色剂	0.015	以纯番茄红素计

续表

食品添加剂名称	功能	最大使用量/(g/kg)	备注
红曲米,红曲红	着色剂	0.8	
β-胡萝卜素	着色剂	1.0	
亮蓝及其铝色淀	着色剂	0.025	以亮蓝计
柠檬黄及其铝色淀	着色剂	0.05	以柠檬黄计
日落黄及其铝色淀	着色剂	0.05	以日落黄计
胭脂虫红	着色剂	0.05	以胭脂红酸计
胭脂红及其铝色淀	着色剂	0.05	以胭脂红计
上级 01.0 分类允许使用的食品添加剂 5 项			
依据表 A.2 可以适量使用的食品添加剂 75 种(项),见本手册 15 页			

食品分类号 01.03　食品名称：乳粉（包括加糖乳粉）和奶油粉及其调制产品

本类食品说明：包括乳粉或加糖乳粉、奶油粉及其调制产品。

允许使用的食品添加剂：

食品添加剂名称	功能	最大使用量/(g/kg)	备注
二氧化硅	抗结剂	15.0	
硅酸钙	抗结剂	按生产需要适量使用	
抗坏血酸棕榈酸酯	抗氧化剂	0.2	以脂肪中抗坏血酸计
氢氧化钙	酸度调节剂	按生产需要适量使用	
双乙酰酒石酸单双甘油酯	乳化剂、增稠剂	10.0	01.03.01 乳粉和奶油粉除外
辛,癸酸甘油酯	乳化剂	按生产需要适量使用	纯乳粉除外
异构化乳糖液	其他	15.0	
上级 01.0 分类允许使用的食品添加剂 5 项			
依据表 A.2 可以适量使用的食品添加剂 75 种(项),见本手册 15 页			

食品分类号 01.03.01　食品名称：乳粉和奶油粉（属表 A.3 所例外的食品类别）

本类食品说明：乳粉是指以鲜牛（羊）乳为原料，经加工制成的粉状产品。奶油粉是以稀奶油为主要原料，经浓缩、干燥等工艺制成的粉状产品。

允许使用的食品添加剂：

食品添加剂名称	功能	最大使用量/(g/kg)	备注
磷酸,焦磷酸二氢二钠,焦磷酸钠,磷酸二氢钙,磷酸二氢钾,磷酸氢二铵,磷酸氢二钾,磷酸氢钙,磷酸三钙,磷酸三钾,磷酸三钠,六偏磷酸钠,三聚磷酸钠,磷酸二氢钠,磷酸氢二钠,焦磷酸四钾,焦磷酸一氢三钠,聚偏磷酸钾,酸式焦磷酸钙	水分保持剂、酸度调节剂、稳定剂、抗结剂	10.0	可单独或混合使用,最大使用量以磷酸根(PO_4^{3-})计

食品分类号 01.03.02　食品名称：调制乳粉和调制奶油粉

本类食品说明：调制乳粉是以鲜牛（羊）乳或及其加工制品为主要原料，可添加其他原料，可添加或不添加食品添加剂和营养强化剂，经加工制成的乳固体含量不低于70%的粉状产品。加糖乳粉属于调制乳粉。

调制奶油粉是以稀奶油（或奶油粉）为主要原料，可添加调味物质等，经浓缩、干燥（或干混）等工艺制成的粉状产品，包括调味奶油粉。

允许使用的食品添加剂：

食品添加剂名称	功能	最大使用量/(g/kg)	备注
聚甘油脂肪酸酯	乳化剂、稳定剂、增稠剂、抗结剂	10.0	
氢氧化钾	酸度调节剂	按生产需要适量使用	
N-[*N*-(3,3-二甲基丁基)]-L-α-天门冬氨-L-苯丙氨酸 1-甲酯(又名纽甜)	甜味剂	0.065	
三氯蔗糖(又名蔗糖素)	甜味剂	1.0	
天门冬酰苯丙氨酸甲酯(又名阿斯巴甜)	甜味剂	2.0	添加阿斯巴甜的食品应标明:“阿斯巴甜(含苯丙氨酸)”
β-胡萝卜素	着色剂	1.0	
姜黄	着色剂	0.4	以姜黄素计
胭脂虫红	着色剂	0.6	以胭脂红酸计
胭脂红及其铝色淀	着色剂	0.15	以胭脂红计
乳糖酶	其他	按生产需要适量使用	来源、供体同表 C.3
上级 01.03 分类允许使用的食品添加剂 7 项			
上级 01.0 分类允许使用的食品添加剂 5 项			
依据表 A.2 可以适量使用的食品添加剂 75 种(项),见本手册 15 页			

食品分类号 01.04　食品名称：炼乳及其调制产品

本类食品说明：包括淡炼乳和调制炼乳。

允许使用的食品添加剂：

食品添加剂名称	功能	最大使用量/(g/kg)	备注
麦芽糖醇和麦芽糖醇液	甜味剂、稳定剂、水分保持剂、乳化剂、增稠剂	按生产需要适量使用	
山梨糖醇和山梨糖醇液	甜味剂、乳化剂、水分保持剂、稳定剂、增稠剂	按生产需要适量使用	
上级 01.0 分类允许使用的食品添加剂 5 项			
依据表 A.2 可以适量使用的食品添加剂 75 种(项)，见本手册 15 页			

食品分类号 01.04.01　食品名称：淡炼乳（原味）

本类食品说明：淡炼乳是以鲜乳和（或）乳制品为原料，可添加或不添加食品添加剂和营养强化剂，经加工制成的黏稠状产品。

允许使用的食品添加剂：

食品添加剂名称	功能	最大使用量/(g/kg)	备注
上级 01.04 分类允许使用的食品添加剂 2 项			
上级 01.0 分类允许使用的食品添加剂 5 项			
依据表 A.2 可以适量使用的食品添加剂 75 种(项)，见本手册 15 页			

食品分类号 01.04.02　食品名称：调制炼乳（包括加糖炼乳及使用了非乳原料的调制炼乳等）

本类食品说明：调制炼乳是以鲜乳和（或）乳制品为主料，可添加食糖、食品添加剂和营养强化剂等，经加工制成的黏稠状产品。包括加糖炼乳、调制甜炼乳及其他使用了非乳原料的调制炼乳等。

允许使用的食品添加剂：

食品添加剂名称	功能	最大使用量/(g/kg)	备注
胭脂红及其铝色淀	着色剂	0.05	以胭脂红计
胭脂虫红	着色剂	0.15	以胭脂红酸计
日落黄及其铝色淀	着色剂	0.05	以日落黄计
柠檬黄及其铝色淀	着色剂	0.05	以柠檬黄计
亮蓝及其铝色淀	着色剂	0.025	以亮蓝计
焦糖色(亚硫酸铵法)	着色剂	1.0	
焦糖色(普通法)	着色剂	按生产需要适量使用	
焦糖色(加氨生产)	着色剂	2.0	

续表

食品添加剂名称	功能	最大使用量/(g/kg)	备注
红曲米,红曲红	着色剂	按生产需要适量使用	
乳糖酶	其他	按生产需要适量使用	来源、供体同表 C.3
上级 01.04 分类允许使用的食品添加剂 2 项			
上级 01.0 分类允许使用的食品添加剂 5 项			
依据表 A.2 可以适量使用的食品添加剂 75 种(项),见本手册 15 页			

食品分类号 01.05　食品名称：稀奶油（淡奶油）及其类似品

本类食品说明：包括稀奶油、调制奶油和稀奶油类似品。

允许使用的食品添加剂：

食品添加剂名称	功能	最大使用量/(g/kg)	备注
β-胡萝卜素	着色剂	0.02	01.05.01 稀奶油除外
N-[N-(3,3-二甲基丁基)]-L-α-天门冬氨-L-苯丙氨酸 1-甲酯(又名纽甜)	甜味剂	0.033	01.05.01 稀奶油除外
天门冬酰苯丙氨酸甲酯(又名阿斯巴甜)	甜味剂	1.0	01.05.01 稀奶油除外。添加阿斯巴甜的食品应标明:“阿斯巴甜(含苯丙氨酸)”
双乙酰酒石酸单双甘油酯	乳化剂、增稠剂	6.0	
聚甘油脂肪酸酯	乳化剂、稳定剂、增稠剂	10.0	
山梨醇酐单月桂酸酯(又名司盘 20),山梨醇酐单棕榈酸酯(又名司盘 40),山梨醇酐单硬脂酸酯(又名司盘 60),山梨醇酐三硬脂酸酯(又名司盘 65),山梨醇酐单油酸酯(又名司盘 80)	乳化剂	10.0	
蔗糖脂肪酸酯	乳化剂	10.0	
乳糖酶	其他	按生产需要适量使用	来源、供体同表 C.3
上级 01.0 分类允许使用的食品添加剂 5 项			
依据表 A.2 可以适量使用的食品添加剂 75 种(项),见本手册 15 页			

食品分类号 01.05.01　食品名称：稀奶油（属表 A.3 所例外的食品类别）

本类食品说明：以乳为原料分离出的含脂肪的部分，可添加其他原料、食品添加剂和营养强化剂，经加工制成的脂肪含量 10.0%～80.0%的产品。

允许使用的食品添加剂：

食品添加剂名称	功能	最大使用量/(g/kg)	备注
叶绿素铜	着色剂	按生产需要适量使用	
瓜尔胶	增稠剂	1.0	
海藻酸钠(又名褐藻酸钠)	增稠剂	按生产需要适量使用	
决明胶	增稠剂	2.5	
羟丙基二淀粉磷酸酯	增稠剂	按生产需要适量使用	
氯化钙	稳定剂、增稠剂	按生产需要适量使用	
黄原胶(又名汉生胶)	稳定剂、增稠剂	按生产需要适量使用	
羧甲基纤维素钠	稳定剂	按生产需要适量使用	
微晶纤维素	稳定剂	按生产需要适量使用	
葡萄糖酸-δ-内酯	酸度调节剂	按生产需要适量使用	由关于食品添加剂新品种碳酸铵、6-甲基庚醛等9种食品用香料新品种和焦亚硫酸钠等2种食品添加剂扩大使用范围的公告(2017年第1号)增补
磷酸,焦磷酸二氢二钠,焦磷酸钠,磷酸二氢钙,磷酸二氢钾,磷酸氢二铵,磷酸氢二钾,磷酸氢钙,磷酸三钙,磷酸三钾,磷酸三钠,六偏磷酸钠,三聚磷酸钠,磷酸二氢钠,磷酸氢二钠,焦磷酸四钾,焦磷酸一氢三钠,聚偏磷酸钾,酸式焦磷酸钙	水分保持剂、酸度调节剂、稳定剂	5.0	可单独或混合使用,最大使用量以磷酸根(PO_4^{3-})计
双乙酰酒石酸单双甘油酯	乳化剂、增稠剂	5.0	
聚氧乙烯(20)山梨醇酐单月桂酸酯(又名吐温20),聚氧乙烯(20)山梨醇酐单棕榈酸酯(又名吐温40),聚氧乙烯(20)山梨醇酐单硬脂酸酯(又名吐温60),聚氧乙烯(20)山梨醇酐单油酸酯(又名吐温80)	乳化剂、消泡剂、稳定剂	1.0	
果胶	乳化剂、稳定剂、增稠剂	按生产需要适量使用	
卡拉胶	乳化剂、稳定剂、增稠剂	按生产需要适量使用	
乳糖醇(又名4-β-D-吡喃半乳糖-D-山梨醇)	乳化剂、稳定剂、甜味剂、增稠剂	按生产需要适量使用	

续表

食品添加剂名称	功能	最大使用量/(g/kg)	备注
硬脂酰乳酸钠,硬脂酰乳酸钙	乳化剂、稳定剂	5.0	
辛烯基琥珀酸淀粉钠	乳化剂,其他	按生产需要适量使用	
单,双甘油脂肪酸酯(油酸、亚油酸、棕榈酸、山嵛酸、硬脂酸、月桂酸、亚麻酸)	乳化剂	按生产需要适量使用	
乳酸脂肪酸甘油酯	乳化剂	5.0	
磷脂	抗氧化剂、乳化剂	按生产需要适量使用	
乳酸	酸度调节剂	按生产需要适量使用	由关于食品用香料新品种9-癸烯-2-酮、茶多酚等7种食品添加剂扩大使用范围和食品营养强化剂钙扩大使用范围的公告(2016年第14号)增补

食品分类号 01.05.02　食品名称:(空缺)

本类食品说明: 无

食品分类号 01.05.03　食品名称:调制稀奶油

本类食品说明: 以乳或乳制品为原料分离出的含脂肪的部分,可添加其他原料或食品添加剂和营养强化剂,经加工制成的脂肪含量10.0%~80.0%的产品。

允许使用的食品添加剂:

食品添加剂名称	功能	最大使用量/(g/kg)	备注
氯化钙	稳定剂、增稠剂	按生产需要适量使用	
聚氧乙烯(20)山梨醇酐单月桂酸酯(又名吐温20),聚氧乙烯(20)山梨醇酐单棕榈酸酯(又名吐温40),聚氧乙烯(20)山梨醇酐单硬脂酸酯(又名吐温60),聚氧乙烯(20)山梨醇酐单油酸酯(又名吐温80)	乳化剂、消泡剂、稳定剂	1.0	
硬脂酰乳酸钠,硬脂酰乳酸钙	乳化剂、稳定剂	5.0	
上级01.05分类允许使用的食品添加剂8项			
上级01.0分类允许使用的食品添加剂5项			
依据表A.2可以适量使用的食品添加剂75种(项),见本手册15页			

食品分类号 01.05.04　食品名称：稀奶油类似品

本类食品说明：由含油乳化物组成的液态或粉状形态的类似于稀奶油的产品。

允许使用的食品添加剂：

食品添加剂名称	功能	最大使用量/(g/kg)	备注
麦芽糖醇和麦芽糖醇液	甜味剂、稳定剂、水分保持剂、乳化剂、增稠剂	按生产需要适量使用	
硬脂酰乳酸钠，硬脂酰乳酸钙	乳化剂、稳定剂	5.0	
上级 01.05 分类允许使用的食品添加剂 8 项			
上级 01.0 分类允许使用的食品添加剂 5 项			
依据表 A.2 可以适量使用的食品添加剂 75 种(项)，见本手册 15 页			

食品分类号 01.06　食品名称：干酪和再制干酪及其类似品

本类食品说明：包括非熟化干酪、熟化干酪、乳清干酪、再制干酪、干酪类似品和乳清蛋白干酪。

允许使用的食品添加剂：

食品添加剂名称	功能	最大使用量/(g/kg)	备注
刺云实胶	增稠剂	8.0	
硅酸钙	抗结剂	按生产需要适量使用	
纤维素	抗结剂、稳定剂和凝固剂、增稠剂	按生产需要适量使用	由关于食品用香料新品种 9-癸烯-2-酮、茶多酚等 7 种食品添加剂扩大使用范围和食品营养强化剂钙扩大使用范围的公告(2016 年第 14 号)增补
纳他霉素	防腐剂	0.3	表面使用，残留量＜10mg/kg
溶菌酶	防腐剂	按生产需要适量使用	
山梨酸及其钾盐	防腐剂、抗氧化剂、稳定剂	1.0	以山梨酸计
双乙酰酒石酸单双甘油酯	乳化剂、增稠剂	10.0	
胭脂虫红	着色剂	0.1	以胭脂红酸计
上级 01.0 分类允许使用的食品添加剂 5 项			
依据表 A.2 可以适量使用的食品添加剂 75 种(项)，见本手册 15 页			

食品分类号 01.06.01　食品名称：非熟化干酪

本类食品说明：非熟化干酪（未成熟干酪，包括新鲜干酪），是指生产之后可供直接食用的干酪。大部分产品是原味，但是一些产品可能添加调味物质或其他物质（如水果、蔬菜或肉等)。

允许使用的食品添加剂:

食品添加剂名称	功能	最大使用量/(g/kg)	备注
β-胡萝卜素	着色剂	0.6	
天门冬酰苯丙氨酸甲酯(又名阿斯巴甜)	甜味剂	1.0	添加阿斯巴甜的食品应标明:"阿斯巴甜(含苯丙氨酸)"
上级 01.06 分类允许使用的食品添加剂 8 项			
上级 01.0 分类允许使用的食品添加剂 5 项			
依据表 A.2 可以适量使用的食品添加剂 75 种(项),见本手册 15 页			

食品分类号 01.06.02 食品名称:熟化干酪

本类食品说明: 熟化干酪是指干酪生产之后经特定条件下储存一定时间,使该类干酪发生特征性的生物和物理改变。如发酵熟化干酪,其熟化过程须有特殊的霉菌培养过程。

允许使用的食品添加剂:

食品添加剂名称	功能	最大使用量/(g/kg)	备注
β-胡萝卜素	着色剂	1.0	
胭脂树橙(又名红木素,降红木素)	着色剂	0.6	
上级 01.06 分类允许使用的食品添加剂 8 项			
上级 01.0 分类允许使用的食品添加剂 5 项			
依据表 A.2 可以适量使用的食品添加剂 75 种(项),见本手册 15 页			

食品分类号 01.06.03 食品名称:乳清干酪

本类食品说明: 以乳清为原料,可添加或不添加乳、稀奶油或其他乳制品,经浓缩、制模等工艺加工成的固体或半固体产品,包括全干酪和干酪皮。不同于乳清蛋白干酪(01.06.06)。

允许使用的食品添加剂:

食品添加剂名称	功能	最大使用量/(g/kg)	备注
上级 01.06 分类允许使用的食品添加剂 8 项			
上级 01.0 分类允许使用的食品添加剂 5 项			
依据表 A.2 可以适量使用的食品添加剂 75 种(项),见本手册 15 页			

食品分类号 01.06.04 食品名称:再制干酪

本类食品说明: 以干酪(比例大于 15%)为主要原料,经加热、搅拌、乳化等工艺制成的产品。

允许使用的食品添加剂：

食品添加剂名称	功能	最大使用量/(g/kg)	备注
β-阿朴-8′-胡萝卜素醛	着色剂	0.018	以β-阿朴-8′-胡萝卜素醛计
β-胡萝卜素	着色剂	1.0	
胭脂树橙(又名红木素,降红木素)	着色剂	0.6	
辣椒油树脂	增味剂、着色剂	按生产需要适量使用	
磷酸,焦磷酸二氢二钠,焦磷酸钠,磷酸二氢钙,磷酸二氢钾,磷酸氢二铵,磷酸氢二钾,磷酸氢钙,磷酸三钙,磷酸三钾,磷酸三钠,六偏磷酸钠,三聚磷酸钠,磷酸二氢钠,磷酸氢二钠,焦磷酸四钾,焦磷酸一氢三钠,聚偏磷酸钾,酸式焦磷酸钙	水分保持剂、膨松剂、酸度调节剂、稳定剂、凝固剂	14.0	可单独或混合使用,最大使用量以磷酸根(PO_4^{3-})计
上级 01.06 分类允许使用的食品添加剂 8 项			
上级 01.0 分类允许使用的食品添加剂 5 项			
依据表 A.2 可以适量使用的食品添加剂 75 种(项),见本手册 15 页			

食品分类号 01.06.04.01　食品名称：普通再制干酪

本类食品说明：不添加调味料、水果、蔬菜和（或）肉类的原味干酪。

允许使用的食品添加剂：

食品添加剂名称	功能	最大使用量/(g/kg)	备注
上级 01.06.04 分类允许使用的食品添加剂 5 项			
上级 01.06 分类允许使用的食品添加剂 8 项			
上级 01.0 分类允许使用的食品添加剂 5 项			
依据表 A.2 可以适量使用的食品添加剂 75 种(项),见本手册 15 页			

食品分类号 01.06.04.02　食品名称：调味再制干酪

本类食品说明：添加了调味料、水果、蔬菜和（或）肉类的带有风味的干酪产品。

允许使用的食品添加剂：

食品添加剂名称	功能	最大使用量/(g/kg)	备注
上级 01.06.04 分类允许使用的食品添加剂 5 项			
上级 01.06 分类允许使用的食品添加剂 8 项			
上级 01.0 分类允许使用的食品添加剂 5 项			
依据表 A.2 可以适量使用的食品添加剂 75 种(项),见本手册 15 页			

食品分类号 01.06.05　食品名称：干酪类似品

本类食品说明： 乳脂成分部分或完全被其他脂肪所代替的类似干酪的产品。

允许使用的食品添加剂：

食品添加剂名称	功能	最大使用量/(g/kg)	备注
β-胡萝卜素	着色剂	1.0	
N-[N-(3,3-二甲基丁基)]-L-α-天门冬氨-L-苯丙氨酸 1-甲酯(又名纽甜)	甜味剂	0.033	
天门冬酰苯丙氨酸甲酯(又名阿斯巴甜)	甜味剂	1.0	添加阿斯巴甜的食品应标明："阿斯巴甜(含苯丙氨酸)"
琥珀酸单甘油酯	乳化剂	10.0	
上级 01.06 分类允许使用的食品添加剂 8 项			
上级 01.0 分类允许使用的食品添加剂 5 项			
依据表 A.2 可以适量使用的食品添加剂 75 种(项)，见本手册 15 页			

食品分类号 01.06.06　食品名称：乳清蛋白干酪

本类食品说明： 由乳清蛋白凝固制得的，含有从牛奶乳清中提取的蛋白质的干酪产品，不同于乳清干酪（01.06.03）。

允许使用的食品添加剂：

食品添加剂名称	功能	最大使用量/(g/kg)	备注
上级 01.06 分类允许使用的食品添加剂 8 项			
上级 01.0 分类允许使用的食品添加剂 5 项			
依据表 A.2 可以适量使用的食品添加剂 75 种(项)，见本手册 15 页			

食品分类号 01.07　食品名称：以乳为主要配料的即食风味食品或其预制产品（不包括冰淇淋和风味发酵乳）

本类食品说明： 包括以乳为主要配料制成的可即食的风味甜品和拼盘甜品。

允许使用的食品添加剂：

食品添加剂名称	功能	最大使用量/(g/kg)	备注
β-胡萝卜素	着色剂	1.0	
叶黄素	着色剂	0.05	
决明胶	增稠剂	2.5	
N-[N-(3,3-二甲基丁基)]-L-α-天门冬氨-L-苯丙氨酸 1-甲酯(又名纽甜)	甜味剂	0.1	

续表

食品添加剂名称	功能	最大使用量/(g/kg)	备注
天门冬酰苯丙氨酸甲酯(又名阿斯巴甜)	甜味剂	1.0	添加阿斯巴甜的食品应标明:"阿斯巴甜(含苯丙氨酸)"
乙酰磺胺酸钾(又名安赛蜜)	甜味剂	0.3	仅限乳基甜品罐头
双乙酰酒石酸单双甘油酯	乳化剂、增稠剂	10.0	
琥珀酸单甘油酯	乳化剂	5.0	
上级 01.0 分类允许使用的食品添加剂 5 项			
依据表 A.2 可以适量使用的食品添加剂 75 种(项),见本手册 15 页			

食品分类号 01.08　食品名称：其他乳制品（如乳清粉、酪蛋白粉）

本类食品说明：以上各类（01.01—01.07）未包括的其他乳制品，如乳清粉、牛奶蛋白粉、酪蛋白粉、奶片等乳制品。乳清粉是以乳清为原料，经干燥制成的粉末状产品。

允许使用的食品添加剂：

食品添加剂名称	功能	最大使用量/(g/kg)	备注
二氧化硅	抗结剂	15	仅限奶片
上级 01.0 分类允许使用的食品添加剂 5 项			
依据表 A.2 可以适量使用的食品添加剂 75 种(项),见本手册 15 页			

第二类　脂肪，油和乳化脂肪制品

食品分类号 02.0　食品名称：脂肪，油和乳化脂肪制品

本类食品说明：包括基本不含水的脂肪和油、水油状脂肪乳化制品、02.02 类以外的脂肪乳化制品，包括混合的和（或）调味的脂肪乳化制品、脂肪类甜品和其他油脂或油脂制品。

允许使用的食品添加剂：

食品添加剂名称	功能	最大使用量/(g/kg)	备注
琥珀酸单甘油酯	乳化剂	10.0	02.01 基本不含水的脂肪和油除外
山梨醇酐单月桂酸酯(又名司盘 20),山梨醇酐单棕榈酸酯(又名司盘 40),山梨醇酐单硬脂酸酯(又名司盘 60),山梨醇酐三硬脂酸酯(又名司盘 65),山梨醇酐单油酸酯(又名司盘 80)	乳化剂	15.0	02.01.01.01 植物油除外

续表

食品添加剂名称	功能	最大使用量/(g/kg)	备注
聚甘油脂肪酸酯	乳化剂、稳定剂、增稠剂	20.0	02.01.01.01 植物油除外
丙二醇脂肪酸酯	乳化剂、稳定剂	10.0	
丁基羟基茴香醚(BHA)	抗氧化剂	0.2	以油脂中的含量计
没食子酸丙酯(PG)	抗氧化剂	0.1	以油脂中的含量计
特丁基对苯二酚(TBHQ)	抗氧化剂	0.2	以油脂中的含量计
二丁基羟基甲苯(BHT)	抗氧化剂	0.2	以油脂中的含量计
抗坏血酸棕榈酸酯	抗氧化剂	0.2	
抗坏血酸棕榈酸酯(酶法)	抗氧化剂	0.2	由关于抗坏血酸棕榈酸酯(酶法)等食品添加剂新品种的公告(2016年第9号)增补
茶黄素	抗氧化剂	0.4	由关于海藻酸钙等食品添加剂新品种的公告(2016年第8号)增补
依据表A.2可以适量使用的食品添加剂75种(项),见本手册15页			

食品分类号 02.01　食品名称：基本不含水的脂肪和油（属表A.3所例外的食品类别）

本类食品说明：包括植物油脂、动物油脂、无水黄油、无水乳脂。

允许使用的食品添加剂：

食品添加剂名称	功能	最大使用量/(g/kg)	备注
蔗糖脂肪酸酯	乳化剂	10.0	
茶多酚(又名维多酚)	抗氧化剂	0.4	以油脂中儿茶素计
茶多酚棕榈酸酯	抗氧化剂	0.6	
丁基羟基茴香醚(BHA)	抗氧化剂	0.2	
二丁基羟基甲苯(BHT)	抗氧化剂	0.2	
甘草抗氧化物	抗氧化剂	0.2	以甘草酸计
抗坏血酸棕榈酸酯	抗氧化剂	0.2	
抗坏血酸棕榈酸酯(酶法)	抗氧化剂	0.2	由关于抗坏血酸棕榈酸酯(酶法)等食品添加剂新品种的公告(2016年第9号)增补
没食子酸丙酯(PG)	抗氧化剂	0.1	

续表

食品添加剂名称	功能	最大使用量/(g/kg)	备注
羟基硬脂精(又名氧化硬脂精)	抗氧化剂	0.5	
特丁基对苯二酚(TBHQ)	抗氧化剂	0.2	
维生素 E(*dl-α*-生育酚,*d-α*-生育酚,混合生育酚浓缩物)	抗氧化剂	按生产需要适量使用	
植酸(又名肌醇六磷酸),植酸钠	抗氧化剂	0.2	
竹叶抗氧化物	抗氧化剂	0.5	
茶黄素	抗氧化剂	0.4	由关于海藻酸钙等食品添加剂新品种的公告(2016 年第 8 号)增补

食品分类号 02.01.01　食品名称：植物油脂（附属表 A.3 所例外的食品类别）

本类食品说明：由可食用植物油料制取的食用油脂。

允许使用的食品添加剂：

食品添加剂名称	功能	最大使用量/(g/kg)	备注
迷迭香提取物	抗氧化剂	0.7	
迷迭香提取物(超临界二氧化碳萃取法)	抗氧化剂	0.7	
硬脂酰乳酸钠,硬脂酰乳酸钙	乳化剂、稳定剂	0.3	
上级 02.01 分类允许使用的食品添加剂 15 项			

食品分类号 02.01.01.01　食品名称：植物油（附属表 A.3 所例外的食品类别）

本类食品说明：以植物油料或植物初制油为原料制成的食用植物油脂（食用植物油）。

允许使用的食品添加剂：

食品添加剂名称	功能	最大使用量/(g/kg)	备注
聚甘油脂肪酸酯	乳化剂、稳定剂、增稠剂	10.0	仅限煎炸用油
上级 02.01.01 分类允许使用的食品添加剂 3 项			
上级 02.01 分类允许使用的食品添加剂 15 项			

食品分类号 02.01.01.02　食品名称：氢化植物油（附属表 A.3 所例外的食品类别）

本类食品说明：以食用植物油，经氢化和精炼处理后制得的食用油脂。

允许使用的食品添加剂：

食品添加剂名称	功能	最大使用量/(g/kg)	备注
沙棘黄	着色剂	1.0	
玉米黄	着色剂	5.0	
甲壳素(又名几丁质)	增稠剂、稳定剂	2.0	
海藻酸丙二醇酯	增稠剂、乳化剂、稳定剂	5.0	
木糖醇酐单硬脂酸酯	乳化剂	5.0	
辛，癸酸甘油酯	乳化剂	按生产需要适量使用	
山梨醇酐单月桂酸酯(又名司盘 20)，山梨醇酐单棕榈酸酯(又名司盘 40)，山梨醇酐单硬脂酸酯(又名司盘 60)，山梨醇酐三硬脂酸酯(又名司盘 65)，山梨醇酐单油酸酯(又名司盘 80)	乳化剂	10.0	
磷脂	抗氧化剂、乳化剂	按生产需要适量使用	
山梨酸及其钾盐	防腐剂、抗氧化剂、稳定剂	1.0	以山梨酸计
上级 02.01.01 分类允许使用的食品添加剂 3 项			
上级 02.01 分类允许使用的食品添加剂 15 项			

食品分类号 02.01.02　食品名称：动物油脂（包括猪油、牛油、鱼油和其他动物脂肪等）（附属表 A.3 所例外的食品类别）

本类食品说明：以动物（猪、牛、鱼或其他动物）脂肪加工制成的油脂。

允许使用的食品添加剂：

食品添加剂名称	功能	最大使用量/(g/kg)	备注
迷迭香提取物	抗氧化剂	0.3	
迷迭香提取物(超临界二氧化碳萃取法)	抗氧化剂	0.3	
上级 02.01 分类允许使用的食品添加剂 15 项			

食品分类号 02.01.03　食品名称：无水黄油，无水乳脂（附属表 A.3 所例外的食品类别）

本类食品说明：无水黄油、无水乳脂以乳和（或）奶油或稀奶油为原料，添加或不添加食品添加剂和营养强化剂，经加工制成的脂肪含量不小于 99.8%的产品。

允许使用的食品添加剂：

食品添加剂名称	功能	最大使用量/(g/kg)	备注
上级 02.01 分类允许使用的食品添加剂 15 项			

食品分类号 02.02　食品名称：水油状脂肪乳化制品

本类食品说明：包括脂肪含量 80%以上的乳化制品和脂肪含量 80%以下的乳化制品。

允许使用的食品添加剂：

食品添加剂名称	功能	最大使用量/(g/kg)	备注
刺梧桐胶	稳定剂	按生产需要适量使用	
海藻酸丙二醇酯	增稠剂、乳化剂、稳定剂	5.0	
β-胡萝卜素	着色剂	1.0	02.02.01.01 黄油和浓缩黄油除外
聚甘油蓖麻醇酸酯(PGPR)	乳化剂、稳定剂	10.0	
聚氧乙烯(20)山梨醇酐单月桂酸酯(又名吐温 20),聚氧乙烯(20)山梨醇酐单棕榈酸酯(又名吐温 40),聚氧乙烯(20)山梨醇酐单硬脂酸酯(又名吐温 60),聚氧乙烯(20)山梨醇酐单油酸酯(又名吐温 80)	乳化剂、消泡剂、稳定剂	5.0	
磷酸,焦磷酸二氢二钠,焦磷酸钠,磷酸二氢钙,磷酸二氢钾,磷酸氢二铵,磷酸氢二钾,磷酸氢钙,磷酸三钙,磷酸三钾,磷酸三钠,六偏磷酸钠,三聚磷酸钠,磷酸二氢钠,磷酸氢二钠,焦磷酸四钾,焦磷酸一氢三钠,聚偏磷酸钾,酸式焦磷酸钙	水分保持剂、酸度调节剂、稳定剂	5.0	可单独或混合使用,最大使用量以磷酸根(PO_4^{3-})计
双乙酰酒石酸单双甘油酯	乳化剂、增稠剂	10.0	
硬脂酰乳酸钠,硬脂酰乳酸钙	乳化剂、稳定剂	5.0	
蔗糖脂肪酸酯	乳化剂	10.0	
上级 02.0 分类允许使用的食品添加剂 11 项			
依据表 A.2 可以适量使用的食品添加剂 75 种(项),见本手册 15 页			

食品分类号 02.02.01　食品名称：脂肪含量 80%以上的乳化制品

本类食品说明：脂肪含量 80%以上的乳化脂肪制品。

允许使用的食品添加剂：

食品添加剂名称	功能	最大使用量/(g/kg)	备注
淀粉磷酸酯钠	增稠剂	按生产需要适量使用	
上级 02.02 分类允许使用的食品添加剂 9 项			
上级 02.0 分类允许使用的食品添加剂 11 项			
依据表 A.2 可以适量使用的食品添加剂 75 种(项)，见本手册 15 页			

食品分类号 02.02.01.01　食品名称：黄油和浓缩黄油（属表 A.3 所例外的食品类别）

本类食品说明：黄油和浓缩黄油是以乳或稀奶油为原料，添加或不添加其他原料、食品添加剂和营养强化剂，经加工制成的脂肪含量不小于 80.0%的产品。

允许使用的食品添加剂：

食品添加剂名称	功能	最大使用量/(g/kg)	备注
单，双甘油脂肪酸酯(油酸、亚油酸、棕榈酸、山嵛酸、硬脂酸、月桂酸、亚麻酸)	乳化剂	20.0	
果胶	乳化剂、稳定剂、增稠剂	按生产需要适量使用	
海藻酸钠(又名褐藻酸钠)	增稠剂	按生产需要适量使用	
黄原胶(又名汉生胶)	稳定剂、增稠剂	5.0	
卡拉胶	乳化剂、稳定剂、增稠剂	按生产需要适量使用	
双乙酰酒石酸单双甘油酯	乳化剂、增稠剂	10.0	
脱氢乙酸及其钠盐(又名脱氢醋酸及其钠盐)	防腐剂	0.3	以脱氢乙酸计

食品分类号 02.02.01.02　食品名称：人造黄油（人造奶油）及其类似制品（如黄油和人造黄油混合品）

本类食品说明：指以食用脂肪和油为原料，可添加其他辅料经乳化后，制成的可塑性的流动性状的产品。还包含黄油与人造黄油（人造奶油）混合物。

允许使用的食品添加剂：

食品添加剂名称	功能	最大使用量/(g/kg)	备注
山梨酸及其钾盐	防腐剂、抗氧化剂、稳定剂	1.0	以山梨酸计
胭脂树橙(又名红木素，降红木素)	着色剂	0.05	

续表

食品添加剂名称	功能	最大使用量/(g/kg)	备注
栀子黄	着色剂	1.5	
上级 02.02.01 分类允许使用的食品添加剂 1 项			
上级 02.02 分类允许使用的食品添加剂 9 项			
上级 02.0 分类允许使用的食品添加剂 11 项			
依据表 A.2 可以适量使用的食品添加剂 75 种(项),见本手册 15 页			

食品分类号 02.02.02　食品名称：脂肪含量 80%以下的乳化制品

本类食品说明：脂肪含量 80%以下的乳化脂肪制品。

允许使用的食品添加剂：

食品添加剂名称	功能	最大使用量/(g/kg)	备注
山梨酸及其钾盐	防腐剂、抗氧化剂、稳定剂	1.0	仅限山梨酸钾用作防腐剂时,以山梨酸计。由关于海藻酸钙等食品添加剂新品种的公告(2016 年第 8 号)增补
上级 02.02 分类允许使用的食品添加剂 9 项			
上级 02.0 分类允许使用的食品添加剂 11 项			
依据表 A.2 可以适量使用的食品添加剂 75 种(项),见本手册 15 页			

食品分类号 02.03　食品名称：02.02 类以外的脂肪乳化制品，包括混合的和（或）调味的脂肪乳化制品

本类食品说明：02.02 类以外的脂肪乳化制品，包括无水人造奶油（人造酥油、无水酥油）、无水黄油和无水人造奶油混合品、起酥油、液态酥油、代（类）可可脂和植脂奶油等。

允许使用的食品添加剂：

食品添加剂名称	功能	最大使用量/(g/kg)	备注
蔗糖脂肪酸酯	乳化剂	10.0	
硬脂酰乳酸钠,硬脂酰乳酸钙	乳化剂、稳定剂	5.0	
聚氧乙烯(20)山梨醇酐单月桂酸酯(又名吐温 20),聚氧乙烯(20)山梨醇酐单棕榈酸酯(又名吐温 40),聚氧乙烯(20)山梨醇酐单硬脂酸酯(又名吐温 60),聚氧乙烯(20)山梨醇酐单油酸酯(又名吐温 80)	乳化剂、消泡剂、稳定剂	5.0	
双乙酰酒石酸单双甘油酯	乳化剂、增稠剂	10.0	

食品添加剂名称	功能	最大使用量/(g/kg)	备注
磷酸,焦磷酸二氢二钠,焦磷酸钠,磷酸二氢钙,磷酸二氢钾,磷酸氢二铵,磷酸氢二钾,磷酸氢钙,磷酸三钙,磷酸三钾,磷酸三钠,六偏磷酸钠,三聚磷酸钠,磷酸二氢钠,磷酸氢二钠,焦磷酸四钾,焦磷酸一氢三钠,聚偏磷酸钾,酸式焦磷酸钙	水分保持剂、酸度调节剂、稳定剂	5.0	可单独或混合使用,最大使用量以磷酸根(PO_4^{3-})计
N-[*N*-(3,3-二甲基丁基)]-L-*α*-天门冬氨-L-苯丙氨酸 1-甲酯(又名纽甜)	甜味剂	0.01	
天门冬酰苯丙氨酸甲酯(又名阿斯巴甜)	甜味剂	1.0	添加阿斯巴甜的食品应标明:“阿斯巴甜(含苯丙氨酸)”
山梨糖醇和山梨糖醇液	甜味剂、乳化剂、水分保持剂、稳定剂、增稠剂	按生产需要适量使用	仅限植脂奶油
海藻酸丙二醇酯	增稠剂、乳化剂、稳定剂	5.0	
β-胡萝卜素	着色剂	1.0	
上级 02.0 分类允许使用的食品添加剂 11 项			
依据表 A.2 可以适量使用的食品添加剂 75 种(项),见本手册 15 页			

食品分类号 02.04　食品名称：脂肪类甜品

本类食品说明：包括与乳基甜品（01.07）相类似的含脂产品。

允许使用的食品添加剂：

食品添加剂名称	功能	最大使用量/(g/kg)	备注
双乙酰酒石酸单双甘油酯	乳化剂、增稠剂	5.0	
N-[*N*-(3,3-二甲基丁基)]-L-*α*-天门冬氨-L-苯丙氨酸 1-甲酯(又名纽甜)	甜味剂	0.1	
天门冬酰苯丙氨酸甲酯(又名阿斯巴甜)	甜味剂	1.0	添加阿斯巴甜的食品应标明:“阿斯巴甜(含苯丙氨酸)”
可溶性大豆多糖	增稠剂、乳化剂、被膜剂、抗结剂	10.0	
β-胡萝卜素	着色剂	1.0	
上级 02.0 分类允许使用的食品添加剂 11 项			
依据表 A.2 可以适量使用的食品添加剂 75 种(项),见本手册 15 页			

食品分类号 02.05　食品名称：其他油脂或油脂制品

本类食品说明：除 02.01—02.04 品种以外的油脂或油脂制品。

允许使用的食品添加剂：

食品添加剂名称	功能	最大使用量/(g/kg)	备注
二氧化硅	抗结剂	15.0	仅限植脂末
硬脂酰乳酸钠，硬脂酰乳酸钙	乳化剂、稳定剂	10.0	仅限植脂末
双乙酰酒石酸单双甘油酯	乳化剂、增稠剂	5.0	仅限植脂末
磷酸，焦磷酸二氢二钠，焦磷酸钠，磷酸二氢钙，磷酸二氢钾，磷酸氢二铵，磷酸氢二钾，磷酸氢钙，磷酸三钙，磷酸三钾，磷酸三钠，六偏磷酸钠，三聚磷酸钠，磷酸二氢钠，磷酸氢二钠，焦磷酸四钾，焦磷酸一氢三钠，聚偏磷酸钾，酸式焦磷酸钙	水分保持剂、酸度调节剂、稳定剂、抗结剂	20.0	仅限植脂末。可单独或混合使用，最大使用量以磷酸根(PO_4^{3-})计
甲壳素(又名几丁质)	增稠剂、稳定剂	2.0	仅限植脂末
β-胡萝卜素	着色剂	0.065	仅限植脂末
胭脂树橙(又名红木素，降红木素)	着色剂	0.02	仅限植脂末
上级 02.0 分类允许使用的食品添加剂 11 项			
依据表 A.2 可以适量使用的食品添加剂 75 种(项)，见本手册 15 页			

第三类　冷冻饮品

食品分类号 03.0　食品名称：冷冻饮品

本类食品说明：以饮用水、食糖、乳制品、水果制品、豆制品、食用油等的一种或多种为主要原料，添加或不添加食品添加剂，经混合、灭菌、冷冻而制成的冷冻固态制品。包括：冰淇淋、雪糕、雪泥、冰棍、风味冰、食用冰等。

允许使用的食品添加剂：03.04 食用冰涉及的品种除外。

食品添加剂名称	功能	最大使用量/(g/kg)	备注
普鲁兰多糖	被膜剂、增稠剂	10.0	03.04 食用冰除外
二氧化硅	抗结剂	0.5	03.04 食用冰除外
冰结构蛋白	其他	按生产需要适量使用	03.04 食用冰除外
蔗糖脂肪酸酯	乳化剂	1.5	03.04 食用冰除外
丙二醇脂肪酸酯	乳化剂、稳定剂	5.0	03.04 食用冰除外

续表

食品添加剂名称	功能	最大使用量/(g/kg)	备注
聚甘油脂肪酸酯	乳化剂、稳定剂、增稠剂	10.0	03.04 食用冰除外
聚氧乙烯(20)山梨醇酐单月桂酸酯(又名吐温 20),聚氧乙烯(20)山梨醇酐单棕榈酸酯(又名吐温 40),聚氧乙烯(20)山梨醇酐单硬脂酸酯(又名吐温 60),聚氧乙烯(20)山梨醇酐单油酸酯(又名吐温 80)	乳化剂、消泡剂、稳定剂	1.5	03.04 食用冰除外
双乙酰酒石酸单双甘油酯	乳化剂、增稠剂	10.0	03.04 食用冰除外
磷酸,焦磷酸二氢二钠,焦磷酸钠,磷酸二氢钙,磷酸二氢钾,磷酸氢二铵,磷酸氢二钾,磷酸氢钙,磷酸三钙,磷酸三钾,磷酸三钠,六偏磷酸钠,三聚磷酸钠,磷酸二氢钠,磷酸氢二钠,焦磷酸四钾,焦磷酸一氢三钠,聚偏磷酸钾,酸式焦磷酸钙	水分保持剂、膨松剂、酸度调节剂、稳定剂	5.0	03.04 食用冰除外。可单独或混合使用,最大使用量以磷酸根(PO_4^{3-})计
N-[*N*-(3,3-二甲基丁基)]-*L*-*α*-天门冬氨-*L*-苯丙氨酸 1-甲酯(又名纽甜)	甜味剂	0.1	03.04 食用冰除外
环己基氨基磺酸钠(又名甜蜜素),环己基氨基磺酸钙	甜味剂	0.65	03.04 食用冰除外。以环己基氨基磺酸计
三氯蔗糖(又名蔗糖素)	甜味剂	0.25	03.04 食用冰除外
索马甜	甜味剂	0.025	03.04 食用冰除外
L-*α*-天冬氨酰-*N*-(2,2,4,4-四甲基-3-硫化三亚甲基)-*D*-丙氨酰胺(又名阿力甜)	甜味剂	0.1	03.04 食用冰除外
天门冬酰苯丙氨酸甲酯(又名阿斯巴甜)	甜味剂	1.0	03.04 食用冰除外。添加阿斯巴甜的食品应标明:“阿斯巴甜(含苯丙氨酸)”
天门冬酰苯丙氨酸甲酯乙酰磺胺酸	甜味剂	0.68	03.04 食用冰除外
甜菊糖苷	甜味剂	0.5	03.04 食用冰除外。以甜菊醇当量计
乙酰磺胺酸钾(又名安赛蜜)	甜味剂	0.3	03.04 食用冰除外
异麦芽酮糖	甜味剂	按生产需要适量使用	03.04 食用冰除外
山梨糖醇和山梨糖醇液	甜味剂、乳化剂、水分保持剂、稳定剂、增稠剂	按生产需要适量使用	03.04 食用冰除外

续表

食品添加剂名称	功能	最大使用量/(g/kg)	备注
麦芽糖醇和麦芽糖醇液	甜味剂、稳定剂、水分保持剂、乳化剂、增稠剂	按生产需要适量使用	03.04 食用冰除外
糖精钠	甜味剂、增味剂	0.15	03.04 食用冰除外。以糖精计
刺云实胶	增稠剂	5.0	03.04 食用冰除外
罗望子多糖胶	增稠剂	2.0	03.04 食用冰除外
淀粉磷酸酯钠	增稠剂	按生产需要适量使用	03.04 食用冰除外
聚葡萄糖	增稠剂、水分保持剂、稳定剂	按生产需要适量使用	03.04 食用冰除外
可溶性大豆多糖	增稠剂、乳化剂、被膜剂	10.0	03.04 食用冰除外
甲壳素(又名几丁质)	增稠剂、稳定剂	2.0	03.04 食用冰除外
β-阿朴-8′-胡萝卜素醛	着色剂	0.020	03.04 食用冰除外。以β-阿朴-8′-胡萝卜素醛计
红花黄	着色剂	0.5	03.04 食用冰除外
β-胡萝卜素	着色剂	1.0	03.04 食用冰除外
红米红	着色剂	按生产需要适量使用	03.04 食用冰除外
红曲米,红曲红	着色剂	按生产需要适量使用	03.04 食用冰除外
姜黄	着色剂	按生产需要适量使用	03.04 食用冰除外
姜黄素	着色剂	0.15	03.04 食用冰除外
焦糖色(普通法)	着色剂	按生产需要适量使用	03.04 食用冰除外
焦糖色(加氨生产)	着色剂	2.0	03.04 食用冰除外
焦糖色(亚硫酸铵法)	着色剂	2.0	03.04 食用冰除外
可可壳色	着色剂	0.04	03.04 食用冰除外
辣椒橙	着色剂	按生产需要适量使用	03.04 食用冰除外
辣椒红	着色剂	按生产需要适量使用	03.04 食用冰除外
亮蓝及其铝色淀	着色剂	0.025	03.04 食用冰除外。以亮蓝计
蓝锭果红	着色剂	1.0	03.04 食用冰除外
萝卜红	着色剂	按生产需要适量使用	03.04 食用冰除外
柠檬黄及其铝色淀	着色剂	0.05	03.04 食用冰除外。以柠檬黄计
葡萄皮红	着色剂	1.0	03.04 食用冰除外
日落黄及其铝色淀	着色剂	0.09	03.04 食用冰除外。以日落黄计

续表

食品添加剂名称	功能	最大使用量/(g/kg)	备注
酸性红(又名偶氮玉红)	着色剂	0.05	03.04 食用冰除外
苋菜红及其铝色淀	着色剂	0.025	03.04 食用冰除外。以苋菜红计
胭脂虫红	着色剂	0.15	03.04 食用冰除外。以胭脂红酸计
胭脂红及其铝色淀	着色剂	0.05	03.04 食用冰除外。以胭脂红计
胭脂树橙(又名红木素,降红木素)	着色剂	0.6	03.04 食用冰除外
杨梅红	着色剂	0.2	03.04 食用冰除外
叶黄素	着色剂	0.1	03.04 食用冰除外
叶绿素铜钠盐,叶绿素铜钾盐	着色剂	0.5	03.04 食用冰除外
诱惑红及其铝色淀	着色剂	0.07	03.04 食用冰除外。以诱惑红计
越橘红	着色剂	按生产需要适量使用	03.04 食用冰除外
藻蓝(淡、海水)	着色剂	0.8	03.04 食用冰除外
栀子黄	着色剂	0.3	03.04 食用冰除外
栀子蓝	着色剂	1.0	03.04 食用冰除外
植物炭黑	着色剂	5.0	03.04 食用冰除外
紫草红	着色剂	0.1	03.04 食用冰除外
紫甘薯色素	着色剂	0.2	03.04 食用冰除外
依据表 A.2 可以适量使用的食品添加剂 75 种(项),见本手册 15 页			

食品分类号 03.01　食品名称：冰淇淋、雪糕类

本类食品说明：以饮用水、乳或乳制品、食糖和（或）甜味剂等为主要原料，添加或不添加食用油脂、食品添加剂，经混合、灭菌、均质、老化、凝冻、硬化等工艺制成的体积膨胀的冷冻饮品。

允许使用的食品添加剂：

食品添加剂名称	功能	最大使用量/(g/kg)	备注
山梨醇酐单月桂酸酯(又名司盘20),山梨醇酐单棕榈酸酯(又名司盘40),山梨醇酐单硬脂酸酯(又名司盘60),山梨醇酐三硬脂酸酯(又名司盘65),山梨醇酐单油酸酯(又名司盘80)	乳化剂	3.0	
辛,癸酸甘油酯	乳化剂	按生产需要适量使用	
硬脂酰乳酸钠,硬脂酰乳酸钙	乳化剂、稳定剂	2.0	

续表

食品添加剂名称	功能	最大使用量/(g/kg)	备注
决明胶	增稠剂	2.5	
羧甲基淀粉钠	增稠剂	0.06	
田菁胶	增稠剂	5.0	
亚麻籽胶(又名富兰克胶)	增稠剂	0.3	
皂荚糖胶	增稠剂	4.0	
海藻酸丙二醇酯	增稠剂、乳化剂、稳定剂	1.0	
可得然胶	稳定剂和凝固剂、增稠剂	按生产需要适量使用	由关于海藻酸钙等食品添加剂新品种的公告(2016年第8号)增补
上级03.0分类允许使用的食品添加剂63项			
依据表A.2可以适量使用的食品添加剂75种(项),见本手册15页			

食品分类号 03.02　食品名称：空缺

食品分类号 03.03　食品名称：风味冰、冰棍类

本类食品说明：风味冰是以饮用水、食糖和（或）甜味剂等为原料，可添加适量食品添加剂，经混合、灭菌、灌装、硬化等工艺制成的冷冻饮品。冰棍类、棒冰类：以饮用水、食糖和（或）甜味剂等为原料，可添加适量食品添加剂，经混合、灭菌、硬化、成型等工艺制成的冷冻饮品。参见SB/T 10017—2008《冷冻饮品　食用冰》。

允许使用的食品添加剂：

食品添加剂名称	功能	最大使用量/(g/kg)	备注
苯甲酸及其钠盐	防腐剂	1.0	以苯甲酸计
山梨酸及其钾盐	防腐剂、稳定剂	0.5	以山梨酸计
上级03.0分类允许使用的食品添加剂63项			
依据表A.2可以适量使用的食品添加剂75种(项),见本手册15页			

食品分类号 03.04　食品名称：食用冰

本类食品说明：食用冰类是以饮用水为主要原料，经灭菌、注模、冻结、脱模、包装等工艺制成的冷冻饮品。参见SB/T 10017—2008《冷冻饮品　食用冰》。

允许使用的食品添加剂：

食品添加剂名称	功能	最大使用量/(g/kg)	备注
依据表A.2可以适量使用的食品添加剂75种(项),见本手册15页			

食品分类号 03.05　食品名称：其他冷冻饮品

本类食品说明：除以上四类（03.01—03.04）以外的其他冷冻饮品。

允许使用的食品添加剂：

食品添加剂名称	功能	最大使用量/(g/kg)	备注
上级 03.0 分类允许使用的食品添加剂 63 项			
依据表 A.2 可以适量使用的食品添加剂 75 种(项)，见本手册 15 页			

第四类 水果、蔬菜（包括块根类）、豆类、食用菌、藻类、坚果以及籽类等

食品分类号 04.0　食品名称：水果、蔬菜（包括块根类）、豆类、食用菌、藻类、坚果以及籽类等

本类食品说明：包括水果、蔬菜（包括块根类）、食用真菌和藻类、豆类制品、坚果和籽类。

允许使用的食品添加剂：

食品添加剂名称	功能	最大使用量/(g/kg)	备注
ε-聚赖氨酸盐酸盐	防腐剂	0.30	
依据表 A.2 可以适量使用的食品添加剂 75 种(项)，见本手册 15 页			

食品分类号 04.01　食品名称：水果

本类食品说明：包括新鲜水果和加工水果产品。

允许使用的食品添加剂：

食品添加剂名称	功能	最大使用量/(g/kg)	备注
上级 04.0 分类允许使用的食品添加剂 1 项			
依据表 A.2 可以适量使用的食品添加剂 75 种(项)，见本手册 15 页			

食品分类号 04.01.01　食品名称：新鲜水果（属表 A.3 所例外的食品类别）

本类食品说明：指新鲜的未呈现衰老变质现象的饱满产品，新鲜水果一般是不含食品添加剂的。但是经表面处理、去皮或预切的新鲜水果可能含有食品添加剂。

允许使用的食品添加剂：

食品添加剂名称	功能	最大使用量/(g/kg)	备注
巴西棕榈蜡	被膜剂	0.0004	以残留量计

食品分类号 04.01.01.01　食品名称：未经加工的鲜果（附属表 A.3 所例外的食品类别）

本类食品说明：采摘后未经加工的新鲜水果。

允许使用的食品添加剂：

食品添加剂名称	功能	最大使用量/(g/kg)	备注
上级 04.01.01 分类允许使用的食品添加剂 1 项			

食品分类号 04.01.01.02　食品名称：经表面处理的鲜水果（附属表 A.3 所例外的食品类别）

本类食品说明：使用蜡样物质或其他食品添加剂处理，起表面保护作用的新鲜水果。

允许使用的食品添加剂：

食品添加剂名称	功能	最大使用量/(g/kg)	备注
聚二甲基硅氧烷及其乳液	被膜剂	0.0009	
吗啉脂肪酸盐(又名果蜡)	被膜剂	按生产需要适量使用	
紫胶(又名虫胶)	被膜剂	0.4	仅限苹果
松香季戊四醇酯	被膜剂	0.09	
紫胶(又名虫胶)	被膜剂	0.5	仅限柑橘类
联苯醚(又名二苯醚)	防腐剂	3.0	仅限柑橘类。残留量≤12mg/kg
对羟基苯甲酸酯类及其钠盐(对羟基苯甲酸甲酯钠,对羟基苯甲酸乙酯及其钠盐)	防腐剂	0.012	以对羟基苯甲酸计
2,4-二氯苯氧乙酸	防腐剂	0.01	残留量≤2.0mg/kg
稳定态二氧化氯	防腐剂	0.01	
乙氧基喹	防腐剂	按生产需要适量使用	残留量≤1mg/kg
肉桂醛	防腐剂	按生产需要适量使用	残留量≤0.3mg/kg
山梨酸及其钾盐	防腐剂、抗氧化剂、稳定剂	0.5	以山梨酸计
硫代二丙酸二月桂酯	抗氧化剂	0.2	
二氧化硫,焦亚硫酸钾,焦亚硫酸钠,亚硫酸钠,亚硫酸氢钠,低亚硫酸钠	漂白剂、防腐剂、抗氧化剂	0.05	最大使用量以二氧化硫残留量计
氢化松香甘油酯	乳化剂	0.5	
山梨醇酐单月桂酸酯(又名司盘20),山梨醇酐单棕榈酸酯(又名司盘40),山梨醇酐单硬脂酸酯(又名司盘60),山梨醇酐三硬脂酸酯(又名司盘65),山梨醇酐单油酸酯(又名司盘80)	乳化剂	3.0	
蔗糖脂肪酸酯	乳化剂	1.5	
上级 04.01.01 分类允许使用的食品添加剂 1 项			

食品分类号 04.01.01.03　食品名称：去皮或预切的鲜水果（附属表 A.3 所例外的食品类别）

本类食品说明：去皮或预切后的新鲜水果。例如：水果沙拉中的水果。

允许使用的食品添加剂：

食品添加剂名称	功能	最大使用量/(g/kg)	备注
抗坏血酸(又名维生素)	抗氧化剂	5.0	
抗坏血酸钙	抗氧化剂	1.0	以水果中抗坏血酸钙残留量计
上级 04.01.01 分类允许使用的食品添加剂 1 项			

食品分类号 04.01.02　食品名称：加工水果

本类食品说明：包括除了去皮、预切和表面处理以外的所有其他加工方式处理的水果。

允许使用的食品添加剂：

食品添加剂名称	功能	最大使用量/(g/kg)	备注
麦芽糖醇和麦芽糖醇液	甜味剂、稳定剂、水分保持剂	按生产需要适量使用	
乳酸钙	酸度调节剂、抗氧化剂、乳化剂、稳定剂和凝固剂、增稠剂	按生产需要适量使用	
植酸(又名肌醇六磷酸),植酸钠	抗氧化剂	0.2	
上级 04.0 分类允许使用的食品添加剂 1 项			
依据表 A.2 可以适量使用的食品添加剂 75 种(项),见本手册 15 页			

食品分类号 04.01.02.01　食品名称：冷冻水果

本类食品说明：如冷冻的水果沙拉或冷冻草莓。

允许使用的食品添加剂：

食品添加剂名称	功能	最大使用量/(g/kg)	备注
N-[*N*-(3,3-二甲基丁基)]-L-α-天门冬氨-L-苯丙氨酸 1-甲酯(又名纽甜)	甜味剂	0.1	
天门冬酰苯丙氨酸甲酯(又名阿斯巴甜)	甜味剂	2.0	添加阿斯巴甜的食品应标明:“阿斯巴甜(含苯丙氨酸)”
上级 04.01.02 分类允许使用的食品添加剂 3 项			
上级 04.0 分类允许使用的食品添加剂 1 项			
依据表 A.2 可以适量使用的食品添加剂 75 种(项),见本手册 15 页			

食品分类号 04.01.02.02 食品名称：水果干类

本类食品说明：以新鲜水果为原料，经晾晒、干燥等脱水工艺加工制成的干果产品。

允许使用的食品添加剂：

食品添加剂名称	功能	最大使用量/(g/kg)	备注
硫磺	漂白剂、防腐剂	0.1	只限用于熏蒸，最大使用量以二氧化硫残留量计
二氧化硫，焦亚硫酸钾，焦亚硫酸钠，亚硫酸钠，亚硫酸氢钠，低亚硫酸钠	漂白剂、防腐剂、抗氧化剂	0.1	最大使用量以二氧化硫残留量计
双乙酰酒石酸单双甘油酯	乳化剂、增稠剂	10.0	
N-[*N*-(3,3-二甲基丁基)]-L-*α*-天门冬氨-L-苯丙氨酸 1-甲酯（又名纽甜）	甜味剂	0.1	
三氯蔗糖（又名蔗糖素）	甜味剂	0.15	
天门冬酰苯丙氨酸甲酯（又名阿斯巴甜）	甜味剂	2.0	添加阿斯巴甜的食品应标明："阿斯巴甜（含苯丙氨酸）"
糖精钠	甜味剂、增味剂	5.0	仅限芒果干、无花果干。以糖精计
诱惑红及其铝色淀	着色剂	0.07	仅限苹果干。以诱惑红计，用于燕麦片调色调香载体
上级 04.01.02 分类允许使用的食品添加剂 3 项			
上级 04.0 分类允许使用的食品添加剂 1 项			
依据表 A.2 可以适量使用的食品添加剂 75 种（项），见本手册 15 页			

食品分类号 04.01.02.03 食品名称：醋、油或盐渍水果

本类食品说明：包括的产品如用醋、油或盐渍的李子、芒果、酸橙等。

允许使用的食品添加剂：

食品添加剂名称	功能	最大使用量/(g/kg)	备注
N-[*N*-(3,3-二甲基丁基)]-L-*α*-天门冬氨-L-苯丙氨酸 1-甲酯（又名纽甜）	甜味剂	0.1	
β-胡萝卜素	着色剂	1.0	
双乙酰酒石酸单双甘油酯	乳化剂、增稠剂	1.0	
天门冬酰苯丙氨酸甲酯（又名阿斯巴甜）	甜味剂	0.3	添加阿斯巴甜的食品应标明："阿斯巴甜（含苯丙氨酸）"

续表

食品添加剂名称	功能	最大使用量/(g/kg)	备注
上级 04.01.02 分类允许使用的食品添加剂 3 项			
上级 04.0 分类允许使用的食品添加剂 1 项			
依据表 A.2 可以适量使用的食品添加剂 75 种(项),见本手册 15 页			

食品分类号 04.01.02.04　食品名称：水果罐头

本类食品说明： 水果原料，经预处理、装罐（包括马口铁罐、玻璃罐、复合薄膜袋或其他包装材料容器）、加糖水、密封、杀菌等工艺制成的产品。

允许使用的食品添加剂：

食品添加剂名称	功能	最大使用量/(g/kg)	备注
N-[*N*-(3,3-二甲基丁基)]-L-*α*-天门冬氨-L-苯丙氨酸 1-甲酯(又名纽甜)	甜味剂	0.033	
红花黄	着色剂	0.2	
β-胡萝卜素	着色剂	1.0	
环己基氨基磺酸钠(又名甜蜜素),环己基氨基磺酸钙	甜味剂	0.65	以环己基氨基磺酸计
氯化钙	稳定剂和凝固剂、增稠剂	1.0	
柠檬酸亚锡二钠	稳定剂和凝固剂	0.3	
偏酒石酸	酸度调节剂	按生产需要适量使用	
日落黄及其铝色淀	着色剂	0.1	仅限西瓜酱罐头。以日落黄计
三氯蔗糖(又名蔗糖素)	甜味剂	0.25	
天门冬酰苯丙氨酸甲酯(又名阿斯巴甜)	甜味剂	1.0	添加阿斯巴甜的食品应标明:“阿斯巴甜(含苯丙氨酸)”
天门冬酰苯丙氨酸甲酯乙酰磺胺酸	甜味剂	0.35	
胭脂红及其铝色淀	着色剂	0.1	以胭脂红计
乙酰磺胺酸钾(又名安赛蜜)	甜味剂	0.3	
异麦芽酮糖	甜味剂	按生产需要适量使用	
上级 04.01.02 分类允许使用的食品添加剂 3 项			
上级 04.0 分类允许使用的食品添加剂 1 项			
依据表 A.2 可以适量使用的食品添加剂 75 种(项),见本手册 15 页			

食品分类号 04.01.02.05　食品名称：果酱

本类食品说明： 以水果为主要原料，经破碎、打浆、添加糖或其他甜味料，经浓缩、装罐、杀菌等工序制成的酱类产品。

允许使用的食品添加剂：

食品添加剂名称	功能	最大使用量/(g/kg)	备注
苯甲酸及其钠盐	防腐剂	1.0	罐头除外。以苯甲酸计
对羟基苯甲酸酯类及其钠盐（对羟基苯甲酸甲酯钠，对羟基苯甲酸乙酯及其钠盐）	防腐剂	0.25	罐头除外。以对羟基苯甲酸计
山梨酸及其钾盐	防腐剂、抗氧化剂、稳定剂	1.0	以山梨酸计
亚硫酸钠	护色剂、抗氧化剂	0.1（以二氧化硫残留量计）	由关于食品用香料新品种 9-癸烯-2-酮、茶多酚等 7 种食品添加剂扩大使用范围和食品营养强化剂钙扩大使用范围的公告（2016 年第 14 号）增补
茶多酚	抗氧化剂	0.5（以儿茶素计）	由关于食品用香料新品种 9-癸烯-2-酮、茶多酚等 7 种食品添加剂扩大使用范围和食品营养强化剂钙扩大使用范围的公告（2016 年第 14 号）增补
蔗糖脂肪酸酯	乳化剂	5.0	
硬脂酰乳酸钠，硬脂酰乳酸钙	乳化剂、稳定剂	2.0	
N-[*N*-(3,3-二甲基丁基)]-L-*α*-天门冬氨-L-苯丙氨酸 1-甲酯（又名纽甜）	甜味剂	0.07	
环己基氨基磺酸钠（又名甜蜜素），环己基氨基磺酸钙	甜味剂	1.0	以环己基氨基磺酸计
三氯蔗糖（又名蔗糖素）	甜味剂	0.45	
天门冬酰苯丙氨酸甲酯（又名阿斯巴甜）	甜味剂	1.0	添加阿斯巴甜的食品应标明："阿斯巴甜（含苯丙氨酸）"
天门冬酰苯丙氨酸甲酯乙酰磺胺酸	甜味剂	0.68	
乙酰磺胺酸钾（又名安赛蜜）	甜味剂	0.3	
异麦芽酮糖	甜味剂	按生产需要适量使用	
山梨糖醇和山梨糖醇液	甜味剂、膨松剂、乳化剂、水分保持剂、稳定剂、增稠剂	按生产需要适量使用	
糖精钠	甜味剂、增味剂	0.2	以糖精计

续表

食品添加剂名称	功能	最大使用量/(g/kg)	备注
乙二胺四乙酸二钠	稳定剂、凝固剂、抗氧化剂、防腐剂	0.07	
氯化钙	稳定剂和凝固剂、增稠剂	1.0	
刺云实胶	增稠剂	5.0	
淀粉磷酸酯钠	增稠剂	按生产需要适量使用	
磷酸化二淀粉磷酸酯	增稠剂	1.0	
羧甲基淀粉钠	增稠剂	0.1	
海藻酸丙二醇酯	增稠剂、乳化剂、稳定剂	5.0	
甲壳素(又名几丁质)	增稠剂、稳定剂	5.0	
二氧化钛	着色剂	5.0	
红曲米,红曲红	着色剂	按生产需要适量使用	
β-胡萝卜素	着色剂	1.0	
姜黄	着色剂	按生产需要适量使用	
焦糖色(加氨生产)	着色剂	1.5	
焦糖色(普通法)	着色剂	1.5	
亮蓝及其铝色淀	着色剂	0.5	以亮蓝计
萝卜红	着色剂	按生产需要适量使用	
柠檬黄及其铝色淀	着色剂	0.5	以柠檬黄计
葡萄皮红	着色剂	1.5	
日落黄及其铝色淀	着色剂	0.5	以日落黄计
苋菜红及其铝色淀	着色剂	0.3	以苋菜红计
胭脂虫红	着色剂	0.6	以胭脂红酸计
胭脂红及其铝色淀	着色剂	0.5	以胭脂红计
胭脂树橙(又名红木素,降红木素)	着色剂	0.6	
叶黄素	着色剂	0.05	
栀子蓝	着色剂	0.3	
紫胶红(又名虫胶红)	着色剂	0.5	
上级 04.01.02 分类允许使用的食品添加剂 3 项			
上级 04.0 分类允许使用的食品添加剂 1 项			
依据表 A.2 可以适量使用的食品添加剂 75 种(项),见本手册 15 页			

食品分类号 04.01.02.06　食品名称：果泥

本类食品说明：以水果为主要原料，经加工制成的泥状产品。

允许使用的食品添加剂：

食品添加剂名称	功能	最大使用量/(g/kg)	备注
双乙酰酒石酸单双甘油酯	乳化剂、增稠剂	2.5	
N-[*N*-(3,3-二甲基丁基)]-L-*α*-天门冬氨-L-苯丙氨酸 1-甲酯(又名纽甜)	甜味剂	0.07	
天门冬酰苯丙氨酸甲酯(又名阿斯巴甜)	甜味剂	1.0	添加阿斯巴甜的食品应标明："阿斯巴甜(含苯丙氨酸)"
上级 04.01.02 分类允许使用的食品添加剂 3 项			
上级 04.0 分类允许使用的食品添加剂 1 项			
依据表 A.2 可以适量使用的食品添加剂 75 种(项)，见本手册 15 页			

食品分类号 04.01.02.07　食品名称：除 04.01.02.05 以外的果酱（如印度酸辣酱）

本类食品说明：除 04.01.02.05 以外的其他调味果酱。

允许使用的食品添加剂：

食品添加剂名称	功能	最大使用量/(g/kg)	备注
双乙酰酒石酸单双甘油酯	乳化剂、增稠剂	5.0	
N-[*N*-(3,3-二甲基丁基)]-L-*α*-天门冬氨-L-苯丙氨酸 1-甲酯(又名纽甜)	甜味剂	0.07	
天门冬酰苯丙氨酸甲酯(又名阿斯巴甜)	甜味剂	1.0	添加阿斯巴甜的食品应标明："阿斯巴甜(含苯丙氨酸)"
β-胡萝卜素	着色剂	0.5	
上级 04.01.02 分类允许使用的食品添加剂 3 项			
上级 04.0 分类允许使用的食品添加剂 1 项			
依据表 A.2 可以适量使用的食品添加剂 75 种(项)，见本手册 15 页			

食品分类号 04.01.02.08　食品名称：蜜饯凉果

本类食品说明：以果蔬为原料，通过不同的加工方式制成的产品。包括：蜜饯类、凉果类、果脯类、话化类（甘草制品）、果丹（饼）类、果糕类。

允许使用的食品添加剂：

食品添加剂名称	功能	最大使用量/(g/kg)	备注
苯甲酸及其钠盐	防腐剂	0.5	以苯甲酸计
山梨酸及其钾盐	防腐剂、抗氧化剂、稳定剂	0.5	以山梨酸计
硫磺	漂白剂、防腐剂	0.35	只限用于熏蒸，最大使用量以二氧化硫残留量计
二氧化硫，焦亚硫酸钾，焦亚硫酸钠，亚硫酸钠，亚硫酸氢钠，低亚硫酸钠	漂白剂、防腐剂、抗氧化剂	0.35	最大使用量以二氧化硫残留量计
硬脂酸镁	乳化剂、抗结剂	0.8	
双乙酰酒石酸单双甘油酯	乳化剂、增稠剂	1.0	
N-[*N*-(3,3-二甲基丁基)]-L-*α*-天门冬氨-L-苯丙氨酸 1-甲酯(又名纽甜)	甜味剂	0.065	
环己基氨基磺酸钠(又名甜蜜素)，环己基氨基磺酸钙	甜味剂	1.0	以环己基氨基磺酸计
三氯蔗糖(又名蔗糖素)	甜味剂	1.5	
天门冬酰苯丙氨酸甲酯(又名阿斯巴甜)	甜味剂	2.0	添加阿斯巴甜的食品应标明："阿斯巴甜(含苯丙氨酸)"
甜菊糖苷	甜味剂	3.3	以甜菊醇当量计
糖精钠	甜味剂、增味剂	1.0	以糖精计
甘草酸铵，甘草酸一钾及三钾	甜味剂	按生产需要适量使用	
异麦芽酮糖	甜味剂	按生产需要适量使用	
红花黄	着色剂	0.2	
β-胡萝卜素	着色剂	1.0	
柠檬黄及其铝色淀	着色剂	0.1	以柠檬黄计
日落黄及其铝色淀	着色剂	0.1	以日落黄计
天然苋菜红	着色剂	0.25	
苋菜红及其铝色淀	着色剂	0.05	以苋菜红计
胭脂红及其铝色淀	着色剂	0.05	以胭脂红计
上级 04.01.02 分类允许使用的食品添加剂 3 项			
上级 04.0 分类允许使用的食品添加剂 1 项			
依据表 A.2 可以适量使用的食品添加剂 75 种(项)，见本手册 15 页			

食品分类号 04.01.02.08.01　食品名称：蜜饯类

本类食品说明：以水果为主要原料，经糖（蜜）熬煮或浸渍，添加或不添加食品添加剂，干燥处理，制成带有湿润糖液面或浸渍在浓糖液中的湿态制品。

允许使用的食品添加剂：

食品添加剂名称	功能	最大使用量/(g/kg)	备注
天门冬酰苯丙氨酸甲酯乙酰磺胺酸	甜味剂	0.35	
乙酰磺胺酸钾(又名安赛蜜)	甜味剂	0.3	
靛蓝及其铝色淀	着色剂	0.1	以靛蓝计
栀子黄	着色剂	0.3	
萝卜红	着色剂	按生产需要适量使用	
上级 04.01.02.08 分类允许使用的食品添加剂 21 项			
上级 04.01.02 分类允许使用的食品添加剂 3 项			
上级 04.0 分类允许使用的食品添加剂 1 项			
依据表 A.2 可以适量使用的食品添加剂 75 种(项)，见本手册 15 页			

食品分类号 04.01.02.08.02　食品名称：凉果类

本类食品说明：以果蔬为主要原料，经或不经糖熬煮、浸渍或腌制，添加或不添加食品添加剂等，经处理后制成的具有浓郁香味的干态制品。

允许使用的食品添加剂：

食品添加剂名称	功能	最大使用量/(g/kg)	备注
滑石粉	抗结剂	20.0	
环己基氨基磺酸钠(又名甜蜜素)，环己基氨基磺酸钙	甜味剂	8.0	以环己基氨基磺酸计
糖精钠	甜味剂、增味剂	5.0	以糖精计
赤藓红及其铝色淀	着色剂	0.05	以赤藓红计
靛蓝及其铝色淀	着色剂	0.1	以靛蓝计
二氧化钛	着色剂	10.0	
亮蓝及其铝色淀	着色剂	0.025	以亮蓝计
新红及其铝色淀	着色剂	0.05	以新红计
姜黄	着色剂	按生产需要适量使用	
上级 04.01.02.08 分类允许使用的食品添加剂 21 项			
上级 04.01.02 分类允许使用的食品添加剂 3 项			
上级 04.0 分类允许使用的食品添加剂 1 项			
依据表 A.2 可以适量使用的食品添加剂 75 种(项)，见本手册 15 页			

食品分类号 04.01.02.08.03　食品名称：果脯类

本类食品说明：以果蔬为原料，经或不经糖熬煮、浸渍或腌制，可加入食品添加剂、辅助原料制成的表面不黏不燥、有透明感、无糖霜析出的干态制品。

允许使用的食品添加剂：

食品添加剂名称	功能	最大使用量/(g/kg)	备注
乙二胺四乙酸二钠	稳定剂、凝固剂、抗氧化剂、防腐剂	0.25	仅限地瓜果脯
上级 04.01.02.08 分类允许使用的食品添加剂 21 项			
上级 04.01.02 分类允许使用的食品添加剂 3 项			
上级 04.0 分类允许使用的食品添加剂 1 项			
依据表 A.2 可以适量使用的食品添加剂 75 种(项)，见本手册 15 页			

食品分类号 04.01.02.08.04　食品名称：话化类

本类食品说明：以水果为主要原料，经腌制，添加食品添加剂，加或不加糖和（或）甜味剂，加或不加甘草制成的干态制品。

允许使用的食品添加剂：

食品添加剂名称	功能	最大使用量/(g/kg)	备注
滑石粉	抗结剂	20.0	
环己基氨基磺酸钠(又名甜蜜素)，环己基氨基磺酸钙	甜味剂	8.0	以环己基氨基磺酸计
L-α-天冬氨酰-*N*-(2,2,4,4-四甲基-3-硫化三亚甲基)-D-丙氨酰胺(又名阿力甜)	甜味剂	0.3	
糖精钠	甜味剂、增味剂	5.0	以糖精计
二氧化钛	着色剂	10.0	
上级 04.01.02.08 分类允许使用的食品添加剂 21 项			
上级 04.01.02 分类允许使用的食品添加剂 3 项			
上级 04.0 分类允许使用的食品添加剂 1 项			
依据表 A.2 可以适量使用的食品添加剂 75 种(项)，见本手册 15 页			

食品分类号 04.01.02.08.05　食品名称：果糕类

本类食品说明：以果蔬为主要原料，经磨碎或打浆，加入糖类制成的各种形态的糕状制品。

允许使用的食品添加剂：

食品添加剂名称	功能	最大使用量/(g/kg)	备注
环己基氨基磺酸钠（又名甜蜜素），环己基氨基磺酸钙	甜味剂	8.0	以环己基氨基磺酸计
糖精钠	甜味剂、增味剂	5.0	以糖精计
桑椹红	着色剂	5.0	
上级 04.01.02.08 分类允许使用的食品添加剂 21 项			
上级 04.01.02 分类允许使用的食品添加剂 3 项			
上级 04.0 分类允许使用的食品添加剂 1 项			
依据表 A.2 可以适量使用的食品添加剂 75 种（项），见本手册 15 页			

食品分类号 04.01.02.09　食品名称：装饰性果蔬

本类食品说明：用于装饰食品的果蔬制品。如染色樱桃、红绿丝以及水果粒等。

允许使用的食品添加剂：

食品添加剂名称	功能	最大使用量/(g/kg)	备注
N-[*N*-(3,3-二甲基丁基)]-L-α-天门冬氨-L-苯丙氨酸 1-甲酯（又名纽甜）	甜味剂	0.1	
天门冬酰苯丙氨酸甲酯（又名阿斯巴甜）	甜味剂	1.0	添加阿斯巴甜的食品应标明："阿斯巴甜（含苯丙氨酸）"
双乙酰酒石酸单双甘油酯	乳化剂、增稠剂	2.5	
红花黄	着色剂	0.2	
β-胡萝卜素	着色剂	0.1	
姜黄	着色剂	按生产需要适量使用	
赤藓红及其铝色淀	着色剂	0.1	以赤藓红计
靛蓝及其铝色淀	着色剂	0.2	以靛蓝计
亮蓝及其铝色淀	着色剂	0.1	以亮蓝计
柠檬黄及其铝色淀	着色剂	0.1	以柠檬黄计
日落黄及其铝色淀	着色剂	0.2	以日落黄计
天然苋菜红	着色剂	0.25	
苋菜红及其铝色淀	着色剂	0.1	以苋菜红计
新红及其铝色淀	着色剂	0.1	以新红计
胭脂红及其铝色淀	着色剂	0.1	以胭脂红计
诱惑红及其铝色淀	着色剂	0.05	以诱惑红计
上级 04.01.02 分类允许使用的食品添加剂 3 项			
上级 04.0 分类允许使用的食品添加剂 1 项			
依据表 A.2 可以适量使用的食品添加剂 75 种（项），见本手册 15 页			

食品分类号 04.01.02.10　食品名称：水果甜品，包括果味液体甜品

本类食品说明：以水果为主要原料，添加糖和（或）甜味剂等其他物质制成的甜品。包括水果块和果浆的甜点凝胶、果味凝胶等。

允许使用的食品添加剂：

食品添加剂名称	功能	最大使用量/(g/kg)	备注
双乙酰酒石酸单双甘油酯	乳化剂、增稠剂	2.5	
N-[*N*-(3,3-二甲基丁基)]-L-*α*-天门冬氨-L-苯丙氨酸1-甲酯(又名纽甜)	甜味剂	0.1	
天门冬酰苯丙氨酸甲酯(又名阿斯巴甜)	甜味剂	1.0	添加阿斯巴甜的食品应标明:"阿斯巴甜(含苯丙氨酸)"
β-胡萝卜素	着色剂	1.0	
上级04.01.02分类允许使用的食品添加剂3项			
上级04.0分类允许使用的食品添加剂1项			
依据表A.2可以适量使用的食品添加剂75种(项),见本手册15页			

食品分类号 04.01.02.11　食品名称：发酵的水果制品

本类食品说明：以水果为原料，加入其他调味料，经微生物发酵制成的制品，如发酵李子。

允许使用的食品添加剂：

食品添加剂名称	功能	最大使用量/(g/kg)	备注
双乙酰酒石酸单双甘油酯	乳化剂、增稠剂	2.5	
N-[*N*-(3,3-二甲基丁基)]-L-*α*-天门冬氨-L-苯丙氨酸1-甲酯(又名纽甜)	甜味剂	0.065	
天门冬酰苯丙氨酸甲酯(又名阿斯巴甜)	甜味剂	1.0	添加阿斯巴甜的食品应标明:"阿斯巴甜(含苯丙氨酸)"
β-胡萝卜素	着色剂	0.2	
上级04.01.02分类允许使用的食品添加剂3项			
上级04.0分类允许使用的食品添加剂1项			
依据表A.2可以适量使用的食品添加剂75种(项),见本手册15页			

食品分类号 04.01.02.12　食品名称：煮熟的或油炸的水果

本类食品说明：以水果为原料，经蒸、煮、烤或油炸的制品。例如：烤苹果、油炸苹果圈。

允许使用的食品添加剂：

食品添加剂名称	功能	最大使用量/(g/kg)	备注
N-[N-(3,3-二甲基丁基)]-L-α-天门冬氨-L-苯丙氨酸 1-甲酯(又名纽甜)	甜味剂	0.065	
三氯蔗糖(又名蔗糖素)	甜味剂	0.15	
天门冬酰苯丙氨酸甲酯(又名阿斯巴甜)	甜味剂	1.0	添加阿斯巴甜的食品应标明："阿斯巴甜(含苯丙氨酸)"
上级 04.01.02 分类允许使用的食品添加剂 3 项			
上级 04.0 分类允许使用的食品添加剂 1 项			
依据表 A.2 可以适量使用的食品添加剂 75 种(项),见本手册 15 页			

食品分类号 04.01.02.13 食品名称：其他加工水果

本类食品说明：以上各类（04.01.02.01—04.01.02.12）未包括的加工水果。

允许使用的食品添加剂：

食品添加剂名称	功能	最大使用量/(g/kg)	备注
上级 04.01.02 分类允许使用的食品添加剂 3 项			
上级 04.0 分类允许使用的食品添加剂 1 项			
依据表 A.2 可以适量使用的食品添加剂 75 种(项),见本手册 15 页			

食品分类号 04.02 食品名称：蔬菜

本类食品说明：包括新鲜蔬菜和加工蔬菜制品。

允许使用的食品添加剂：

食品添加剂名称	功能	最大使用量/(g/kg)	备注
上级 04.0 分类允许使用的食品添加剂 1 项			
依据表 A.2 可以适量使用的食品添加剂 75 种(项),见本手册 15 页			

食品分类号 04.02.01 食品名称：新鲜蔬菜（属表 A.3 所例外的食品类别）

本类食品说明：包括未经加工的、经表面处理的新鲜蔬菜。豆芽菜也包括在新鲜蔬菜内。

允许使用的食品添加剂：不允许使用食品添加剂

食品分类号 04.02.01.01 食品名称：未经加工鲜蔬菜（附属表 A.3 所例外的食品类别）

本类食品说明：收获后未经加工的新鲜蔬菜。

允许使用的食品添加剂：不允许使用食品添加剂

食品分类号 04.02.01.02　食品名称：经表面处理的新鲜蔬菜（附属表 A.3 所例外的食品类别）

本类食品说明：使用食品添加剂处理，起表面保护作用的新鲜蔬菜，如表面有光滑的或蜡样物质处理蔬菜。

允许使用的食品添加剂：

食品添加剂名称	功能	最大使用量/(g/kg)	备注
聚二甲基硅氧烷及其乳液	被膜剂	0.0009	
松香季戊四醇酯	被膜剂	0.09	
对羟基苯甲酸酯类及其钠盐(对羟基苯甲酸甲酯钠,对羟基苯甲酸乙酯及其钠盐)	防腐剂	0.012	以对羟基苯甲酸计
2,4-二氯苯氧乙酸	防腐剂	0.01	残留量≤2.0mg/kg
稳定态二氧化氯	防腐剂	0.01	
山梨酸及其钾盐	防腐剂、抗氧化剂、稳定剂	0.5	以山梨酸计
硫代二丙酸二月桂酯	抗氧化剂	0.2	
山梨醇酐单月桂酸酯(又名司盘20),山梨醇酐单棕榈酸酯(又名司盘40),山梨醇酐单硬脂酸酯(又名司盘60),山梨醇酐三硬脂酸酯(又名司盘65),山梨醇酐单油酸酯(又名司盘80)	乳化剂	3.0	

食品分类号 04.02.01.03　食品名称：去皮、切块或切丝的蔬菜（附属表 A.3 所例外的食品类别）

本类食品说明：去皮或切块、切丝后的新鲜蔬菜。

允许使用的食品添加剂：

食品添加剂名称	功能	最大使用量/(g/kg)	备注
抗坏血酸(又名维生素)	抗氧化剂	5.0	
抗坏血酸钙	抗氧化剂	1.0	以蔬菜中抗坏血酸钙残留量计

食品分类号 04.02.01.04　食品名称：豆芽菜（附属表 A.3 所例外的食品类别）

本类食品说明：以大豆、绿豆等为原料，经浸泡发芽后的制品。

允许使用的食品添加剂：不允许使用食品添加剂

食品分类号 04.02.02　食品名称：加工蔬菜

本类食品说明：除去皮、预切和表面处理以外的所有其他加工方式的蔬菜。

允许使用的食品添加剂：

食品添加剂名称	功能	最大使用量/(g/kg)	备注
N-[N-(3,3-二甲基丁基)]-L-α-天门冬氨-L-苯丙氨酸 1-甲酯(又名纽甜)	甜味剂	0.033	
植酸(又名肌醇六磷酸),植酸钠	抗氧化剂	0.2	
上级 04.0 分类允许使用的食品添加剂 1 项			
依据表 A.2 可以适量使用的食品添加剂 75 种(项),见本手册 15 页			

食品分类号 04.02.02.01　食品名称：冷冻蔬菜（属表 A.3 所例外的食品类别）

本类食品说明：新鲜蔬菜经预处理并冷冻。例如：速冻玉米、速冻豌豆等。

允许使用的食品添加剂：

食品添加剂名称	功能	最大使用量/(g/kg)	备注
天门冬酰苯丙氨酸甲酯(又名阿斯巴甜)	甜味剂	1.0	添加阿斯巴甜的食品应标明:"阿斯巴甜(含苯丙氨酸)"

食品分类号 04.02.02.02　食品名称：干制蔬菜

本类食品说明：以新鲜蔬菜为原料，经晾晒、干燥等脱水工艺加工制成的蔬菜干制品。包括干制蔬菜粉。

允许使用的食品添加剂：

食品添加剂名称	功能	最大使用量/(g/kg)	备注
天门冬酰苯丙氨酸甲酯(又名阿斯巴甜)	甜味剂	1.0	添加阿斯巴甜的食品应标明:"阿斯巴甜(含苯丙氨酸)"
双乙酰酒石酸单双甘油酯	乳化剂、增稠剂	10.0	
硬脂酰乳酸钠,硬脂酰乳酸钙	乳化剂、稳定剂	2.0	仅限脱水马铃薯粉
二丁基羟基甲苯(BHT)	抗氧化剂	0.2	仅限脱水马铃薯粉。以油脂中的含量计
β-胡萝卜素	着色剂	0.2	
二氧化钛	着色剂	0.5	仅限脱水马铃薯
核黄素	着色剂	0.3	仅限脱水马铃薯
二氧化硫,焦亚硫酸钾,焦亚硫酸钠,亚硫酸钠,亚硫酸氢钠,低亚硫酸钠	漂白剂、防腐剂、抗氧化剂	0.4	仅限脱水马铃薯。最大使用量以二氧化硫残留量计
硫磺	漂白剂、防腐剂	0.2	只限用于熏蒸,最大使用量以二氧化硫残留量计

续表

食品添加剂名称	功能	最大使用量/(g/kg)	备注
二氧化硫,焦亚硫酸钾,焦亚硫酸钠,亚硫酸钠,亚硫酸氢钠,低亚硫酸钠	漂白剂、防腐剂、抗氧化剂	0.2	最大使用量以二氧化硫残留量计
上级 04.02.02 分类允许使用的食品添加剂 2 项			
上级 04.0 分类允许使用的食品添加剂 1 项			
依据表 A.2 可以适量使用的食品添加剂 75 种(项),见本手册 15 页			

食品分类号 04.02.02.03 食品名称:腌渍的蔬菜

本类食品说明:以新鲜蔬菜为主要原料,经醋、盐、油或酱油等腌渍加工而成的制品。例如,盐渍菜、酱渍菜、糖渍菜、醋渍菜、糖醋渍菜等。

允许使用的食品添加剂:

食品添加剂名称	功能	最大使用量/(g/kg)	备注
苯甲酸及其钠盐	防腐剂	1.0	以苯甲酸计
脱氢乙酸及其钠盐(又名脱氢醋酸及其钠盐)	防腐剂	1.0	以脱氢乙酸计
山梨酸及其钾盐	防腐剂、抗氧化剂、稳定剂	1.0	以山梨酸计
葡萄糖酸亚铁	护色剂	0.15	仅限橄榄。以铁计
二氧化硫,焦亚硫酸钾,焦亚硫酸钠,亚硫酸钠,亚硫酸氢钠,低亚硫酸钠	漂白剂、防腐剂、抗氧化剂	0.1	最大使用量以二氧化硫残留量计
双乙酰酒石酸单双甘油酯	乳化剂、增稠剂	2.5	
N-[*N*-(3,3-二甲基丁基)]-L-α-天门冬氨-L-苯丙氨酸 1-甲酯(又名纽甜)	甜味剂	0.01	
环己基氨基磺酸钠(又名甜蜜素),环己基氨基磺酸钙	甜味剂	1.0	以环己基氨基磺酸计
三氯蔗糖(又名蔗糖素)	甜味剂	0.25	
天门冬酰苯丙氨酸甲酯(又名阿斯巴甜)	甜味剂	0.3	添加阿斯巴甜的食品应标明:"阿斯巴甜(含苯丙氨酸)"
天门冬酰苯丙氨酸甲酯乙酰磺胺酸	甜味剂	0.20	
乙酰磺胺酸钾(又名安赛蜜)	甜味剂	0.3	
山梨糖醇和山梨糖醇液	甜味剂、水分保持剂、稳定剂	按生产需要适量使用	
麦芽糖醇和麦芽糖醇液	甜味剂、稳定剂、水分保持剂	按生产需要适量使用	

续表

食品添加剂名称	功能	最大使用量/(g/kg)	备注
糖精钠	甜味剂、增味剂	0.15	以糖精计
乙二胺四乙酸二钠	稳定剂、凝固剂、抗氧化剂、防腐剂	0.25	
辣椒油树脂	增味剂、着色剂	按生产需要适量使用	
靛蓝及其铝色淀	着色剂	0.01	以靛蓝计
红花黄	着色剂	0.5	
红曲米,红曲红	着色剂	按生产需要适量使用	
β-胡萝卜素	着色剂	0.132	
姜黄	着色剂	0.01	以姜黄素计
辣椒红	着色剂	按生产需要适量使用	
亮蓝及其铝色淀	着色剂	0.025	以亮蓝计
柠檬黄及其铝色淀	着色剂	0.1	以柠檬黄计
酸枣色	着色剂	1.0	
苋菜红及其铝色淀	着色剂	0.05	以苋菜红计
胭脂红及其铝色淀	着色剂	0.05	以胭脂红计
栀子黄	着色剂	1.5	
栀子蓝	着色剂	0.5	
上级 04.02.02 分类允许使用的食品添加剂 2 项			
上级 04.0 分类允许使用的食品添加剂 1 项			
依据表 A.2 可以适量使用的食品添加剂 75 种(项),见本手册 15 页			

食品分类号 04.02.02.04　食品名称：蔬菜罐头

本类食品说明：以新鲜蔬菜为原料，经预处理、装罐（包括马口铁罐、玻璃罐、复合薄膜袋或其他包装材料容器）、密封、杀菌等工艺制成的产品。

允许使用的食品添加剂：

食品添加剂名称	功能	最大使用量/(g/kg)	备注
二氧化硫,焦亚硫酸钾,焦亚硫酸钠,亚硫酸钠,亚硫酸氢钠,低亚硫酸钠	漂白剂、抗氧化剂	0.05	原仅限竹笋、酸菜。 由关于海藻酸钙等食品添加剂新品种的公告(2016 年第 8 号)增补：焦亚硫酸钠用作护色剂、抗氧化剂时，扩大使用范围到 04.02.02.04 蔬菜罐头。最大使用量以二氧化硫残留量计

续表

食品添加剂名称	功能	最大使用量/(g/kg)	备注
焦亚硫酸钠	抗氧化剂	0.2	由关于食品添加剂新品种碳酸铵、6-甲基庚醛等9种食品用香料新品种和焦亚硫酸钠等2种食品添加剂扩大使用范围的公告(2017年第1号)扩大范围,最大使用量以二氧化硫残留量计
磷酸,焦磷酸二氢二钠,焦磷酸钠,磷酸二氢钙,磷酸二氢钾,磷酸氢二铵,磷酸氢二钾,磷酸氢钙,磷酸三钙,磷酸三钾,磷酸三钠,六偏磷酸钠,三聚磷酸钠,磷酸二氢钠,磷酸氢二钠,焦磷酸四钾,焦磷酸一氢三钠,聚偏磷酸钾,酸式焦磷酸钙	水分保持剂、酸度调节剂、稳定剂、凝固剂、抗结剂	5.0	可单独或混合使用,最大使用量以磷酸根(PO_4^{3-})计
乳酸钙	酸度调节剂、抗氧化剂、稳定剂和凝固剂、增稠剂	1.5	仅限酸黄瓜产品
柠檬酸亚锡二钠	稳定剂和凝固剂	0.3	
天门冬酰苯丙氨酸甲酯(又名阿斯巴甜)	甜味剂	1.0	添加阿斯巴甜的食品应标明:“阿斯巴甜(含苯丙氨酸)”
乙二胺四乙酸二钠	稳定剂、凝固剂、抗氧化剂、防腐剂	0.25	
氯化钙	稳定剂和凝固剂、增稠剂	1.0	
红花黄	着色剂	0.2	
β-胡萝卜素	着色剂	0.2	
叶绿素铜钠盐,叶绿素铜钾盐	着色剂	0.5	
上级04.02.02分类允许使用的食品添加剂2项			
上级04.0分类允许使用的食品添加剂1项			
依据表A.2可以适量使用的食品添加剂75种(项),见本手册15页			

食品分类号 04.02.02.05 食品名称:蔬菜泥(酱),番茄沙司除外

本类食品说明: 以新鲜蔬菜为原料,经热处理、浓缩等工艺制成的泥状或酱状蔬菜制品。

允许使用的食品添加剂：

食品添加剂名称	功能	最大使用量/(g/kg)	备注
天门冬酰苯丙氨酸甲酯(又名阿斯巴甜)	甜味剂	1.0	添加阿斯巴甜的食品应标明:"阿斯巴甜(含苯丙氨酸)"
乙二胺四乙酸二钠	稳定剂、凝固剂、抗氧化剂、防腐剂	0.07	
红曲米,红曲红	着色剂	按生产需要适量使用	
β-胡萝卜素	着色剂	1.0	
上级 04.02.02 分类允许使用的食品添加剂 2 项			
上级 04.0 分类允许使用的食品添加剂 1 项			
依据表 A.2 可以适量使用的食品添加剂 75 种(项),见本手册 15 页			

食品分类号 04.02.02.06　食品名称：发酵蔬菜制品（属表 A.3 所例外的食品类别）

本类食品说明：以新鲜蔬菜为原料，加入盐和其他调味料，经微生物发酵制成的制品。

允许使用的食品添加剂：

食品添加剂名称	功能	最大使用量/(g/kg)	备注
天门冬酰苯丙氨酸甲酯(又名阿斯巴甜)	甜味剂	2.5	添加阿斯巴甜的食品应标明:"阿斯巴甜(含苯丙氨酸)"

食品分类号 04.02.02.07　食品名称：经水煮或油炸的蔬菜

本类食品说明：以新鲜蔬菜为原料，经水煮或油炸等工艺制成的制品。

允许使用的食品添加剂：

食品添加剂名称	功能	最大使用量/(g/kg)	备注
双乙酰酒石酸单双甘油酯	乳化剂、增稠剂	2.5	
天门冬酰苯丙氨酸甲酯(又名阿斯巴甜)	甜味剂	1.0	添加阿斯巴甜的食品应标明:"阿斯巴甜(含苯丙氨酸)"
上级 04.02.02 分类允许使用的食品添加剂 2 项			
上级 04.0 分类允许使用的食品添加剂 1 项			
依据表 A.2 可以适量使用的食品添加剂 75 种(项),见本手册 15 页			

食品分类号 04.02.02.08　食品名称：其他加工蔬菜

本类食品说明：以上各类（04.02.02.01—04.02.02.07）未包括的加工蔬菜。

允许使用的食品添加剂：

食品添加剂名称	功能	最大使用量/(g/kg)	备注
β-胡萝卜素	着色剂	1.0	
双乙酰酒石酸单双甘油酯	乳化剂、增稠剂	2.5	
天门冬酰苯丙氨酸甲酯（又名阿斯巴甜）	甜味剂	1.0	添加阿斯巴甜的食品应标明："阿斯巴甜（含苯丙氨酸）"
上级 04.02.02 分类允许使用的食品添加剂 2 项			
上级 04.0 分类允许使用的食品添加剂 1 项			
依据表 A.2 可以适量使用的食品添加剂 75 种(项)，见本手册 15 页			

食品分类号 04.03　食品名称：食用菌和藻类

本类食品说明：包括新鲜食用菌和藻类以及加工制品。

允许使用的食品添加剂：

食品添加剂名称	功能	最大使用量/(g/kg)	备注
上级 04.0 分类允许使用的食品添加剂 1 项			
依据表 A.2 可以适量使用的食品添加剂 75 种(项)，见本手册 15 页			

食品分类号 04.03.01　食品名称：新鲜食用菌和藻类（属表 A.3 所例外的食品类别）

本类食品说明：包括未经加工和表面处理的，以及去皮、切块或切丝的新鲜食用菌和藻类。

允许使用的食品添加剂：不允许使用食品添加剂

食品分类号 04.03.01.01　食品名称：未经加工鲜食用菌和藻类（附属表 A.3 所例外的食品类别）

本类食品说明：未经加工的新鲜食用菌和藻类。

允许使用的食品添加剂：不允许使用食品添加剂

食品分类号 04.03.01.02　食品名称：经表面处理的鲜食用菌和藻类（附属表 A.3 所例外的食品类别）

本类食品说明：用起表面保护作用的食品添加剂处理的新鲜食用菌和藻类。

允许使用的食品添加剂：

食品添加剂名称	功能	最大使用量/(g/kg)	备注
硫磺	漂白剂、防腐剂	0.4	只限用于熏蒸，最大使用量以二氧化硫残留量计

食品分类号 04.03.01.03　食品名称：去皮、切块或切丝的食用菌和藻类（附属表A.3所例外的食品类别）

本类食品说明：去皮、切块和切丝后的新鲜食用菌和藻类。

允许使用的食品添加剂：不允许使用食品添加剂

食品分类号 04.03.02　食品名称：加工食用菌和藻类

本类食品说明：除去皮、预切和表面处理以外的所有其他加工方式的食用菌和藻类。

允许使用的食品添加剂：

食品添加剂名称	功能	最大使用量/(g/kg)	备注
三氯蔗糖(又名蔗糖素)	甜味剂	0.3	
山梨酸及其钾盐	防腐剂、抗氧化剂、稳定剂	0.5	以山梨酸计
乙酰磺胺酸钾(又名安赛蜜)	甜味剂	0.3	
上级 04.0 分类允许使用的食品添加剂 1 项			
依据表 A.2 可以适量使用的食品添加剂 75 种(项),见本手册 15 页			

食品分类号 04.03.02.01　食品名称：冷冻食用菌和藻类（属表A.3所例外的食品类别）

本类食品说明：经预处理并冷冻的新鲜食用菌和藻类。

允许使用的食品添加剂：不允许使用食品添加剂

食品分类号 04.03.02.02　食品名称：干制食用菌和藻类

本类食品说明：以新鲜食用菌和藻类为原料，经晾晒、干燥等脱水工艺加工制成的食用菌和藻类干制品。

允许使用的食品添加剂：

食品添加剂名称	功能	最大使用量/(g/kg)	备注
二氧化硫,焦亚硫酸钾,焦亚硫酸钠,亚硫酸钠,亚硫酸氢钠,低亚硫酸钠	漂白剂、防腐剂、抗氧化剂	0.05	最大使用量以二氧化硫残留量计
上级 04.03.02 分类允许使用的食品添加剂 3 项			
上级 04.0 分类允许使用的食品添加剂 1 项			
依据表 A.2 可以适量使用的食品添加剂 75 种(项),见本手册 15 页			

食品分类号 04.03.02.03　食品名称：腌渍的食用菌和藻类

本类食品说明：以新鲜食用菌和藻类为主要原料，经醋、盐、油或酱油等腌渍工艺加工而成的食用菌和藻类制品。

允许使用的食品添加剂：

食品添加剂名称	功能	最大使用量/(g/kg)	备注
脱氢乙酸及其钠盐（又名脱氢醋酸及其钠盐）	防腐剂	0.3	以脱氢乙酸计
双乙酰酒石酸单双甘油酯	乳化剂、增稠剂	2.5	
N-[*N*-(3,3-二甲基丁基)]-L-α-天门冬氨-L-苯丙氨酸 1-甲酯（又名纽甜）	甜味剂	0.01	
天门冬酰苯丙氨酸甲酯（又名阿斯巴甜）	甜味剂	0.3	添加阿斯巴甜的食品应标明："阿斯巴甜（含苯丙氨酸）"
辣椒油树脂	增味剂、着色剂	按生产需要适量使用	
β-胡萝卜素	着色剂	0.132	
辣椒红	着色剂	按生产需要适量使用	由关于海藻酸钙等食品添加剂新品种的公告（2016年第8号）增补
上级 04.03.02 分类允许使用的食品添加剂 3 项			
上级 04.0 分类允许使用的食品添加剂 1 项			
依据表 A.2 可以适量使用的食品添加剂 75 种（项），见本手册 15 页			

食品分类号 04.03.02.04　食品名称：食用菌和藻类罐头

本类食品说明：以新鲜食用菌和藻类为原料，经预处理、装罐、密封、杀菌等工序加工而成的罐头食品。

允许使用的食品添加剂：

食品添加剂名称	功能	最大使用量/(g/kg)	备注
乳酸链球菌素	防腐剂	0.2	
二氧化硫，焦亚硫酸钾，焦亚硫酸钠，亚硫酸钠，亚硫酸氢钠，低亚硫酸钠	漂白剂、防腐剂、抗氧化剂	0.05	仅限蘑菇罐头。最大使用量以二氧化硫残留量计
N-[*N*-(3,3-二甲基丁基)]-L-α-天门冬氨-L-苯丙氨酸 1-甲酯（又名纽甜）	甜味剂	0.033	
天门冬酰苯丙氨酸甲酯（又名阿斯巴甜）	甜味剂	1.0	添加阿斯巴甜的食品应标明："阿斯巴甜（含苯丙氨酸）"
柠檬酸亚锡二钠	稳定剂和凝固剂	0.3	
β-胡萝卜素	着色剂	0.2	

食品添加剂名称	功能	最大使用量/(g/kg)	备注
上级 04.03.02 分类允许使用的食品添加剂 3 项			
上级 04.0 分类允许使用的食品添加剂 1 项			
依据表 A.2 可以适量使用的食品添加剂 75 种(项),见本手册 15 页			

食品分类号 04.03.02.05　食品名称：经水煮或油炸的藻类

本类食品说明：以新鲜藻类为原料，经水煮或油炸等工艺制成的制品。

允许使用的食品添加剂：

食品添加剂名称	功能	最大使用量/(g/kg)	备注
双乙酰酒石酸单双甘油酯	乳化剂、增稠剂	2.5	
N-[*N*-(3,3-二甲基丁基)]-L-α-天门冬氨-L-苯丙氨酸 1-甲酯(又名纽甜)	甜味剂	0.033	
天门冬酰苯丙氨酸甲酯(又名阿斯巴甜)	甜味剂	1.0	添加阿斯巴甜的食品应标明:“阿斯巴甜(含苯丙氨酸)”
上级 04.03.02 分类允许使用的食品添加剂 3 项			
上级 04.0 分类允许使用的食品添加剂 1 项			
依据表 A.2 可以适量使用的食品添加剂 75 种(项),见本手册 15 页			

食品分类号 04.03.02.06　食品名称：其他加工食用菌和藻类

本类食品说明：以上类别（04.03.02.01—04.03.02.05）未包括的加工食用菌和藻类。

允许使用的食品添加剂：

食品添加剂名称	功能	最大使用量/(g/kg)	备注
双乙酰酒石酸单双甘油酯	乳化剂、增稠剂	2.5	
N-[*N*-(3,3-二甲基丁基)]-L-α-天门冬氨-L-苯丙氨酸 1-甲酯(又名纽甜)	甜味剂	0.033	
天门冬酰苯丙氨酸甲酯(又名阿斯巴甜)	甜味剂	1.0	添加阿斯巴甜的食品应标明:“阿斯巴甜(含苯丙氨酸)”
β-胡萝卜素	着色剂	1.0	
上级 04.03.02 分类允许使用的食品添加剂 3 项			
上级 04.0 分类允许使用的食品添加剂 1 项			
依据表 A.2 可以适量使用的食品添加剂 75 种(项),见本手册 15 页			

食品分类号 04.04　食品名称：豆类制品

本类食品说明：包括非发酵豆制品和发酵豆制品。

允许使用的食品添加剂：

食品添加剂名称	功能	最大使用量/(g/kg)	备注
丙酸及其钠盐、钙盐	防腐剂	2.5	以丙酸计
硫酸铝钾(又名钾明矾),硫酸铝铵(又名铵明矾)	膨松剂、稳定剂	按生产需要适量使用	铝的残留量≤100mg/kg(干样品,以Al计)
山梨醇酐单月桂酸酯(又名司盘20),山梨醇酐单棕榈酸酯(又名司盘40),山梨醇酐单硬脂酸酯(又名司盘60),山梨醇酐三硬脂酸酯(又名司盘65),山梨醇酐单油酸酯(又名司盘80)	乳化剂	1.6	以每千克黄豆的使用量计
聚氧乙烯(20)山梨醇酐单月桂酸酯(又名吐温20),聚氧乙烯(20)山梨醇酐单棕榈酸酯(又名吐温40),聚氧乙烯(20)山梨醇酐单硬脂酸酯(又名吐温60),聚氧乙烯(20)山梨醇酐单油酸酯(又名吐温80)	乳化剂、消泡剂、稳定剂	0.05	以每千克黄豆的使用量计
谷氨酰胺转氨酶	稳定剂和凝固剂	0.25	来源同表C.3
氯化镁	稳定剂和凝固剂	按生产需要适量使用	
氯化钙	稳定剂和凝固剂、增稠剂	按生产需要适量使用	
硫酸钙(又名石膏)	稳定剂和凝固剂、增稠剂、酸度调节剂	按生产需要适量使用	
上级04.0分类允许使用的食品添加剂1项			
依据表A.2可以适量使用的食品添加剂75种(项),见本手册15页			

食品分类号 04.04.01　食品名称：非发酵豆制品

本类食品说明：以大豆等为主要原料，不经发酵过程加工制成的豆制品。如豆腐及其再制品、腐竹等非发酵豆制品

允许使用的食品添加剂：

食品添加剂名称	功能	最大使用量/(g/kg)	备注
上级04.04分类允许使用的食品添加剂8项			
上级04.0分类允许使用的食品添加剂1项			
依据表A.2可以适量使用的食品添加剂75种(项),见本手册15页			

食品分类号 04.04.01.01　食品名称：豆腐类

本类食品说明：以大豆等豆类或豆类饼粕为原料，经选料、浸泡、磨浆、过滤、煮浆、

点脑、蹲缸、压榨成型等工序制成的具有较高含水量的制品。包括：北豆腐（老豆腐）、南豆腐（嫩豆腐）、内酯豆腐、冻豆腐、豆腐花、调味豆腐、脱水豆腐等。

允许使用的食品添加剂：

食品添加剂名称	功能	最大使用量/(g/kg)	备注
可得然胶	稳定剂和凝固剂、增稠剂	按生产需要适量使用	
上级 04.04 分类允许使用的食品添加剂 8 项			
上级 04.0 分类允许使用的食品添加剂 1 项			
依据表 A.2 可以适量使用的食品添加剂 75 种(项)，见本手册 15 页			

食品分类号 04.04.01.02　食品名称：豆干类

本类食品说明： 在豆腐加工过程中，经压制，部分脱水后，切成一定形状，制成的水分含量较少的豆制品。

允许使用的食品添加剂：

食品添加剂名称	功能	最大使用量/(g/kg)	备注
双乙酸钠(又名二醋酸钠)	防腐剂	1.0	
辣椒油树脂	增味剂、着色剂	按生产需要适量使用	由关于抗坏血酸棕榈酸酯(酶法)等食品添加剂新品种的公告(2016 年第 9 号)增补
辣椒红	着色剂	按生产需要适量使用	由关于抗坏血酸棕榈酸酯(酶法)等食品添加剂新品种的公告(2016 年第 9 号)增补
上级 04.04 分类允许使用的食品添加剂 8 项			
上级 04.0 分类允许使用的食品添加剂 1 项			
依据表 A.2 可以适量使用的食品添加剂 75 种(项)，见本手册 15 页			

食品分类号 04.04.01.03　食品名称：豆干再制品

本类食品说明： 以豆腐或豆干为基料，经油炸、熏制、卤制等工艺制得的豆制品。

允许使用的食品添加剂：

食品添加剂名称	功能	最大使用量/(g/kg)	备注
山梨酸及其钾盐	防腐剂、抗氧化剂、稳定剂	1.0	以山梨酸计
双乙酸钠(又名二醋酸钠)	防腐剂	1.0	
焦糖色(普通法)	着色剂	按生产需要适量使用	由关于海藻酸钙等食品添加剂新品种的公告(2016 年第 8 号)增补

续表

食品添加剂名称	功能	最大使用量/(g/kg)	备注
辣椒油树脂	增味剂、着色剂	按生产需要适量使用	由关于海藻酸钙等食品添加剂新品种的公告(2016年第8号)增补
上级04.04分类允许使用的食品添加剂8项			
上级04.0分类允许使用的食品添加剂1项			
依据表A.2可以适量使用的食品添加剂75种(项),见本手册15页			

食品分类号 04.04.01.03.01　食品名称：炸制半干豆腐

本类食品说明：以豆腐或豆干为基料，经油炸制成的豆制品。

允许使用的食品添加剂：

食品添加剂名称	功能	最大使用量/(g/kg)	备注
上级04.04.01.03分类允许使用的食品添加剂4项			
上级04.04分类允许使用的食品添加剂8项			
上级04.0分类允许使用的食品添加剂1项			
依据表A.2可以适量使用的食品添加剂75种(项),见本手册15页			

食品分类号 04.04.01.03.02　食品名称：卤制半干豆腐

本类食品说明：以豆腐或豆干为基料，经卤制制成的豆制品。

允许使用的食品添加剂：

食品添加剂名称	功能	最大使用量/(g/kg)	备注
上级04.04.01.03分类允许使用的食品添加剂4项			
上级04.04分类允许使用的食品添加剂8项			
上级04.0分类允许使用的食品添加剂1项			
依据表A.2可以适量使用的食品添加剂75种(项),见本手册15页			

食品分类号 04.04.01.03.03　食品名称：熏制半干豆腐

本类食品说明：以豆腐或豆干为基料，经熏制制成的豆制品。

允许使用的食品添加剂：

食品添加剂名称	功能	最大使用量/(g/kg)	备注
上级04.04.01.03分类允许使用的食品添加剂4项			
上级04.04分类允许使用的食品添加剂8项			
上级04.0分类允许使用的食品添加剂1项			
依据表A.2可以适量使用的食品添加剂75种(项),见本手册15页			

食品分类号 04.04.01.03.04　食品名称：其他半干豆腐

本类食品说明：以上各类（04.04.01.03.01—04.04.01.03.03）未包括的豆干再制品。

允许使用的食品添加剂：

食品添加剂名称	功能	最大使用量/(g/kg)	备注
上级 04.04.01.03 分类允许使用的食品添加剂 4 项			
上级 04.04 分类允许使用的食品添加剂 8 项			
上级 04.0 分类允许使用的食品添加剂 1 项			
依据表 A.2 可以适量使用的食品添加剂 75 种(项)，见本手册 15 页			

食品分类号 04.04.01.04　食品名称：腐竹类（包括腐竹、油皮等）

本类食品说明：豆浆煮沸后，从豆浆表面挑起的一层薄膜状制品，干燥后，形成的竹枝状物称为腐竹，片状物则称为油皮。

允许使用的食品添加剂：

食品添加剂名称	功能	最大使用量/(g/kg)	备注
二氧化硫，焦亚硫酸钾，焦亚硫酸钠，亚硫酸钠，亚硫酸氢钠，低亚硫酸钠	漂白剂、防腐剂、抗氧化剂	0.2	最大使用量以二氧化硫残留量计
上级 04.04 分类允许使用的食品添加剂 8 项			
上级 04.0 分类允许使用的食品添加剂 1 项			
依据表 A.2 可以适量使用的食品添加剂 75 种(项)，见本手册 15 页			

食品分类号 04.04.01.05　食品名称：新型豆制品（大豆蛋白及其膨化食品、大豆素肉等）

本类食品说明：经非传统的新工艺制成的豆制品，如大豆蛋白膨化食品、大豆素肉等。

允许使用的食品添加剂：

食品添加剂名称	功能	最大使用量/(g/kg)	备注
山梨酸及其钾盐	防腐剂、抗氧化剂、稳定剂	1.0	以山梨酸计
糖精钠	甜味剂、增味剂	1.0	以糖精计
辣椒油树脂	增味剂、着色剂	按生产需要适量使用	由关于海藻酸钙等食品添加剂新品种的公告(2016 年第 8 号)增补
上级 04.04 分类允许使用的食品添加剂 8 项			
上级 04.0 分类允许使用的食品添加剂 1 项			
依据表 A.2 可以适量使用的食品添加剂 75 种(项)，见本手册 15 页			

食品分类号 04.04.01.06　食品名称：熟制豆类

本类食品说明：以大豆等为原料，加工制成的豆类熟制品。

允许使用的食品添加剂：

食品添加剂名称	功能	最大使用量/(g/kg)	备注
双乙酰酒石酸单双甘油酯	乳化剂、增稠剂	2.5	
环己基氨基磺酸钠(又名甜蜜素),环己基氨基磺酸钙	甜味剂	1.0	以环己基氨基磺酸计
麦芽糖醇和麦芽糖醇液	甜味剂、稳定剂、水分保持剂、乳化剂、增稠剂	按生产需要适量使用	
糖精钠	甜味剂、增味剂	1.0	以糖精计
亮蓝及其铝色淀	着色剂	0.025	以亮蓝计
柠檬黄及其铝色淀	着色剂	0.1	以柠檬黄计
日落黄及其铝色淀	着色剂	0.1	以日落黄计
叶绿素铜钠盐,叶绿素铜钾盐	着色剂	0.5	
诱惑红及其铝色淀	着色剂	0.1	以诱惑红计
上级 04.04 分类允许使用的食品添加剂 8 项			
上级 04.0 分类允许使用的食品添加剂 1 项			
依据表 A.2 可以适量使用的食品添加剂 75 种(项),见本手册 15 页			

食品分类号 04.04.02　食品名称：发酵豆制品

本类食品说明：以大豆等为主要原料，经过微生物发酵而成的豆制食品。如腐乳、豆豉、纳豆、霉豆腐等。

允许使用的食品添加剂：

食品添加剂名称	功能	最大使用量/(g/kg)	备注
脱氢乙酸及其钠盐(又名脱氢醋酸及其钠盐)	防腐剂	0.3	以脱氢乙酸计
硫酸亚铁	其他	0.15g/L	仅限臭豆腐。以 $FeSO_4$ 计
上级 04.04 分类允许使用的食品添加剂 8 项			
上级 04.0 分类允许使用的食品添加剂 1 项			
依据表 A.2 可以适量使用的食品添加剂 75 种(项),见本手册 15 页			

食品分类号 04.04.02.01　食品名称：腐乳类

本类食品说明：以大豆为原料，经加工磨浆、制坯、培菌、微生物发酵而制成的调味食品。

允许使用的食品添加剂：

食品添加剂名称	功能	最大使用量/(g/kg)	备注
红曲米，红曲红	着色剂	按生产需要适量使用	
环己基氨基磺酸钠（又名甜蜜素），环己基氨基磺酸钙	甜味剂	0.65	以环己基氨基磺酸计
三氯蔗糖（又名蔗糖素）	甜味剂	1.0	
上级 04.04.02 分类允许使用的食品添加剂 1 项，不含硫酸亚铁			
上级 04.04 分类允许使用的食品添加剂 8 项			
上级 04.0 分类允许使用的食品添加剂 1 项			
依据表 A.2 可以适量使用的食品添加剂 75 种（项），见本手册 15 页			

食品分类号 04.04.02.02 食品名称：豆豉及其制品（包括纳豆）

本类食品说明：以大豆为主要原料，经蒸煮、制曲、发酵、酿制而成的干态或半干态颗粒状制品。

允许使用的食品添加剂：

食品添加剂名称	功能	最大使用量/(g/kg)	备注
上级 04.04.02 分类允许使用的食品添加剂 1 项，不含硫酸亚铁			
上级 04.04 分类允许使用的食品添加剂 8 项			
上级 04.0 分类允许使用的食品添加剂 1 项			
依据表 A.2 可以适量使用的食品添加剂 75 种（项），见本手册 15 页			

食品分类号 04.04.03 食品名称：其他豆制品

本类食品说明：以上各类（04.04.01—04.04.02）未包括的豆制品。

允许使用的食品添加剂：

食品添加剂名称	功能	最大使用量/(g/kg)	备注
上级 04.04 分类允许使用的食品添加剂 8 项			
上级 04.0 分类允许使用的食品添加剂 1 项			
依据表 A.2 可以适量使用的食品添加剂 75 种（项），见本手册 15 页			

食品分类号 04.05 食品名称：坚果和籽类

本类食品说明：包括新鲜坚果、籽类和加工坚果与籽类，如核桃、山核桃、松子、榛子、白果、杏仁、巴旦木（扁桃核）、腰果、开心果、花生和各类瓜子等。

允许使用的食品添加剂：

食品添加剂名称	功能	最大使用量/(g/kg)	备注
上级 04.0 分类允许使用的食品添加剂 1 项			
依据表 A.2 可以适量使用的食品添加剂 75 种（项），见本手册 15 页			

食品分类号 04.05.01　食品名称：新鲜坚果与籽类

本类食品说明：收获后未经加工的具有坚硬硬壳的坚果以及新鲜籽类。

允许使用的食品添加剂：

食品添加剂名称	功能	最大使用量/(g/kg)	备注
上级 04.0 分类允许使用的食品添加剂 1 项			
依据表 A.2 可以适量使用的食品添加剂 75 种(项),见本手册 15 页			

食品分类号 04.05.02　食品名称：加工坚果与籽类

本类食品说明：经加工制成的具有坚硬硬壳或经脱壳的坚果以及籽类。

允许使用的食品添加剂：

食品添加剂名称	功能	最大使用量/(g/kg)	备注
N-[*N*-(3,3-二甲基丁基)]-L-α-天门冬氨-L-苯丙氨酸 1-甲酯(又名纽甜)	甜味剂	0.032	
三氯蔗糖(又名蔗糖素)	甜味剂	1.0	
索马甜	甜味剂	0.025	
天门冬酰苯丙氨酸甲酯(又名阿斯巴甜)	甜味剂	0.5	添加阿斯巴甜的食品应标明:"阿斯巴甜(含苯丙氨酸)"
麦芽糖醇和麦芽糖醇液	甜味剂、稳定剂、水分保持剂、乳化剂、膨松剂、增稠剂	按生产需要适量使用	
β-胡萝卜素	着色剂	1.0	
亮蓝及其铝色淀	着色剂	0.025	以亮蓝计
柠檬黄及其铝色淀	着色剂	0.1	以柠檬黄计
日落黄及其铝色淀	着色剂	0.1	以日落黄计
叶绿素铜钠盐,叶绿素铜钾盐	着色剂	0.5	
诱惑红及其铝色淀	着色剂	0.1	以诱惑红计
上级 04.0 分类允许使用的食品添加剂 1 项			
依据表 A.2 可以适量使用的食品添加剂 75 种(项),见本手册 15 页			

食品分类号 04.05.02.01　食品名称：熟制坚果与籽类

本类食品说明：采用烘干、焙烤工艺、翻炒或油炸制成的坚果和籽类，包括油炸、烘炒豆类。

允许使用的食品添加剂：

食品添加剂名称	功能	最大使用量/(g/kg)	备注
茶多酚(又名维多酚)	抗氧化剂	0.2	仅限油炸坚果与籽类。以油脂中儿茶素计
丁基羟基茴香醚(BHA)	抗氧化剂	0.2	仅限油炸坚果与籽类。以油脂中的含量计
二丁基羟基甲苯(BHT)	抗氧化剂	0.2	仅限油炸坚果与籽类。以油脂中的含量计
甘草抗氧化物	抗氧化剂	0.2	仅限油炸坚果与籽类。以甘草酸计
硫代二丙酸二月桂酯	抗氧化剂	0.2	仅限油炸坚果与籽类
没食子酸丙酯(PG)	抗氧化剂	0.1	仅限油炸坚果与籽类。以油脂中的含量计
迷迭香提取物	抗氧化剂	0.3	仅限油炸坚果与籽类
迷迭香提取物(超临界二氧化碳萃取法)	抗氧化剂	0.3	仅限油炸坚果与籽类
特丁基对苯二酚(TBHQ)	抗氧化剂	0.2	以油脂中的含量计
维生素 E(*dl-α*-生育酚,*d-α*-生育酚,混合生育酚浓缩物)	抗氧化剂	0.2	仅限油炸坚果与籽类。以油脂中的含量计
竹叶抗氧化物	抗氧化剂	0.5	仅限油炸坚果与籽类
茶黄素	抗氧化剂	0.2	仅限油炸坚果与籽类。由关于海藻酸钙等食品添加剂新品种的公告(2016年第8号)增补
丙二醇脂肪酸酯	乳化剂、稳定剂	2.0	仅限油炸坚果与籽类
聚甘油脂肪酸酯	乳化剂、稳定剂、增稠剂、抗结剂	10.0	仅限油炸坚果与籽类
磷酸,焦磷酸二氢二钠,焦磷酸钠,磷酸二氢钙,磷酸二氢钾,磷酸氢二铵,磷酸氢二钾,磷酸氢钙,磷酸三钙,磷酸三钾,磷酸三钠,六偏磷酸钠,三聚磷酸钠,磷酸二氢钠,磷酸氢二钠,焦磷酸四钾,焦磷酸一氢三钠,聚偏磷酸钾,酸式焦磷酸钙	水分保持剂、膨松剂、酸度调节剂、稳定剂、抗结剂	2.0	仅限油炸坚果与籽类。可单独或混合使用,最大使用量以磷酸根(PO_4^{3-})计
甜菊糖苷	甜味剂	1.0	以甜菊醇当量计
乙酰磺胺酸钾(又名安赛蜜)	甜味剂	3.0	
山梨糖醇和山梨糖醇液	甜味剂、膨松剂、乳化剂、水分保持剂、稳定剂、增稠剂	按生产需要适量使用	仅限油炸坚果与籽类
赤藓红及其铝色淀	着色剂	0.025	仅限油炸坚果与籽类。以赤藓红计

续表

食品添加剂名称	功能	最大使用量/(g/kg)	备注
靛蓝及其铝色淀	着色剂	0.05	仅限油炸坚果与籽类。以靛蓝计
二氧化钛	着色剂	10.0	仅限油炸坚果与籽类
红花黄	着色剂	0.5	仅限油炸坚果与籽类
红曲米，红曲红	着色剂	按生产需要适量使用	仅限油炸坚果与籽类
姜黄	着色剂	按生产需要适量使用	仅限油炸坚果与籽类
姜黄素	着色剂	按生产需要适量使用	仅限油炸坚果与籽类
辣椒红	着色剂	按生产需要适量使用	仅限油炸坚果与籽类
亮蓝及其铝色淀	着色剂	0.05	仅限油炸坚果与籽类。以亮蓝计
胭脂虫红	着色剂	0.1	仅限油炸坚果与籽类。以胭脂红酸计
栀子黄	着色剂	1.5	仅限油炸坚果与籽类
栀子蓝	着色剂	0.5	仅限油炸坚果与籽类
上级 04.05.02 分类允许使用的食品添加剂 11 项			
上级 04.0 分类允许使用的食品添加剂 1 项			
依据表 A.2 可以适量使用的食品添加剂 75 种(项)，见本手册 15 页			

食品分类号 04.05.02.01.01　食品名称：带壳熟制坚果与籽类

本类食品说明：具有坚硬外壳的经烘焙或炒制的坚果与籽类。

允许使用的食品添加剂：

食品添加剂名称	功能	最大使用量/(g/kg)	备注
环己基氨基磺酸钠(又名甜蜜素)，环己基氨基磺酸钙	甜味剂	6.0	以环己基氨基磺酸计
糖精钠	甜味剂、增味剂	1.2	以糖精计
上级 04.05.02.01 分类允许使用的食品添加剂 30 项			
上级 04.05.02 分类允许使用的食品添加剂 11 项			
上级 04.0 分类允许使用的食品添加剂 1 项			
依据表 A.2 可以适量使用的食品添加剂 75 种(项)，见本手册 15 页			

食品分类号 04.05.02.01.02　食品名称：脱壳熟制坚果与籽类

本类食品说明：脱去坚硬外壳后，再烘焙或炒制的坚果与籽类。

允许使用的食品添加剂：

食品添加剂名称	功能	最大使用量/(g/kg)	备注
环己基氨基磺酸钠（又名甜蜜素），环己基氨基磺酸钙	甜味剂	6.0	以环己基氨基磺酸计
糖精钠	甜味剂、增味剂	1.2	以糖精计
上级 04.05.02.01 分类允许使用的食品添加剂 30 项			
上级 04.05.02 分类允许使用的食品添加剂 11 项			
上级 04.0 分类允许使用的食品添加剂 1 项			
依据表 A.2 可以适量使用的食品添加剂 75 种（项），见本手册 15 页			

食品分类号 04.05.02.02　食品名称：空缺

食品分类号 04.05.02.03　食品名称：坚果与籽类罐头

本类食品说明： 以坚果和籽类为原料，经烘焙或炒制加工处理、杀菌、装罐等工序制成的罐头产品。

允许使用的食品添加剂：

食品添加剂名称	功能	最大使用量/(g/kg)	备注
丁基羟基茴香醚（BHA）	抗氧化剂	0.2	以油脂中的含量计
二丁基羟基甲苯（BHT）	抗氧化剂	0.2	以油脂中的含量计
没食子酸丙酯（PG）	抗氧化剂	0.1	以油脂中的含量计
特丁基对苯二酚（TBHQ）	抗氧化剂	0.2	以油脂中的含量计
茶黄素	抗氧化剂	0.2	由关于海藻酸钙等食品添加剂新品种的公告（2016 年第 8 号）增补
二氧化硫，焦亚硫酸钾，焦亚硫酸钠，亚硫酸钠，亚硫酸氢钠，低亚硫酸钠	漂白剂、防腐剂、抗氧化剂	0.05	最大使用量以二氧化硫残留量计
乙二胺四乙酸二钠	稳定剂、凝固剂、抗氧化剂、防腐剂	0.25	
栀子黄	着色剂	0.3	
上级 04.05.02 分类允许使用的食品添加剂 11 项			
上级 04.0 分类允许使用的食品添加剂 1 项			
依据表 A.2 可以适量使用的食品添加剂 75 种（项），见本手册 15 页			

食品分类号 04.05.02.04　食品名称：坚果与籽类的泥（酱），包括花生酱等

本类食品说明： 以坚果、籽类为主要原料，经筛选、焙炒、去壳脱皮、分选、研磨等工序，加入辅料而制成的泥（酱）状制品。

允许使用的食品添加剂：

食品添加剂名称	功能	最大使用量/(g/kg)	备注
N-[*N*-(3,3-二甲基丁基)]-L-α-天门冬氨-L-苯丙氨酸 1-甲酯(又名纽甜)	甜味剂	0.033	
甲壳素(又名几丁质)	增稠剂、稳定剂	2.0	
上级 04.05.02 分类允许使用的食品添加剂 11 项			
上级 04.0 分类允许使用的食品添加剂 1 项			
依据表 A.2 可以适量使用的食品添加剂 75 种(项),见本手册 15 页			

食品分类号 04.05.02.05　食品名称：其他加工的坚果与籽类（如腌渍的果仁）

本类食品说明：其他加工的坚果和籽类，如腌渍的果仁。

允许使用的食品添加剂：

食品添加剂名称	功能	最大使用量/(g/kg)	备注
上级 04.05.02 分类允许使用的食品添加剂 11 项			
上级 04.0 分类允许使用的食品添加剂 1 项			
依据表 A.2 可以适量使用的食品添加剂 75 种(项),见本手册 15 页			

第五类 可可制品、巧克力和巧克力制品(包括代可可脂巧克力及制品)以及糖果

食品分类号 05.0　食品名称：可可制品、巧克力和巧克力制品（包括代可可脂巧克力及制品）以及糖果

本类食品说明：包括可可制品、巧克力和巧克力制品、代可可脂巧克力及其制品，各类糖果，糖果、巧克力制品包衣，装饰糖果、顶饰和甜汁。

允许使用的食品添加剂：

食品添加剂名称	功能	最大使用量/(g/kg)	备注
硬脂酸(又名十八烷酸)	被膜剂、胶姆糖基础剂	1.2	
巴西棕榈蜡	被膜剂、抗结剂	0.6	
二氧化硫,焦亚硫酸钾,焦亚硫酸钠,亚硫酸钠,亚硫酸氢钠,低亚硫酸钠	漂白剂、防腐剂、抗氧化剂	0.1	最大使用量以二氧化硫残留量计
辛,癸酸甘油酯	乳化剂	按生产需要适量使用	
蔗糖脂肪酸酯	乳化剂	10.0	
硬脂酸镁	乳化剂、抗结剂	按生产需要适量使用	

续表

食品添加剂名称	功能	最大使用量/(g/kg)	备注
磷酸,焦磷酸二氢二钠,焦磷酸钠,磷酸二氢钙,磷酸二氢钾,磷酸氢二铵,磷酸氢二钾,磷酸氢钙,磷酸三钙,磷酸三钾,磷酸三钠,六偏磷酸钠,三聚磷酸钠,磷酸二氢钠,磷酸氢二钠,焦磷酸四钾,焦磷酸一氢三钠,聚偏磷酸钾,酸式焦磷酸钙	水分保持剂、膨松剂、酸度调节剂、稳定剂、凝固剂、抗结剂	5.0	可单独或混合使用,最大使用量以磷酸根(PO_4^{3-})计
N-[*N*-(3,3-二甲基丁基)]-L-α-天门冬氨-L-苯丙氨酸 1-甲酯(又名纽甜)	甜味剂	0.1	05.02 糖果除外
罗望子多糖胶	增稠剂	2.0	
聚葡萄糖	增稠剂、膨松剂、水分保持剂、稳定剂	按生产需要适量使用	
赤藓红及其铝色淀	着色剂	0.05	05.01.01 可可制品除外。以赤藓红计
靛蓝及其铝色淀	着色剂	0.1	05.01.01 可可制品除外。以靛蓝计
姜黄	着色剂	按生产需要适量使用	
姜黄素	着色剂	0.01	
焦糖色(加氨生产)	着色剂	按生产需要适量使用	
焦糖色(普通法)	着色剂	按生产需要适量使用	
焦糖色(亚硫酸铵法)	着色剂	按生产需要适量使用	
菊花黄浸膏	着色剂	0.3	
可可壳色	着色剂	3.0	
亮蓝及其铝色淀	着色剂	0.3	以亮蓝计
柠檬黄及其铝色淀	着色剂	0.1	05.01.01 可可制品除外。以柠檬黄计
日落黄及其铝色淀	着色剂	0.1	05.01.01 可可制品和 05.04 装饰糖果、顶饰和甜汁除外。以日落黄计
酸性红(又名偶氮玉红)	着色剂	0.05	
苋菜红及其铝色淀	着色剂	0.05	以苋菜红计
新红及其铝色淀	着色剂	0.05	05.01.01 可可制品除外。以新红计
胭脂红及其铝色淀	着色剂	0.05	05.04 装饰糖果、顶饰和甜汁除外。以胭脂红计

续表

食品添加剂名称	功能	最大使用量/(g/kg)	备注
诱惑红及其铝色淀	着色剂	0.3	以诱惑红计
栀子黄	着色剂	0.3	
紫胶红(又名虫胶红)	着色剂	0.5	
依据表 A.2 可以适量使用的食品添加剂 75 种(项),见本手册 15 页			

食品分类号 05.01　食品名称：可可制品、巧克力和巧克力制品，包括代可可脂巧克力及制品

本类食品说明：包括可可制品、巧克力及其制品，代可可脂巧克力及其制品。

允许使用的食品添加剂：

食品添加剂名称	功能	最大使用量/(g/kg)	备注
紫胶(又名虫胶)	被膜剂	0.2	
山梨醇酐单月桂酸酯(又名司盘20),山梨醇酐单棕榈酸酯(又名司盘 40),山梨醇酐单硬脂酸酯(又名司盘 60),山梨醇酐三硬脂酸酯(又名司盘 65),山梨醇酐单油酸酯(又名司盘 80)	乳化剂	10.0	
聚甘油蓖麻醇酸酯(PGPR)	乳化剂、稳定剂	5.0	
聚甘油脂肪酸酯	乳化剂、稳定剂、增稠剂、抗结剂	10.0	
天门冬酰苯丙氨酸甲酯(又名阿斯巴甜)	甜味剂	3.0	添加阿斯巴甜的食品应标明:“阿斯巴甜(含苯丙氨酸)”
麦芽糖醇和麦芽糖醇液	甜味剂、稳定剂、水分保持剂、乳化剂、膨松剂、增稠剂	按生产需要适量使用	
海藻酸丙二醇酯	增稠剂、乳化剂、稳定剂	5.0	
二氧化钛	着色剂	2.0	
β-胡萝卜素	着色剂	0.1	
辣椒红	着色剂	按生产需要适量使用	
上级 05.0 分类允许使用的食品添加剂 29 项			
依据表 A.2 可以适量使用的食品添加剂 75 种(项),见本手册 15 页			

食品分类号 05.01.01　食品名称：可可制品（包括以可可为主要原料的脂、粉、浆、酱、馅等）

本类食品说明：可可制品是指以可可豆为原料，经研磨、压榨等工艺生产出来的可用

于进一步生产制造巧克力及其制品的脂、粉、浆、酱、馅。如可可脂、可可液块或可可粉等。

允许使用的食品添加剂：

食品添加剂名称	功能	最大使用量/(g/kg)	备注
二氧化硅	抗结剂	15.0	
硅酸钙	抗结剂	按生产需要适量使用	
上级 05.01 分类允许使用的食品添加剂 10 项			
上级 05.0 分类允许使用的食品添加剂 24 项，标注的 05.01.01 可可制品除外			
依据表 A.2 可以适量使用的食品添加剂 75 种(项)，见本手册 15 页			

食品分类号 05.01.02　食品名称：巧克力和巧克力制品、除 05.01.01 以外的可可制品

本类食品说明：巧克力是指以可可制品（可可脂、可可液块或可可粉）为主要原料，添加或不添加非可可的植物脂肪（非可可植物脂肪添加量≤5%），经特定工艺制成的食品。以巧克力和其他食品按一定比例加工制成的食品为巧克力制品。

允许使用的食品添加剂：

食品添加剂名称	功能	最大使用量/(g/kg)	备注
铵磷脂	乳化剂	10.0	
山梨糖醇和山梨糖醇液	甜味剂、膨松剂、乳化剂、水分保持剂、稳定剂、增稠剂	按生产需要适量使用	
异麦芽酮糖	甜味剂	按生产需要适量使用	由关于抗坏血酸棕榈酸酯(酶法)等食品添加剂新品种的公告(2016 年第 9 号)增补
日落黄及其铝色淀	着色剂	0.3	以日落黄计
胭脂树橙(又名红木素，降红木素)	着色剂	0.025	
上级 05.01 分类允许使用的食品添加剂 10 项			
上级 05.0 分类允许使用的食品添加剂 29 项			
依据表 A.2 可以适量使用的食品添加剂 75 种(项)，见本手册 15 页			

食品分类号 05.01.03　食品名称：代可可脂巧克力及使用可可脂代用品的巧克力类似产品

本类食品说明：代可可脂巧克力是指以代可可脂、白砂糖为主要原料，添加或不添加可可制品（可可脂、可可液块或可可粉）、乳制品及食品添加剂，经特定工艺制成的，具有巧克力风味及性状的在常温下保持固体或半固体状态食品。该类别还包括了上述说明以外的使用可可脂代用品的类似巧克力的产品。

允许使用的食品添加剂：

食品添加剂名称	功能	最大使用量/(g/kg)	备注
异麦芽酮糖	甜味剂	按生产需要适量使用	由关于抗坏血酸棕榈酸酯(酶法)等食品添加剂新品种的公告(2016年第9号)增补
胭脂虫红	着色剂	0.3	以胭脂红酸计
胭脂树橙(又名红木素,降红木素)	着色剂	0.6	
上级05.01分类允许使用的食品添加剂10项			
上级05.0分类允许使用的食品添加剂29项			
依据表A.2可以适量使用的食品添加剂75种(项),见本手册15页			

食品分类号 05.02　食品名称：糖果

本类食品说明：包括硬质糖果、酥质糖果、焦香糖果、奶糖糖果、压片糖果、凝胶糖果、充气糖果、胶基糖果和其他糖果。是以白砂糖、淀粉糖浆、糖醇或允许使用的其他甜味剂为主要原料，经相关工艺制成的固态、半固态或液态甜味食品。

允许使用的食品添加剂：

食品添加剂名称	功能	最大使用量/(g/kg)	备注
蜂蜡	被膜剂	按生产需要适量使用	
普鲁兰多糖	被膜剂、增稠剂	50.0	
木糖醇酐单硬脂酸酯	乳化剂	5.0	
聚甘油脂肪酸酯	乳化剂、稳定剂、增稠剂、抗结剂	5.0	
乳酸钙	酸度调节剂、抗氧化剂、乳化剂、稳定剂和凝固剂、增稠剂	按生产需要适量使用	
L(+)-酒石酸	酸度调节剂	30	仅限L(+)-酒石酸，以酒石酸计。 由关于海藻酸钙等食品添加剂新品种的公告(2016年第8号)增补
甘草酸铵,甘草酸一钾及三钾	甜味剂	按生产需要适量使用	
三氯蔗糖(又名蔗糖素)	甜味剂	1.5	
天门冬酰苯丙氨酸甲酯乙酰磺胺酸	甜味剂	4.5	
甜菊糖苷	甜味剂	3.5	以甜菊醇当量计
乙酰磺胺酸钾(又名安赛蜜)	甜味剂	2.0	
异麦芽酮糖	甜味剂	按生产需要适量使用	

续表

食品添加剂名称	功能	最大使用量/(g/kg)	备注
山梨糖醇和山梨糖醇液	甜味剂、膨松剂、乳化剂、水分保持剂、稳定剂、增稠剂	按生产需要适量使用	
D-甘露糖醇	甜味剂、乳化剂、膨松剂、稳定剂、增稠剂	按生产需要适量使用	
麦芽糖醇和麦芽糖醇液	甜味剂、稳定剂、水分保持剂、乳化剂、膨松剂、增稠剂	按生产需要适量使用	
β-阿朴-8′-胡萝卜素醛	着色剂	0.015	以β-阿朴-8′-胡萝卜素醛计
番茄红素	着色剂	0.06	以纯番茄红素计
黑豆红	着色剂	0.8	
红花黄	着色剂	0.2	
红米红	着色剂	按生产需要适量使用	
红曲米，红曲红	着色剂	按生产需要适量使用	
β-胡萝卜素	着色剂	0.5	
花生衣红	着色剂	0.4	
姜黄素	着色剂	0.7	
辣椒橙	着色剂	按生产需要适量使用	
辣椒红	着色剂	按生产需要适量使用	
蓝锭果红	着色剂	2.0	
萝卜红	着色剂	按生产需要适量使用	
落葵红	着色剂	0.1	
玫瑰茄红	着色剂	按生产需要适量使用	
密蒙黄	着色剂	按生产需要适量使用	
葡萄皮红	着色剂	2.0	
桑椹红	着色剂	2.0	
酸枣色	着色剂	0.2	
天然苋菜红	着色剂	0.25	
胭脂虫红	着色剂	0.3	以胭脂红酸计
胭脂树橙(又名红木素，降红木素)	着色剂	0.6	
杨梅红	着色剂	0.2	
叶黄素	着色剂	0.15	
叶绿素铜	着色剂	按生产需要适量使用	

续表

食品添加剂名称	功能	最大使用量/(g/kg)	备注
叶绿素铜钠盐,叶绿素铜钾盐	着色剂	0.5	
玉米黄	着色剂	5.0	
藻蓝(淡、海水)	着色剂	0.8	
栀子蓝	着色剂	0.3	
植物炭黑	着色剂	5.0	
紫甘薯色素	着色剂	0.1	
上级 05.0 分类允许使用的食品添加剂 28 项(纽甜除外)			
依据表 A.2 可以适量使用的食品添加剂 75 种(项),见本手册 15 页			
本级分类中可用食品添加剂与上级相同时,使用量以本级所列为准			

食品分类号 05.02.01　食品名称：胶基糖果

本类食品说明： 胶基糖果类是指用白砂糖（或甜味剂）和胶基物质为主料制成的可咀嚼或可吹泡的糖果。如咀嚼型胶基糖果、固态型口香糖、半固态型口香糖、夹心型口香糖、包衣抛光型口香糖、吹泡型胶基糖果、固态型泡泡糖。

允许使用的食品添加剂：

食品添加剂名称	功能	最大使用量/(g/kg)	备注
紫胶(又名虫胶)	被膜剂,胶姆糖基础剂	3.0	
苯甲酸及其钠盐	防腐剂	1.5	以苯甲酸计
山梨酸及其钾盐	防腐剂、抗氧化剂、稳定剂	1.5	以山梨酸计
丁基羟基茴香醚(BHA)	抗氧化剂	0.4	
二丁基羟基甲苯(BHT)	抗氧化剂	0.4	
没食子酸丙酯(PG)	抗氧化剂	0.4	
茶黄素	抗氧化剂	0.4	由关于海藻酸钙等食品添加剂新品种的公告(2016 年第 8 号)增补
双乙酰酒石酸单双甘油酯	乳化剂、增稠剂	50.0	
富马酸	酸度调节剂	8.0	
富马酸一钠	酸度调节剂	按生产需要适量使用	
己二酸	酸度调节剂	4.0	
N-[*N*-(3,3-二甲基丁基)]-L-*α*-天门冬氨-L-苯丙氨酸 1-甲酯(又名纽甜)	甜味剂	1.0	
L-*α*-天冬氨酰-*N*-(2,2,4,4-四甲基-3-硫化三亚甲基)-D-丙氨酰胺(又名阿力甜)	甜味剂	0.3	

续表

食品添加剂名称	功能	最大使用量/(g/kg)	备注
天门冬酰苯丙氨酸甲酯(又名阿斯巴甜)	甜味剂	10.0	添加阿斯巴甜的食品应标明:"阿斯巴甜(含苯丙氨酸)"
天门冬酰苯丙氨酸甲酯乙酰磺胺酸	甜味剂	5.0	
乙酰磺胺酸钾(又名安赛蜜)	甜味剂	4.0	
海萝胶	增稠剂	10.0	
β-环状糊精	增稠剂	20.0	
海藻酸丙二醇酯	增稠剂、乳化剂、稳定剂	5.0	
可得然胶	稳定剂和凝固剂、增稠剂	按生产需要适量使用	由关于海藻酸钙等食品添加剂新品种的公告(2016年第8号)增补
二氧化钛	着色剂	5.0	
上级05.02分类允许使用的食品添加剂46种[其中天门冬酰苯丙氨酸甲酯、乙酰磺胺酸钾(安赛蜜)在05.02.01也有,但使用量不同]			
上级05.0分类允许使用的食品添加剂29项(其中纽甜已在05.02.01中重获使用)			
依据表A.2可以适量使用的食品添加剂75种(项),见本手册15页			
本级分类中可用食品添加剂与上级相同时,使用量以本级所列为准			

食品分类号05.02.02　食品名称:除胶基糖果以外的其他糖果

本类食品说明:以白砂糖、糖浆和其他甜味剂为主要原料,制成的固态、半固态或液态糖果。

允许使用的食品添加剂:

食品添加剂名称	功能	最大使用量/(g/kg)	备注
白油(又名液体石蜡)	被膜剂	5.0	
紫胶(又名虫胶)	被膜剂	3.0	
苯甲酸及其钠盐	防腐剂	0.8	以苯甲酸计
二氧化碳	防腐剂	按生产需要适量使用	
山梨酸及其钾盐	防腐剂、抗氧化剂、稳定剂	1.0	以山梨酸计
山梨醇酐单月桂酸酯(又名司盘20),山梨醇酐单棕榈酸酯(又名司盘40),山梨醇酐单硬脂酸酯(又名司盘60),山梨醇酐三硬脂酸酯(又名司盘65),山梨醇酐单油酸酯(又名司盘80)	乳化剂	3.0	
双乙酰酒石酸单双甘油酯	乳化剂、增稠剂	10.0	

续表

食品添加剂名称	功能	最大使用量/(g/kg)	备注
N-[*N*-(3,3-二甲基丁基)]-L-α-天门冬氨-L-苯丙氨酸 1-甲酯(又名纽甜)	甜味剂	0.33	
天门冬酰苯丙氨酸甲酯(又名阿斯巴甜)	甜味剂	3.0	添加阿斯巴甜的食品应标明:"阿斯巴甜(含苯丙氨酸)"
靛蓝及其铝色淀	着色剂	0.3	以靛蓝计
二氧化钛	着色剂	10.0	
柠檬黄及其铝色淀	着色剂	0.3	以柠檬黄计
日落黄及其铝色淀	着色剂	0.3	以日落黄计
上级 05.0 分类允许使用的食品添加剂 29 项(其中纽甜、日落黄及其铝色淀、柠檬黄及其铝色淀、靛蓝及其铝色淀 4 项也在 05.02.02 中)			
上级 05.02 分类允许使用的食品添加剂 46 种			
依据表 A.2 可以适量使用的食品添加剂 75 种(项),见本手册 15 页			
本级分类中可用食品添加剂与上级相同时,使用量以本级所列为准			

食品分类号 05.03　食品名称：糖果和巧克力制品包衣

本类食品说明：包裹在糖果、巧克力制品表面，有一定的硬度和强度的糖壳包衣。

允许使用的食品添加剂：

食品添加剂名称	功能	最大使用量/(g/kg)	备注
异麦芽酮糖	甜味剂	按生产需要适量使用	由关于抗坏血酸棕榈酸酯(酶法)等食品添加剂新品种的公告(2016 年第 9 号)增补
蜂蜡	被膜剂	按生产需要适量使用	
聚乙二醇	被膜剂	按生产需要适量使用	
聚乙烯醇	被膜剂	18.0	
普鲁兰多糖	被膜剂、增稠剂	50.0	
木松香甘油酯	乳化剂	0.32	由关于海藻酸钙等食品添加剂新品种的公告(2016 年第 8 号)增补
聚甘油蓖麻醇酸酯(PGPR)	乳化剂、稳定剂	5.0	
二氧化钛	着色剂	按生产需要适量使用	
β-胡萝卜素	着色剂	20.0	
日落黄及其铝色淀	着色剂	0.3	以日落黄计
胭脂红及其铝色淀	着色剂	0.1	以胭脂红计
氧化铁黑,氧化铁红	着色剂	0.02	
上级 05.0 分类允许使用的食品添加剂 29 项			
依据表 A.2 可以适量使用的食品添加剂 75 种(项),见本手册 15 页			

食品分类号 05.04　食品名称：装饰糖果（如工艺造型，或用于蛋糕装饰）、顶饰（非水果材料）和甜汁

本类食品说明：用于饼干、面包、糕点及其组合产品中，起装饰作用的可食的糖衣、糖霜等。也包括糖果、焙烤食品等食品中所用的以糖或巧克力为主要成分的涂层。

允许使用的食品添加剂：

食品添加剂名称	功能	最大使用量/(g/kg)	备注
植酸(又名肌醇六磷酸),植酸钠	抗氧化剂	0.2	
硬脂酰乳酸钠,硬脂酰乳酸钙	乳化剂、稳定剂	2.0	
双乙酰酒石酸单双甘油酯	乳化剂、增稠剂	10.0	
天门冬酰苯丙氨酸甲酯(又名阿斯巴甜)	甜味剂	1.0	添加阿斯巴甜的食品应标明:"阿斯巴甜(含苯丙氨酸)"
氯化钙	稳定剂和凝固剂、增稠剂	0.4	
海藻酸丙二醇酯	增稠剂、乳化剂、稳定剂	5.0	
二氧化钛	着色剂	5.0	
红曲米,红曲红	着色剂	按生产需要适量使用	
β-胡萝卜素	着色剂	20.0	
姜黄素	着色剂	0.5	
上级 05.0 分类允许使用的食品添加剂 27 项(其中姜黄素已在 05.04 中另有规定,胭脂红及其铝色淀、日落黄及其铝色淀除外)			
依据表 A.2 可以适量使用的食品添加剂 75 种(项),见本手册 15 页			
本级分类中可用食品添加剂与上级相同时,使用量以本级所列为准			

第六类　粮食和粮食制品，包括大米、面粉、杂粮、块根植物、豆类和玉米提取的淀粉等(不包括07.0类焙烤制品)

食品分类号 06.0　食品名称：粮食和粮食制品，包括大米、面粉、杂粮、块根植物、豆类和玉米提取的淀粉等（不包括 07.0 类焙烤制品）

本类食品说明：包括原粮；大米及其制品（大米、米粉、米糕）；小麦粉及其制品；杂粮粉（包括豆粉）及其制品；淀粉及淀粉类制品；即食谷物，包括碾轧燕麦（片）；方便米面制品；冷冻米面制品；谷类和淀粉类甜品（如米布丁、木薯布丁）；粮食制品馅料。

允许使用的食品添加剂：

食品添加剂名称	功能	最大使用量/(g/kg)	备注
依据表 A.2 可以适量使用的食品添加剂 75 种(项)，见本手册 15 页			

食品分类号 06.01　食品名称：原粮（附属表 A.3 所例外的食品类别）

本类食品说明：未经加工的粮食的统称。包括各种杂粮原粮。

允许使用的食品添加剂：

食品添加剂名称	功能	最大使用量/(g/kg)	备注
丙酸及其钠盐、钙盐	防腐剂	1.8	以丙酸计
二氧化硅	抗结剂	1.2	
双乙酸钠(又名二醋酸钠)	防腐剂	1.0	

食品分类号 06.02　食品名称：大米及其制品（属表 A.3 所例外的食品类别）

本类食品说明：大米及以大米为原料制成的各种制品。包括大米、大米制品、米粉和米粉制品等。

允许使用的食品添加剂：

食品添加剂名称	功能	最大使用量/(g/kg)	备注
ε-聚赖氨酸盐酸盐	防腐剂	0.25	

食品分类号 06.02.01　食品名称：大米（附属表 A.3 所例外的食品类别）

本类食品说明：稻谷经脱壳碾去糠皮所得成品粮的统称。

允许使用的食品添加剂：

食品添加剂名称	功能	最大使用量/(g/kg)	备注
上级 06.02 分类允许使用的食品添加剂 1 项			

食品分类号 06.02.02　食品名称：大米制品（附属表 A.3 所例外的食品类别）

本类食品说明：除米粉和米粉制品外，以大米为原料经加工制成的各类产品。

允许使用的食品添加剂：

食品添加剂名称	功能	最大使用量/(g/kg)	备注
可溶性大豆多糖	增稠剂、乳化剂、被膜剂、抗结剂	10.0	
碳酸钠	酸度调节剂	按生产需要适量使用	仅限发酵大米制品
碳酸氢钠	膨松剂	按生产需要适量使用	仅限发酵大米制品
上级 06.02 分类允许使用的食品添加剂 1 项			

食品分类号 06.02.03　食品名称：米粉（包括汤圆粉等）（附属表 A.3 所例外的食品类别）

本类食品说明：大米经碾磨而成的粉末状产品。

允许使用的食品添加剂：

食品添加剂名称	功能	最大使用量/(g/kg)	备注
磷酸，焦磷酸二氢二钠，焦磷酸钠，磷酸二氢钙，磷酸二氢钾，磷酸氢二铵，磷酸氢二钾，磷酸氢钙，磷酸三钙，磷酸三钾，磷酸三钠，六偏磷酸钠，三聚磷酸钠，磷酸二氢钠，磷酸氢二钠，焦磷酸四钾，焦磷酸一氢三钠，聚偏磷酸钾，酸式焦磷酸钙	水分保持剂、膨松剂、酸度调节剂、稳定剂、凝固剂、抗结剂	1.0	可单独或混合使用，最大使用量以磷酸根(PO_4^{3-})计
上级 06.02 分类允许使用的食品添加剂 1 项			

食品分类号 06.02.04　食品名称：米粉制品（附属表 A.3 所例外的食品类别）

本类食品说明：米粉经加工制成的食品，如青团、荷花糕等。

允许使用的食品添加剂：

食品添加剂名称	功能	最大使用量/(g/kg)	备注
上级 06.02 分类允许使用的食品添加剂 1 项			

食品分类号 06.03　食品名称：小麦粉及其制品

本类食品说明：包括小麦粉、小麦粉制品。

允许使用的食品添加剂：

食品添加剂名称	功能	最大使用量/(g/kg)	备注
酒石酸氢钾	膨松剂	按生产需要适量使用	
ε-聚赖氨酸盐酸盐	防腐剂	0.30	
磷酸，焦磷酸二氢二钠，焦磷酸钠，磷酸二氢钙，磷酸二氢钾，磷酸氢二铵，磷酸氢二钾，磷酸氢钙，磷酸三钙，磷酸三钾，磷酸三钠，六偏磷酸钠，三聚磷酸钠，磷酸二氢钠，磷酸氢二钠，焦磷酸四钾，焦磷酸一氢三钠，聚偏磷酸钾，酸式焦磷酸钙	水分保持剂、膨松剂、酸度调节剂、稳定剂、凝固剂、抗结剂	5.0	可单独或混合使用，最大使用量以磷酸根(PO_4^{3-})计
依据表 A.2 可以适量使用的食品添加剂 75 种(项)，见本手册 15 页			

食品分类号 06.03.01　食品名称：小麦粉（属表 A.3 所例外的食品类别）

本类食品说明：小麦经碾磨制成的粉状产品。俗称“面粉”。

允许使用的食品添加剂：

食品添加剂名称	功能	最大使用量/(g/kg)	备注
偶氮甲酰胺	面粉处理剂	0.045	
抗坏血酸(又名维生素)	面粉处理剂、抗氧化剂	0.2	
碳酸钙(包括轻质和重质碳酸钙)	面粉处理剂、膨松剂、稳定剂	0.03	
碳酸镁	面粉处理剂、膨松剂、稳定剂、抗结剂	1.5	
磷酸,焦磷酸二氢二钠,焦磷酸钠,磷酸二氢钙,磷酸二氢钾,磷酸氢二铵,磷酸氢二钾,磷酸氢钙,磷酸三钙,磷酸三钾,磷酸三钠,六偏磷酸钠,三聚磷酸钠,磷酸二氢钠,磷酸氢二钠,焦磷酸四钾,焦磷酸一氢三钠,聚偏磷酸钾,酸式焦磷酸钙	水分保持剂、膨松剂、酸度调节剂、稳定剂、凝固剂、抗结剂	5.0	可单独或混合使用,最大使用量以磷酸根(PO_4^{3-})计

食品分类号 06.03.01.01　食品名称：通用小麦粉（附属表 A.3 所例外的食品类别）

本类食品说明：以小麦为原料，供制作各种面食用的小麦粉。

允许使用的食品添加剂：

食品添加剂名称	功能	最大使用量/(g/kg)	备注
上级 06.03.01 分类允许使用的食品添加剂 5 项			

食品分类号 06.03.01.02　食品名称：专用小麦粉（如自发粉、饺子粉等）（附属表 A.3 所例外的食品类别）

本类食品说明：以小麦为原料，供制作馒头、水饺等用的小麦粉。如自发小麦粉：一种以小麦粉为原料，添加食用疏松剂，不需发酵便可制作馒头（包子、花卷）以及蛋糕等膨松食品的方便食料。

允许使用的食品添加剂：

食品添加剂名称	功能	最大使用量/(g/kg)	备注
蔗糖脂肪酸酯	乳化剂	5.0	
硬脂酰乳酸钠,硬脂酰乳酸钙	乳化剂、稳定剂	2.0	
沙蒿胶	增稠剂	0.3	
皂荚糖胶	增稠剂	4.0	
上级 06.03.01 分类允许使用的食品添加剂 5 项			

食品分类号 06.03.02　食品名称：小麦粉制品

本类食品说明：以小麦粉为原料，加工制成的各类食品。

允许使用的食品添加剂：

食品添加剂名称	功能	最大使用量/(g/kg)	备注
决明胶	增稠剂	3.0	
可溶性大豆多糖	增稠剂、乳化剂、被膜剂、抗结剂	10.0	
海藻酸钙(又名褐藻酸钙)	增稠剂、稳定和凝固剂	5.0	由关于海藻酸钙等食品添加剂新品种的公告(2016年第8号)增补
硫酸钙(又名石膏)	稳定剂和凝固剂、增稠剂、酸度调节剂	1.5	
碳酸钾	酸度调节剂	按生产需要适量使用	
上级06.03分类允许使用的食品添加剂3项			
依据表A.2可以适量使用的食品添加剂75种(项)，见本手册15页			

食品分类号 06.03.02.01　食品名称：生湿面制品（如面条、饺子皮、馄饨皮、烧麦皮）（属表A.3所例外的食品类别）

本类食品说明：小麦粉加水经揉捏后未进行加热、冷冻、脱水等处理的面制品，如未煮的面条、饺子皮、馄饨皮和烧麦皮等。

允许使用的食品添加剂：

食品添加剂名称	功能	最大使用量/(g/kg)	备注
丙酸及其钠盐、钙盐	防腐剂	0.25	以丙酸计
单辛酸甘油酯	防腐剂	1.0	
L-半胱氨酸盐酸盐	面粉处理剂	0.3	仅限拉面
二氧化硫,焦亚硫酸钾,焦亚硫酸钠,亚硫酸钠,亚硫酸氢钠,低亚硫酸钠	漂白剂、防腐剂、抗氧化剂	0.05	仅限拉面。最大使用量以二氧化硫残留量计
单,双甘油脂肪酸酯(油酸、亚油酸、棕榈酸、山嵛酸、硬脂酸、月桂酸、亚麻酸)	乳化剂	按生产需要适量使用	
蔗糖脂肪酸酯	乳化剂	4.0	
硬脂酰乳酸钠,硬脂酰乳酸钙	乳化剂、稳定剂	2.0	
果胶	乳化剂、稳定剂、增稠剂	按生产需要适量使用	
卡拉胶	乳化剂、稳定剂、增稠剂	按生产需要适量使用	
双乙酰酒石酸单双甘油酯	乳化剂、增稠剂	10.0	

续表

食品添加剂名称	功能	最大使用量/(g/kg)	备注
磷酸,焦磷酸二氢二钠,焦磷酸钠,磷酸二氢钙,磷酸二氢钾,磷酸氢二铵,磷酸氢二钾,磷酸氢钙,磷酸三钙,磷酸三钾,磷酸三钠,六偏磷酸钠,三聚磷酸钠,磷酸二氢钠,磷酸氢二钠,焦磷酸四钾,焦磷酸一氢三钠,聚偏磷酸钾,酸式焦磷酸钙	水分保持剂、膨松剂、酸度调节剂、稳定剂、凝固剂、抗结剂	5.0	可单独或混合使用,最大使用量以磷酸根(PO_4^{3-})计
乳酸钠	水分保持剂、酸度调节剂、抗氧化剂、膨松剂、增稠剂、稳定剂	2.4	
富马酸	酸度调节剂	0.6	
富马酸一钠	酸度调节剂	按生产需要适量使用	
碳酸钾	酸度调节剂	60.0	
碳酸钠	酸度调节剂	按生产需要适量使用	
山梨糖醇和山梨糖醇液	甜味剂、膨松剂、乳化剂、水分保持剂、稳定剂、增稠剂	30.0	
黄原胶(又名汉生胶)	稳定剂、增稠剂	10.0	
丙二醇	稳定剂和凝固剂、抗结剂、消泡剂、乳化剂、水分保持剂、增稠剂	1.5	
可得然胶	稳定剂和凝固剂、增稠剂	按生产需要适量使用	
醋酸酯淀粉	增稠剂	按生产需要适量使用	仅限生湿面条
海藻酸钠(又名褐藻酸钠)	增稠剂	按生产需要适量使用	
磷酸化二淀粉磷酸酯	增稠剂	0.2	
海藻酸丙二醇酯	增稠剂、乳化剂、稳定剂	5.0	
栀子黄	着色剂	1.0	

食品分类号 06.03.02.02 食品名称：生干面制品（属表 A.3 所例外的食品类别）

本类食品说明：未经加热、蒸、烹调等处理的面制品，经过脱水制成的产品。如挂面。

允许使用的食品添加剂：

食品添加剂名称	功能	最大使用量/(g/kg)	备注
单，双甘油脂肪酸酯（油酸、亚油酸、棕榈酸、山嵛酸、硬脂酸、月桂酸、亚麻酸）	乳化剂	30.0	
蔗糖脂肪酸酯	乳化剂	4.0	
果胶	乳化剂、稳定剂、增稠剂	按生产需要适量使用	
卡拉胶	乳化剂、稳定剂、增稠剂	8.0	
双乙酰酒石酸单双甘油酯	乳化剂、增稠剂	10.0	
碳酸钠	酸度调节剂	按生产需要适量使用	
黄原胶（又名汉生胶）	稳定剂、增稠剂	4.0	
可得然胶	稳定剂和凝固剂、增稠剂	按生产需要适量使用	
海藻酸钠（又名褐藻酸钠）	增稠剂	按生产需要适量使用	
沙蒿胶	增稠剂	0.3	仅限挂面
田菁胶	增稠剂	2.0	
亚麻籽胶（又名富兰克胶）	增稠剂	1.5	
海藻酸丙二醇酯	增稠剂、乳化剂、稳定剂	5.0	
柑橘黄	着色剂	按生产需要适量使用	
栀子黄	着色剂	0.3	

食品分类号 06.03.02.03 食品名称：发酵面制品

本类食品说明：经发酵工艺制成的面制品。如包子、馒头、花卷等。

允许使用的食品添加剂：

食品添加剂名称	功能	最大使用量/(g/kg)	备注
L-半胱氨酸盐酸盐	面粉处理剂	0.06	
硬脂酰乳酸钠，硬脂酰乳酸钙	乳化剂、稳定剂	2.0	
上级 06.03.02 分类允许使用的食品添加剂 5 项			
上级 06.03 分类允许使用的食品添加剂 3 项			
依据表 A.2 可以适量使用的食品添加剂 75 种（项），见本手册 15 页			

食品分类号 06.03.02.04 食品名称：面糊（如用于鱼和禽肉的拖面糊）、裹粉、煎炸粉

本类食品说明：碎屑状或粉末状的小麦粉制品。该类产品可同其他配料（如调味品、水、奶或蛋等）混合，作为水产品、肉和蔬菜等的表面覆盖物，包括面包糠。

允许使用的食品添加剂：

食品添加剂名称	功能	最大使用量/(g/kg)	备注
二氧化硅	抗结剂	20.0	
纤维素	抗结剂、稳定剂和凝固剂、增稠剂	按生产需要适量使用	由关于食品用香料新品种 9-癸烯-2-酮、茶多酚等 7 种食品添加剂扩大使用范围和食品营养强化剂钙扩大使用范围的公告（2016 年第 14 号）增补
硫酸铝钾（又名钾明矾），硫酸铝铵（又名铵明矾）	膨松剂、稳定剂	按生产需要适量使用	铝的残留量≤100mg/kg（干样品，以 Al 计）
蔗糖脂肪酸酯	乳化剂	5.0	
聚甘油脂肪酸酯	乳化剂、稳定剂、增稠剂、抗结剂	10.0	
双乙酰酒石酸单双甘油酯	乳化剂、增稠剂	5.0	
磷酸，焦磷酸二氢二钠，焦磷酸钠，磷酸二氢钙，磷酸二氢钾，磷酸氢二铵，磷酸氢二钾，磷酸氢钙，磷酸三钙，磷酸三钾，磷酸三钠，六偏磷酸钠，三聚磷酸钠，磷酸二氢钠，磷酸氢二钠，焦磷酸四钾，焦磷酸一氢三钠，聚偏磷酸钾，酸式焦磷酸钙	水分保持剂、膨松剂、酸度调节剂、稳定剂、凝固剂、抗结剂	5.0	可单独或混合使用，最大使用量以磷酸根（PO_4^{3-}）计，可按涂裹率增加使用量
L(+)-酒石酸，*dl*-酒石酸	酸度调节剂	10.0	以酒石酸计
β-胡萝卜素	着色剂	1.0	
姜黄素	着色剂	0.3	
焦糖色（加氨生产）	着色剂	12.0	
焦糖色（普通法）	着色剂	按生产需要适量使用	
焦糖色（亚硫酸铵法）	着色剂	2.5	
辣椒红	着色剂	按生产需要适量使用	
柠檬黄及其铝色淀	着色剂	0.3	以柠檬黄计
日落黄及其铝色淀	着色剂	0.3	以日落黄计
胭脂虫红	着色剂	0.5	以胭脂红酸计
胭脂树橙（又名红木素，降红木素）	着色剂	0.01	
上级 06.03.02 分类允许使用的食品添加剂 5 项			
上级 06.03 分类允许使用的食品添加剂 3 项			
依据表 A.2 可以适量使用的食品添加剂 75 种（项），见本手册 15 页			

食品分类号 06.03.02.05　食品名称： 油炸面制品

本类食品说明： 经油炸工艺制成的面制品，如油条、油饼等。

允许使用的食品添加剂：

食品添加剂名称	功能	最大使用量/(g/kg)	备注
茶多酚(又名维多酚)	抗氧化剂	0.2	以油脂中儿茶素计
丁基羟基茴香醚(BHA)	抗氧化剂	0.2	以油脂中的含量计
二丁基羟基甲苯(BHT)	抗氧化剂	0.2	以油脂中的含量计
甘草抗氧化物	抗氧化剂	0.2	以甘草酸计
硫代二丙酸二月桂酯	抗氧化剂	0.2	
没食子酸丙酯(PG)	抗氧化剂	0.1	以油脂中的含量计
迷迭香提取物	抗氧化剂	0.3	
迷迭香提取物(超临界二氧化碳萃取法)	抗氧化剂	0.3	
特丁基对苯二酚(TBHQ)	抗氧化剂	0.2	以油脂中的含量计
维生素E(*dl*-*α*-生育酚,*d*-*α*-生育酚,混合生育酚浓缩物)	抗氧化剂	0.2	以油脂中的含量计
竹叶抗氧化物	抗氧化剂	0.5	
茶黄素	抗氧化剂	0.2	由关于海藻酸钙等食品添加剂新品种的公告(2016年第8号)增补
硫酸铝钾(又名钾明矾),硫酸铝铵(又名铵明矾)	膨松剂、稳定剂	按生产需要适量使用	铝的残留量≤100mg/kg,(干样品,以Al计)
丙二醇脂肪酸酯	乳化剂、稳定剂	2.0	
双乙酰酒石酸单双甘油酯	乳化剂、增稠剂	10.0	
L(+)-酒石酸,*dl*-酒石酸	酸度调节剂	10.0	以酒石酸计
β-胡萝卜素	着色剂	1.0	
上级06.03.02分类允许使用的食品添加剂5项			
上级06.03分类允许使用的食品添加剂3项			
依据表A.2可以适量使用的食品添加剂75种(项),见本手册15页			

食品分类号 06.04　食品名称： 杂粮粉及其制品

本类食品说明： 包括粉状或非粉状的杂粮及其制品。

允许使用的食品添加剂：

食品添加剂名称	功能	最大使用量/(g/kg)	备注
依据表A.2可以适量使用的食品添加剂75种(项),见本手册15页			

食品分类号 06.04.01　食品名称： 杂粮粉（属表A.3所例外的食品类别）

本类食品说明： 杂粮经过碾磨加工制成的粉状产品。

允许使用的食品添加剂：

食品添加剂名称	功能	最大使用量/(g/kg)	备注
丁基羟基茴香醚(BHA)	抗氧化剂	0.2	以油脂中的含量计
磷酸,焦磷酸二氢二钠,焦磷酸钠,磷酸二氢钙,磷酸二氢钾,磷酸氢二铵,磷酸氢二钾,磷酸氢钙,磷酸三钙,磷酸三钾,磷酸三钠,六偏磷酸钠,三聚磷酸钠,磷酸二氢钠,磷酸氢二钠,焦磷酸四钾,焦磷酸一氢三钠,聚偏磷酸钾,酸式焦磷酸钙	水分保持剂、膨松剂、酸度调节剂、稳定剂、凝固剂、抗结剂	5.0	可单独或混合使用,最大使用量以磷酸根(PO_4^{3-})计
双乙酰酒石酸单双甘油酯	乳化剂、增稠剂	3.0	

食品分类号 06.04.02　食品名称：杂粮制品

本类食品说明：以杂粮或杂粮粉为原料加工制成的食品。

允许使用的食品添加剂：

食品添加剂名称	功能	最大使用量/(g/kg)	备注
ε-聚赖氨酸盐酸盐	防腐剂	0.40	
沙蒿胶	增稠剂	0.3	
依据表 A.2 可以适量使用的食品添加剂 75 种(项),见本手册 15 页			

食品分类号 06.04.02.01　食品名称：杂粮罐头

本类食品说明：以杂粮为原料，可以添加谷类、豆类、干果、糖和（或）甜味剂等，经加工处理、装罐、密封、杀菌制成的罐头食品，如八宝粥罐头、红豆粥罐头等。

允许使用的食品添加剂：

食品添加剂名称	功能	最大使用量/(g/kg)	备注
乳酸链球菌素	防腐剂	0.2	
蔗糖脂肪酸酯	乳化剂	1.5	
磷酸,焦磷酸二氢二钠,焦磷酸钠,磷酸二氢钙,磷酸二氢钾,磷酸氢二铵,磷酸氢二钾,磷酸氢钙,磷酸三钙,磷酸三钾,磷酸三钠,六偏磷酸钠,三聚磷酸钠,磷酸二氢钠,磷酸氢二钠,焦磷酸四钾,焦磷酸一氢三钠,聚偏磷酸钾,酸式焦磷酸钙	水分保持剂、膨松剂、酸度调节剂、稳定剂、凝固剂、抗结剂	1.5	可单独或混合使用,最大使用量以磷酸根(PO_4^{3-})计
三氯蔗糖(又名蔗糖素)	甜味剂	0.25	
天门冬酰苯丙氨酸甲酯乙酰磺胺酸	甜味剂	0.35	
乙酰磺胺酸钾(又名安赛蜜)	甜味剂	0.3	

续表

食品添加剂名称	功能	最大使用量/(g/kg)	备注
乙二胺四乙酸二钠	稳定剂、凝固剂、抗氧化剂、防腐剂	0.25	
红花黄	着色剂	0.2	
β-胡萝卜素	着色剂	1.0	
叶黄素	着色剂	0.05	
上级 06.04.02 分类允许使用的食品添加剂 2 项			
依据表 A.2 可以适量使用的食品添加剂 75 种(项),见本手册 15 页			

食品分类号 06.04.02.02　食品名称：其他杂粮制品

本类食品说明：除 06.04.02.01 类以外的杂粮制品。

允许使用的食品添加剂：

食品添加剂名称	功能	最大使用量/(g/kg)	备注
乳酸链球菌素	防腐剂	0.25	仅限杂粮灌肠制品
山梨酸及其钾盐	防腐剂、抗氧化剂、稳定剂	1.5	仅限杂粮灌肠制品。以山梨酸计
磷酸,焦磷酸二氢二钠,焦磷酸钠,磷酸二氢钙,磷酸二氢钾,磷酸氢二铵,磷酸氢二钾,磷酸氢钙,磷酸三钙,磷酸三钾,磷酸三钠,六偏磷酸钠,三聚磷酸钠,磷酸二氢钠,磷酸氢二钠,焦磷酸四钾,焦磷酸一氢三钠,聚偏磷酸钾,酸式焦磷酸钙	水分保持剂、膨松剂、酸度调节剂、稳定剂、凝固剂、抗结剂	1.5	仅限冷冻薯条、冷冻薯饼、冷冻土豆泥、冷冻红薯泥。可单独或混合使用,最大使用量以磷酸根(PO_4^{3-})计
三氯蔗糖(又名蔗糖素)	甜味剂	5.0	仅限微波爆米花
乙酰磺胺酸钾(又名安赛蜜)	甜味剂	0.3	仅限黑芝麻糊
异麦芽酮糖	甜味剂	按生产需要适量使用	
上级 06.04.02 分类允许使用的食品添加剂 2 项			
依据表 A.2 可以适量使用的食品添加剂 75 种(项),见本手册 15 页			

食品分类号 06.05　食品名称：淀粉及淀粉类制品

本类食品说明：包括食用淀粉、淀粉制品。

允许使用的食品添加剂：

食品添加剂名称	功能	最大使用量/(g/kg)	备注
硅酸钙	抗结剂	按生产需要适量使用	
依据表 A.2 可以适量使用的食品添加剂 75 种(项),见本手册 15 页			

食品分类号 06.05.01　食品名称：食用淀粉

本类食品说明：以谷类、薯类、豆类等植物为原料生产的淀粉。

允许使用的食品添加剂：

食品添加剂名称	功能	最大使用量/(g/kg)	备注
二氧化硫，焦亚硫酸钾，焦亚硫酸钠，亚硫酸钠，亚硫酸氢钠，低亚硫酸钠	漂白剂、防腐剂、抗氧化剂	0.03	最大使用量以二氧化硫残留量计
磷酸，焦磷酸二氢二钠，焦磷酸钠，磷酸二氢钙，磷酸二氢钾，磷酸氢二铵，磷酸氢二钾，磷酸氢钙，磷酸三钙，磷酸三钾，磷酸三钠，六偏磷酸钠，三聚磷酸钠，磷酸二氢钠，磷酸氢二钠，焦磷酸四钾，焦磷酸一氢三钠，聚偏磷酸钾，酸式焦磷酸钙	水分保持剂、膨松剂、酸度调节剂、稳定剂、凝固剂、抗结剂	5.0	可单独或混合使用，最大使用量以磷酸根(PO_4^{3-})计
双乙酰酒石酸单双甘油酯	乳化剂、增稠剂	3.0	
高锰酸钾	其他	0.5	
上级 06.05 分类允许使用的食品添加剂 1 项			
依据表 A.2 可以适量使用的食品添加剂 75 种(项)，见本手册 15 页			

食品分类号 06.05.02　食品名称：淀粉制品

本类食品说明：以淀粉或淀粉质为原料，经过机械、化学或生化工艺加工制成的制品。

允许使用的食品添加剂：

食品添加剂名称	功能	最大使用量/(g/kg)	备注
可溶性大豆多糖	增稠剂、乳化剂、被膜剂、抗结剂	10.0	
脱氢乙酸及其钠盐(又名脱氢醋酸及其钠盐)	防腐剂	1.0	以脱氢乙酸计
上级 06.05 分类允许使用的食品添加剂 1 项			
依据表 A.2 可以适量使用的食品添加剂 75 种(项)，见本手册 15 页			

食品分类号 06.05.02.01　食品名称：粉丝、粉条

本类食品说明：以淀粉为原料，经糊化成型，在一定条件下干燥而成的丝条状固态产品。

允许使用的食品添加剂：

食品添加剂名称	功能	最大使用量/(g/kg)	备注
硫酸铝钾(又名钾明矾)，硫酸铝铵(又名铵明矾)	膨松剂、稳定剂	按生产需要适量使用	铝的残留量≤200mg/kg(干样品，以 Al 计)。由关于批准 β-半乳糖苷酶为食品添加剂新品种等的公告(2015 年第 1 号)增补
上级 06.05.02 分类允许使用的食品添加剂 2 项			
上级 06.05 分类允许使用的食品添加剂 1 项			
依据表 A.2 可以适量使用的食品添加剂 75 种(项)，见本手册 15 页			

食品分类号 06.05.02.02　食品名称：虾味片

本类食品说明：以淀粉为原料，添加膨松剂及调味物质等辅料制成的具有虾味的干制品。

允许使用的食品添加剂：

食品添加剂名称	功能	最大使用量/(g/kg)	备注
硫酸铝钾(又名钾明矾),硫酸铝铵(又名铵明矾)	膨松剂、稳定剂	按生产需要适量使用	铝的残留量≤100mg/kg(干样品,以 Al 计)
亮蓝及其铝色淀	着色剂	0.025	以亮蓝计
柠檬黄及其铝色淀	着色剂	0.1	以柠檬黄计
日落黄及其铝色淀	着色剂	0.1	以日落黄计
胭脂红及其铝色淀	着色剂	0.05	以胭脂红计
上级 06.05.02 分类允许使用的食品添加剂 2 项			
上级 06.05 分类允许使用的食品添加剂 1 项			
依据表 A.2 可以适量使用的食品添加剂 75 种(项),见本手册 15 页			

食品分类号 06.05.02.03　食品名称：藕粉

本类食品说明：以藕为原料加工制成的淀粉制品。

允许使用的食品添加剂：

食品添加剂名称	功能	最大使用量/(g/kg)	备注
上级 06.05.02 分类允许使用的食品添加剂 2 项			
上级 06.05 分类允许使用的食品添加剂 1 项			
依据表 A.2 可以适量使用的食品添加剂 75 种(项),见本手册 15 页			

食品分类号 06.05.02.04　食品名称：粉圆

本类食品说明：以淀粉为原料，经造粒工艺加工而成的圆球状非即食产品。

允许使用的食品添加剂：

食品添加剂名称	功能	最大使用量/(g/kg)	备注
双乙酸钠(又名二醋酸钠)	防腐剂	4.0	
姜黄	着色剂	1.2	以姜黄素计
焦糖色(加氨生产)	着色剂	按生产需要适量使用	
亮蓝及其铝色淀	着色剂	0.1	以亮蓝计
柠檬黄及其铝色淀	着色剂	0.2	以柠檬黄计
日落黄及其铝色淀	着色剂	0.2	以日落黄计
胭脂虫红	着色剂	1.0	以胭脂红酸计
胭脂树橙(又名红木素,降红木素)	着色剂	0.15	

续表

食品添加剂名称	功能	最大使用量/(g/kg)	备注
叶绿素铜钠盐,叶绿素铜钾盐	着色剂	0.5	
诱惑红及其铝色淀	着色剂	0.2	以诱惑红计
植物炭黑	着色剂	1.5	
上级 06.05.02 分类允许使用的食品添加剂 2 项			
上级 06.05 分类允许使用的食品添加剂 1 项			
依据表 A.2 可以适量使用的食品添加剂 75 种(项),见本手册 15 页			

食品分类号 06.06　食品名称：即食谷物，包括碾轧燕麦（片）

本类食品说明：包括所有即食的早餐谷物食品，如速溶的燕麦片（粥），谷粉，玉米片，多种谷物（如大米、小麦、玉米）的早餐类食品，由大豆或淀粉质谷物制成的即食早餐类食品及由谷粉制成的压缩类即食谷物制品。

允许使用的食品添加剂：

食品添加剂名称	功能	最大使用量/(g/kg)	备注
茶多酚(又名维多酚)	抗氧化剂	0.2	以油脂中儿茶素计
丁基羟基茴香醚(BHA)	抗氧化剂	0.2	以油脂中的含量计
二丁基羟基甲苯(BHT)	抗氧化剂	0.2	以油脂中的含量计
抗坏血酸棕榈酸酯	抗氧化剂	0.2	
维生素 E(*dl*-α-生育酚,*d*-α-生育酚,混合生育酚浓缩物)	抗氧化剂	0.085	
竹叶抗氧化物	抗氧化剂	0.5	
茶黄素	抗氧化剂	0.2	由关于海藻酸钙等食品添加剂新品种的公告(2016 年第 8 号)增补
聚甘油脂肪酸酯	乳化剂、稳定剂、增稠剂、抗结剂	10.0	
磷酸,焦磷酸二氢二钠,焦磷酸钠,磷酸二氢钙,磷酸二氢钾,磷酸氢二铵,磷酸氢二钾,磷酸氢钙,磷酸三钙,磷酸三钾,磷酸三钠,六偏磷酸钠,三聚磷酸钠,磷酸二氢钠,磷酸氢二钠,焦磷酸四钾,焦磷酸一氢三钠,聚偏磷酸钾,酸式焦磷酸钙	水分保持剂、膨松剂、酸度调节剂、稳定剂、凝固剂、抗结剂	5.0	可单独或混合使用,最大使用量以磷酸根(PO_4^{3-})计
N-[*N*-(3,3-二甲基丁基)]-L-α-天门冬氨-L-苯丙氨酸 1-甲酯(又名纽甜)	甜味剂	0.16	
三氯蔗糖(又名蔗糖素)	甜味剂	1.0	

续表

食品添加剂名称	功能	最大使用量/(g/kg)	备注
天门冬酰苯丙氨酸甲酯(又名阿斯巴甜)	甜味剂	1.0	添加阿斯巴甜的食品应标明:"阿斯巴甜(含苯丙氨酸)"
番茄红素	着色剂	0.05	以纯番茄红素计
β-胡萝卜素	着色剂	0.4	
姜黄	着色剂	0.03	以姜黄素计
焦糖色(加氨生产)	着色剂	按生产需要适量使用	
焦糖色(普通法)	着色剂	按生产需要适量使用	
焦糖色(亚硫酸铵法)	着色剂	2.5	
亮蓝及其铝色淀	着色剂	0.015	仅限可可玉米片。以亮蓝计
柠檬黄及其铝色淀	着色剂	0.08	以柠檬黄计
胭脂虫红	着色剂	0.2	以胭脂红酸计
胭脂树橙(又名红木素,降红木素)	着色剂	0.07	
诱惑红及其铝色淀	着色剂	0.07	仅限可可玉米片。以诱惑红计
依据表 A.2 可以适量使用的食品添加剂 75 种(项),见本手册 15 页			

食品分类号 06.07　食品名称:方便米面制品

本类食品说明: 以米、面等为主要原料,用工业化加工方式制成的即食或非即食部分预制食品。例如方便面、方便米饭等。

允许使用的食品添加剂:

食品添加剂名称	功能	最大使用量/(g/kg)	备注
乳酸链球菌素	防腐剂	0.25	仅限方便湿面制品
乳酸链球菌素	防腐剂	0.25	仅限米面灌肠制品
山梨酸及其钾盐	防腐剂、抗氧化剂、稳定剂	1.5	仅限米面灌肠制品。以山梨酸计
茶多酚(又名维多酚)	抗氧化剂	0.2	以油脂中儿茶素计
丁基羟基茴香醚(BHA)	抗氧化剂	0.2	以油脂中的含量计
二丁基羟基甲苯(BHT)	抗氧化剂	0.2	以油脂中的含量计
甘草抗氧化物	抗氧化剂	0.2	以甘草酸计
抗坏血酸棕榈酸酯	抗氧化剂	0.2	
茶黄素	抗氧化剂	0.2	由关于海藻酸钙等食品添加剂新品种的公告(2016 年第 8 号)增补

续表

食品添加剂名称	功能	最大使用量/(g/kg)	备注
没食子酸丙酯(PG)	抗氧化剂	0.1	以油脂中的含量计
特丁基对苯二酚(TBHQ)	抗氧化剂	0.2	以油脂中的含量计
维生素E(*dl*-*α*-生育酚,*d*-*α*-生育酚,混合生育酚浓缩物)	抗氧化剂	0.2	
蔗糖脂肪酸酯	乳化剂	4.0	
聚甘油脂肪酸酯	乳化剂、稳定剂、增稠剂、抗结剂	10.0	
双乙酰酒石酸单双甘油酯	乳化剂、增稠剂	10.0	
磷酸,焦磷酸二氢二钠,焦磷酸钠,磷酸二氢钙,磷酸二氢钾,磷酸氢二铵,磷酸氢二钾,磷酸氢钙,磷酸三钙,磷酸三钾,磷酸三钠,六偏磷酸钠,三聚磷酸钠,磷酸二氢钠,磷酸氢二钠,焦磷酸四钾,焦磷酸一氢三钠,聚偏磷酸钾,酸式焦磷酸钙	水分保持剂、膨松剂、酸度调节剂、稳定剂、凝固剂、抗结剂	5.0	可单独或混合使用,最大使用量以磷酸根(PO_4^{3-})计
三氯蔗糖(又名蔗糖素)	甜味剂	0.6	
可得然胶	稳定剂和凝固剂、增稠剂	按生产需要适量使用	
β-环状糊精	增稠剂	1.0	
决明胶	增稠剂	2.5	
磷酸化二淀粉磷酸酯	增稠剂	0.2	
沙蒿胶	增稠剂	0.3	仅限方便面
羧甲基淀粉钠	增稠剂	15.0	
田菁胶	增稠剂	2.0	
可溶性大豆多糖	增稠剂、乳化剂、被膜剂、抗结剂	10.0	
海藻酸丙二醇酯	增稠剂、乳化剂、稳定剂	5.0	
核黄素	着色剂	0.05	
红花黄	着色剂	0.5	
红曲米,红曲红	着色剂	按生产需要适量使用	
β-胡萝卜素	着色剂	1.0	
姜黄	着色剂	按生产需要适量使用	
姜黄素	着色剂	0.5	
辣椒红	着色剂	按生产需要适量使用	
胭脂虫红	着色剂	0.3	以胭脂红酸计

续表

食品添加剂名称	功能	最大使用量/(g/kg)	备注
胭脂树橙(又名红木素,降红木素)	着色剂	0.012	
叶黄素	着色剂	0.15	
栀子黄	着色剂	1.5	
栀子蓝	着色剂	0.5	
依据表A.2可以适量使用的食品添加剂75种(项),见本手册15页			

食品分类号 06.08　食品名称：冷冻米面制品

本类食品说明：以小麦粉、大米、杂粮等粮食为主要原料，经加工成型并经速冻而成的食品。

允许使用的食品添加剂：

食品添加剂名称	功能	最大使用量/(g/kg)	备注
L-半胱氨酸盐酸盐	面粉处理剂	0.6	
二氧化硫,焦亚硫酸钾,焦亚硫酸钠,亚硫酸钠,亚硫酸氢钠,低亚硫酸钠	漂白剂、防腐剂、抗氧化剂	0.05	仅限风味派。最大使用量以二氧化硫残留量计
双乙酰酒石酸单双甘油酯	乳化剂、增稠剂	10.0	
磷酸,焦磷酸二氢二钠,焦磷酸钠,磷酸二氢钙,磷酸二氢钾,磷酸氢二铵,磷酸氢二钾,磷酸氢钙,磷酸三钙,磷酸三钾,磷酸三钠,六偏磷酸钠,三聚磷酸钠,磷酸二氢钠,磷酸氢二钠,焦磷酸四钾,焦磷酸一氢三钠,聚偏磷酸钾,酸式焦磷酸钙	水分保持剂、膨松剂、酸度调节剂、稳定剂、凝固剂、抗结剂	5.0	可单独或混合使用,最大使用量以磷酸根(PO_4^{3-})计
可溶性大豆多糖	增稠剂、乳化剂、被膜剂、抗结剂	10.0	
海藻酸丙二醇酯	增稠剂、乳化剂、稳定剂	5.0	
β-胡萝卜素	着色剂	1.0	
辣椒红	着色剂	2.0	
叶黄素	着色剂	0.1	
依据表A.2可以适量使用的食品添加剂75种(项),见本手册15页			

食品分类号 06.09　食品名称：谷类和淀粉类甜品（如米布丁、木薯布丁）

本类食品说明：以谷类、淀粉为主要原料的甜品类产品，如米布丁、小麦粉布丁。

允许使用的食品添加剂：

食品添加剂名称	功能	最大使用量/(g/kg)	备注
双乙酰酒石酸单双甘油酯	乳化剂、增稠剂	5.0	
磷酸，焦磷酸二氢二钠，焦磷酸钠，磷酸二氢钙，磷酸二氢钾，磷酸氢二铵，磷酸氢二钾，磷酸氢钙，磷酸三钙，磷酸三钾，磷酸三钠，六偏磷酸钠，三聚磷酸钠，磷酸二氢钠，磷酸氢二钠，焦磷酸四钾，焦磷酸一氢三钠，聚偏磷酸钾，酸式焦磷酸钙	水分保持剂、膨松剂、酸度调节剂、稳定剂、凝固剂、抗结剂	1.0	仅限谷类甜品罐头。可单独或混合使用，最大使用量以磷酸根(PO_4^{3-})计
N-[*N*-(3，3-二甲基丁基)]-L-*α*-天门冬氨-L-苯丙氨酸1-甲酯(又名纽甜)	甜味剂	0.033	
乙酰磺胺酸钾(又名安赛蜜)	甜味剂	0.3	仅限谷类甜品罐头
天门冬酰苯丙氨酸甲酯(又名阿斯巴甜)	甜味剂	1.0	添加阿斯巴甜的食品应标明："阿斯巴甜(含苯丙氨酸)"
叶黄素	着色剂	0.05	仅限谷类甜品罐头
β-胡萝卜素	着色剂	1.0	
柠檬黄及其铝色淀	着色剂	0.06	以柠檬黄计，如用于布丁粉，按冲调倍数增加使用量
日落黄及其铝色淀	着色剂	0.02	以日落黄计，如用于布丁粉，按冲调倍数增加使用量
依据表A.2可以适量使用的食品添加剂75种(项)，见本手册15页			

食品分类号 06.10　食品名称：粮食制品馅料

本类食品说明：由粮食制成的馅料。

允许使用的食品添加剂：

食品添加剂名称	功能	最大使用量/(g/kg)	备注
异麦芽酮糖	甜味剂	按生产需要适量使用	由关于抗坏血酸棕榈酸酯(酶法)等食品添加剂新品种的公告(2016年第9号)增补
麦芽糖醇和麦芽糖醇液	甜味剂、稳定剂、水分保持剂、乳化剂、膨松剂、增稠剂	按生产需要适量使用	
红花黄	着色剂	0.5	
红曲米，红曲红	着色剂	按生产需要适量使用	

续表

食品添加剂名称	功能	最大使用量/(g/kg)	备注
β-胡萝卜素	着色剂	1.0	
姜黄素	着色剂	按生产需要适量使用	
焦糖色(亚硫酸铵法)	着色剂	7.5	仅限风味派
辣椒红	着色剂	按生产需要适量使用	
栀子黄	着色剂	1.5	
栀子蓝	着色剂	0.5	
依据表 A.2 可以适量使用的食品添加剂 75 种(项),见本手册 15 页			

第七类 焙烤食品

食品分类号 07.0 食品名称: 焙烤食品

本类食品说明: 以粮、油、糖、蛋、乳等为主要原料,添加适量辅料,并经调制、发酵、成型、熟制等工序制成的食品。

允许使用的食品添加剂:

食品添加剂名称	功能	最大使用量/(g/kg)	备注
ε-聚赖氨酸	防腐剂	0.15	
竹叶抗氧化物	抗氧化剂	0.5	
茶黄素	抗氧化剂	0.2	由关于海藻酸钙等食品添加剂新品种的公告(2016年第8号)增补
酒石酸氢钾	膨松剂	按生产需要适量使用	
纤维素	抗结剂、稳定剂和凝固剂、增稠剂	按生产需要适量使用	由关于食品用香料新品种 9-癸烯-2-酮、茶多酚等7种食品添加剂扩大使用范围和食品营养强化剂钙扩大使用范围的公告(2016 年第 14 号)增补
硫酸铝钾(又名钾明矾),硫酸铝铵(又名铵明矾)	膨松剂、稳定剂	按生产需要适量使用	铝的残留量≤100mg/kg(干样品,以 Al 计)
琥珀酸单甘油酯	乳化剂	5.0	
蔗糖脂肪酸酯	乳化剂	3.0	
聚甘油脂肪酸酯	乳化剂、稳定剂、增稠剂、抗结剂	10.0	

续表

食品添加剂名称	功能	最大使用量/(g/kg)	备注
双乙酰酒石酸单双甘油酯	乳化剂、增稠剂	20.0	
磷酸,焦磷酸二氢二钠,焦磷酸钠,磷酸二氢钙,磷酸二氢钾,磷酸氢二铵,磷酸氢二钾,磷酸氢钙,磷酸三钙,磷酸三钾,磷酸三钠,六偏磷酸钠,三聚磷酸钠,磷酸二氢钠,磷酸氢二钠,焦磷酸四钾,焦磷酸一氢三钠,聚偏磷酸钾,酸式焦磷酸钙	水分保持剂、膨松剂、酸度调节剂、稳定剂、凝固剂、抗结剂	15.0	可单独或混合使用,最大使用量以磷酸根(PO_4^{3-})计
富马酸一钠	酸度调节剂	按生产需要适量使用	
N-[*N*-(3,3-二甲基丁基)]-L-*α*-天门冬氨-L-苯丙氨酸 1-甲酯(又名纽甜)	甜味剂	0.08	
三氯蔗糖(又名蔗糖素)	甜味剂	0.25	
索马甜	甜味剂	0.025	
乙酰磺胺酸钾(又名安赛蜜)	甜味剂	0.3	
刺云实胶	增稠剂	1.5	
决明胶	增稠剂	2.5	
聚葡萄糖	增稠剂、膨松剂、水分保持剂、稳定剂	按生产需要适量使用	
可溶性大豆多糖	增稠剂、乳化剂、被膜剂、抗结剂	10.0	
β-阿朴-8′-胡萝卜素醛	着色剂	0.015	以 *β*-阿朴-8′-胡萝卜素醛计
番茄红素	着色剂	0.05	以纯番茄红素计
β-胡萝卜素	着色剂	1.0	
姜黄	着色剂	按生产需要适量使用	
葡萄皮红	着色剂	2.0	
胭脂虫红	着色剂	0.6	以胭脂红酸计
胭脂树橙(又名红木素,降红木素)	着色剂	0.6	
叶黄素	着色剂	0.15	
叶绿素铜	着色剂	按生产需要适量使用	
叶绿素铜钠盐,叶绿素铜钾盐	着色剂	0.5	
栀子蓝	着色剂	1.0	
依据表 A.2 可以适量使用的食品添加剂 75 种(项),见本手册 15 页			

食品分类号 07.01　食品名称：面包

本类食品说明：以小麦粉为主要原料，以酵母为主要膨松剂，适量加入辅料，经发酵、烘烤而制成的松软多孔的焙烤制品。

允许使用的食品添加剂：

食品添加剂名称	功能	最大使用量/(g/kg)	备注
丙酸及其钠盐、钙盐	防腐剂	2.5	以丙酸计
脱氢乙酸及其钠盐(又名脱氢醋酸及其钠盐)	防腐剂	0.5	以脱氢乙酸计
山梨酸及其钾盐	防腐剂、抗氧化剂、稳定剂	1.0	以山梨酸计
抗坏血酸棕榈酸酯	抗氧化剂	0.2	
木糖醇酐单硬脂酸酯	乳化剂	3.0	
山梨醇酐单月桂酸酯(又名司盘20),山梨醇酐单棕榈酸酯(又名司盘40),山梨醇酐单硬脂酸酯(又名司盘60),山梨醇酐三硬脂酸酯(又名司盘65),山梨醇酐单油酸酯(又名司盘80)	乳化剂	3.0	
硬脂酰乳酸钠,硬脂酰乳酸钙	乳化剂、稳定剂	2.0	
聚氧乙烯(20)山梨醇酐单月桂酸酯(又名吐温20),聚氧乙烯(20)山梨醇酐单棕榈酸酯(又名吐温40),聚氧乙烯(20)山梨醇酐单硬脂酸酯(又名吐温60),聚氧乙烯(20)山梨醇酐单油酸酯(又名吐温80)	乳化剂、消泡剂、稳定剂	2.5	
富马酸	酸度调节剂	3.0	
环己基氨基磺酸钠(又名甜蜜素),环己基氨基磺酸钙	甜味剂	1.6	以环己基氨基磺酸计
天门冬酰苯丙氨酸甲酯(又名阿斯巴甜)	甜味剂	4.0	添加阿斯巴甜的食品应标明:"阿斯巴甜(含苯丙氨酸)"
异麦芽酮糖	甜味剂	按生产需要适量使用	
山梨糖醇和山梨糖醇液	甜味剂、膨松剂、乳化剂、水分保持剂、稳定剂、增稠剂	按生产需要适量使用	
麦芽糖醇和麦芽糖醇液	甜味剂、稳定剂、水分保持剂、乳化剂、膨松剂、增稠剂	按生产需要适量使用	
硫酸钙(又名石膏)	稳定剂和凝固剂、增稠剂、酸度调节剂	10.0	
羧甲基淀粉钠	增稠剂	0.02	

续表

食品添加剂名称	功能	最大使用量/(g/kg)	备注
田菁胶	增稠剂	2.0	
海藻酸钙(又名褐藻酸钙)	增稠剂、稳定和凝固剂	5.0	由关于海藻酸钙等食品添加剂新品种的公告(2016年第8号)增补
可可壳色	着色剂	0.5	
密蒙黄	着色剂	按生产需要适量使用	
上级07.0分类允许使用的食品添加剂31项			
依据表A.2可以适量使用的食品添加剂75种(项),见本手册15页			

食品分类号07.02　食品名称：糕点

本类食品说明：以粮、油、糖、蛋等为主料，添加适量辅料，并经调制、成型、熟制等工序制成的食品。

允许使用的食品添加剂：

食品添加剂名称	功能	最大使用量/(g/kg)	备注
丙酸及其钠盐、钙盐	防腐剂	2.5	以丙酸计
单辛酸甘油酯	防腐剂	1.0	
纳他霉素	防腐剂	0.3	表面使用,混悬液喷雾或浸泡,残留量＜10mg/kg
双乙酸钠(又名二醋酸钠)	防腐剂	4.0	
脱氢乙酸及其钠盐(又名脱氢醋酸及其钠盐)	防腐剂	0.5	以脱氢乙酸计
山梨酸及其钾盐	防腐剂、抗氧化剂、稳定剂	1.0	以山梨酸计
茶多酚(又名维多酚)	抗氧化剂	0.4	以油脂中儿茶素计
特丁基对苯二酚(TBHQ)	抗氧化剂	0.2	由关于海藻酸钙等食品添加剂新品种的公告(2016年第8号)增补
木糖醇酐单硬脂酸酯	乳化剂	3.0	
山梨醇酐单月桂酸酯(又名司盘20),山梨醇酐单棕榈酸酯(又名司盘40),山梨醇酐单硬脂酸酯(又名司盘60),山梨醇酐三硬脂酸酯(又名司盘65),山梨醇酐单油酸酯(又名司盘80)	乳化剂	3.0	
硬脂酸钾	乳化剂、抗结剂	0.18	
丙二醇脂肪酸酯	乳化剂、稳定剂	3.0	

续表

食品添加剂名称	功能	最大使用量/(g/kg)	备注
硬脂酰乳酸钠，硬脂酰乳酸钙	乳化剂、稳定剂	2.0	
聚氧乙烯(20)山梨醇酐单月桂酸酯(又名吐温20)，聚氧乙烯(20)山梨醇酐单棕榈酸酯(又名吐温40)，聚氧乙烯(20)山梨醇酐单硬脂酸酯(又名吐温60)，聚氧乙烯(20)山梨醇酐单油酸酯(又名吐温80)	乳化剂、消泡剂、稳定剂	2.0	
富马酸	酸度调节剂	3.0	
碳酸氢三钠(又名倍半碳酸钠)	酸度调节剂	按生产需要适量使用	
环己基氨基磺酸钠(又名甜蜜素)，环己基氨基磺酸钙	甜味剂	1.6	以环己基氨基磺酸计
天门冬酰苯丙氨酸甲酯(又名阿斯巴甜)	甜味剂	1.7	添加阿斯巴甜的食品应标明："阿斯巴甜(含苯丙氨酸)"
甜菊糖苷	甜味剂	0.33	以甜菊醇当量计
异麦芽酮糖	甜味剂	按生产需要适量使用	
山梨糖醇和山梨糖醇液	甜味剂、膨松剂、乳化剂、水分保持剂、稳定剂、增稠剂	按生产需要适量使用	
麦芽糖醇和麦芽糖醇液	甜味剂、稳定剂、水分保持剂、乳化剂、膨松剂、增稠剂	按生产需要适量使用	
丙二醇	稳定剂和凝固剂、抗结剂、消泡剂、乳化剂、水分保持剂、增稠剂	3.0	
硫酸钙(又名石膏)	稳定剂和凝固剂、增稠剂、酸度调节剂	10.0	
红曲黄色素	着色剂	按生产需要适量使用	
红曲米，红曲红	着色剂	0.9	
金樱子棕	着色剂	0.9	
可可壳色	着色剂	0.9	
辣椒橙	着色剂	0.9	
辣椒红	着色剂	0.9	
蓝锭果红	着色剂	2.0	
萝卜红	着色剂	按生产需要适量使用	
密蒙黄	着色剂	按生产需要适量使用	
酸枣色	着色剂	0.2	

续表

食品添加剂名称	功能	最大使用量/(g/kg)	备注
栀子黄	着色剂	0.9	
植物炭黑	着色剂	5.0	
紫草红	着色剂	0.9	
上级 07.0 分类允许使用的食品添加剂 31 项			
依据表 A.2 可以适量使用的食品添加剂 75 种(项),见本手册 15 页			

食品分类号 07.02.01　食品名称：中式糕点（月饼除外）

本类食品说明：具有中国传统风味和特色的糕点。分为热加工糕点和冷加工糕点，热加工糕点包括烘烤类糕点、水蒸类糕点、熟粉类糕点等。

允许使用的食品添加剂：

食品添加剂名称	功能	最大使用量/(g/kg)	备注
上级 07.02 分类允许使用的食品添加剂 37 项			
上级 07.0 分类允许使用的食品添加剂 31 项			
依据表 A.2 可以适量使用的食品添加剂 75 种(项),见本手册 15 页			

食品分类号 07.02.02　食品名称：西式糕点

本类食品说明：从外国传入我国的糕点的统称，具有西方民族风格和特色的糕点。如法式面包、蛋糕、俄式列巴等。通常以面粉、奶油、糖和（或）甜味剂、蛋为原料，以可可、果料、果酱为辅料，经挤糊、成型、烘烤，再挤花或美化后而制成。

允许使用的食品添加剂：

食品添加剂名称	功能	最大使用量/(g/kg)	备注
上级 07.02 分类允许使用的食品添加剂 37 项			
上级 07.0 分类允许使用的食品添加剂 31 项			
依据表 A.2 可以适量使用的食品添加剂 75 种(项),见本手册 15 页			

食品分类号 07.02.03　食品名称：月饼

本类食品说明：使用面粉等谷物粉，油、糖和（或）甜味剂或不加糖及甜味剂调制成饼皮，包裹各种馅料，经加工而成在中秋节食用为主的传统节日食品。

允许使用的食品添加剂：

食品添加剂名称	功能	最大使用量/(g/kg)	备注
特丁基对苯二酚(TBHQ)	抗氧化剂	0.2	以油脂中的含量计
上级 07.02 分类允许使用的食品添加剂 37 项			
上级 07.0 分类允许使用的食品添加剂 31 项			
依据表 A.2 可以适量使用的食品添加剂 75 种(项),见本手册 15 页			

食品分类号 07.02.04 食品名称：糕点上彩装

本类食品说明：中西式糕点表面涂布的可食用装饰。

允许使用的食品添加剂：

食品添加剂名称	功能	最大使用量/(g/kg)	备注
赤藓红及其铝色淀	着色剂	0.05	以赤藓红计
靛蓝及其铝色淀	着色剂	0.1	以靛蓝计
黑豆红	着色剂	0.8	
黑加仑红	着色剂	按生产需要适量使用	
红花黄	着色剂	0.2	
菊花黄浸膏	着色剂	0.3	
可可壳色	着色剂	3.0	
辣椒橙	着色剂	按生产需要适量使用	
辣椒红	着色剂	按生产需要适量使用	
蓝锭果红	着色剂	3.0	
落葵红	着色剂	0.2	
柠檬黄及其铝色淀	着色剂	0.1	以柠檬黄计
日落黄及其铝色淀	着色剂	0.1	以日落黄计
亮蓝及其铝色淀	着色剂	0.025	以亮蓝计。由关于海藻酸钙等食品添加剂新品种的公告（2016 年第 8 号）增补
沙棘黄	着色剂	1.5	
天然苋菜红	着色剂	0.25	
苋菜红及其铝色淀	着色剂	0.05	以苋菜红计
新红及其铝色淀	着色剂	0.05	以新红计
胭脂红及其铝色淀	着色剂	0.05	以胭脂红计
杨梅红	着色剂	0.2	
诱惑红及其铝色淀	着色剂	0.05	以诱惑红计
紫甘薯色素	着色剂	0.2	
上级 07.02 分类允许使用的食品添加剂 37 项			
上级 07.0 分类允许使用的食品添加剂 31 项			
依据表 A.2 可以适量使用的食品添加剂 75 种(项)，见本手册 15 页			

食品分类号 07.03 食品名称：饼干

本类食品说明：以小麦粉为主要原料，可添加糯米粉、淀粉等辅料，加入糖、油脂其他原料，经调粉（或调浆）、成型、烘烤（或煎烤）等工艺制成的口感酥松或松脆的食品。包括夹心及装饰类饼干、威化饼干、蛋卷和其他饼干。

允许使用的食品添加剂：

食品添加剂名称	功能	最大使用量/(g/kg)	备注
丁基羟基茴香醚(BHA)	抗氧化剂	0.2	以油脂中的含量计
二丁基羟基甲苯(BHT)	抗氧化剂	0.2	以油脂中的含量计
甘草抗氧化物	抗氧化剂	0.2	以甘草酸计
没食子酸丙酯(PG)	抗氧化剂	0.1	以油脂中的含量计
特丁基对苯二酚(TBHQ)	抗氧化剂	0.2	以油脂中的含量计
二氧化硫，焦亚硫酸钾，焦亚硫酸钠，亚硫酸钠，亚硫酸氢钠，低亚硫酸钠	漂白剂、防腐剂、抗氧化剂	0.1	最大使用量以二氧化硫残留量计
山梨醇酐单月桂酸酯(又名司盘20)，山梨醇酐单棕榈酸酯(又名司盘40)，山梨醇酐单硬脂酸酯(又名司盘60)，山梨醇酐三硬脂酸酯(又名司盘65)，山梨醇酐单油酸酯(又名司盘80)	乳化剂	3.0	
硬脂酰乳酸钠，硬脂酰乳酸钙	乳化剂、稳定剂	2.0	
富马酸	酸度调节剂	3.0	
氢氧化钾	酸度调节剂	按生产需要适量使用	
碳酸氢三钠(又名倍半碳酸钠)	酸度调节剂	按生产需要适量使用	
甘草酸铵，甘草酸一钾及三钾	甜味剂	按生产需要适量使用	
环己基氨基磺酸钠(又名甜蜜素)，环己基氨基磺酸钙	甜味剂	0.65	以环己基氨基磺酸计
天门冬酰苯丙氨酸甲酯(又名阿斯巴甜)	甜味剂	1.7	添加阿斯巴甜的食品应标明："阿斯巴甜(含苯丙氨酸)"
异麦芽酮糖	甜味剂	按生产需要适量使用	
山梨糖醇和山梨糖醇液	甜味剂、膨松剂、乳化剂、水分保持剂、稳定剂、增稠剂	按生产需要适量使用	
麦芽糖醇和麦芽糖醇液	甜味剂、稳定剂、水分保持剂、乳化剂、膨松剂、增稠剂	按生产需要适量使用	
碳酸铵	膨松剂	按生产需要适量使用	由关于食品添加剂新品种碳酸铵、6-甲基庚醛等9种食品用香料新品种和焦亚硫酸钠等2种食品添加剂扩大使用范围的公告(2017年第1号)增补

续表

食品添加剂名称	功能	最大使用量/(g/kg)	备注
硫酸钙(又名石膏)	稳定剂和凝固剂、增稠剂、酸度调节剂	10.0	
红曲米,红曲红	着色剂	按生产需要适量使用	
花生衣红	着色剂	0.4	
焦糖色(加氨生产)	着色剂	按生产需要适量使用	
焦糖色(普通法)	着色剂	按生产需要适量使用	
焦糖色(亚硫酸铵法)	着色剂	50.0	
可可壳色	着色剂	0.04	
辣椒橙	着色剂	按生产需要适量使用	
辣椒红	着色剂	按生产需要适量使用	
栀子黄	着色剂	1.5	
植物炭黑	着色剂	5.0	
紫草红	着色剂	0.1	
异构化乳糖液	其他	2.0	
上级 07.0 分类允许使用的食品添加剂 31 项			
依据表 A.2 可以适量使用的食品添加剂 75 种(项),见本手册 15 页			

食品分类号 07.03.01　食品名称：夹心及装饰类饼干

本类食品说明：夹心（或注心）饼干是指在饼干单片之间（或饼干空虚部分）添加糖和油脂或果酱、乳制品、巧克力酱、各种复合调味酱或果酱等制成的夹心料的饼干。

装饰饼干是指在饼干表面涂布巧克力酱、果酱等辅料制成的表面有涂层、线条或图案的饼干。

允许使用的食品添加剂：

食品添加剂名称	功能	最大使用量/(g/kg)	备注
上级 07.03 分类允许使用的食品添加剂 31 项			
上级 07.0 分类允许使用的食品添加剂 31 项			
依据表 A.2 可以适量使用的食品添加剂 75 种(项),见本手册 15 页			

食品分类号 07.03.02　食品名称：威化饼干

本类食品说明：以小麦粉、淀粉为主要原料，加入乳化剂、膨化剂等辅料，经调浆、浇注、烘烤制成多孔状片子，通常在片子之间添加糖、油脂等夹心料制成的两层或多层的饼干。

允许使用的食品添加剂：

食品添加剂名称	功能	最大使用量/(g/kg)	备注
紫胶(又名虫胶)	被膜剂	0.2	
上级 07.03 分类允许使用的食品添加剂 31 项			
上级 07.0 分类允许使用的食品添加剂 31 项			
依据表 A.2 可以适量使用的食品添加剂 75 种(项),见本手册 15 页			

食品分类号 07.03.03　食品名称：蛋卷

本类食品说明： 以小麦粉、糖、鸡蛋为主要原料，添加油脂、膨松剂、改良剂及其他辅料，经调浆（发酵或不发酵）、浇注或挂浆、煎烤或烘烤卷制而成的制品。

允许使用的食品添加剂：

食品添加剂名称	功能	最大使用量/(g/kg)	备注
柠檬黄及其铝色淀	着色剂	0.04	以柠檬黄计
胭脂红及其铝色淀	着色剂	0.01	以胭脂红计
上级 07.03 分类允许使用的食品添加剂 31 项			
上级 07.0 分类允许使用的食品添加剂 31 项			
依据表 A.2 可以适量使用的食品添加剂 75 种(项),见本手册 15 页			

食品分类号 07.03.04　食品名称：其他饼干

本类食品说明： 除 07.03.01—07.03.03 以外的饼干。

允许使用的食品添加剂：

食品添加剂名称	功能	最大使用量/(g/kg)	备注
上级 07.03 分类允许使用的食品添加剂 31 项			
上级 07.0 分类允许使用的食品添加剂 31 项			
依据表 A.2 可以适量使用的食品添加剂 75 种(项),见本手册 15 页			

食品分类号 07.04　食品名称：焙烤食品馅料及表面用挂浆

本类食品说明： 用于焙烤食品的馅料及表面挂浆。如月饼馅料。

允许使用的食品添加剂：

食品添加剂名称	功能	最大使用量/(g/kg)	备注
单辛酸甘油酯	防腐剂	1.0	仅限豆馅
对羟基苯甲酸酯类及其钠盐(对羟基苯甲酸甲酯钠,对羟基苯甲酸乙酯及其钠盐)	防腐剂	0.5	仅限糕点馅。以对羟基苯甲酸计
脱氢乙酸及其钠盐(又名脱氢醋酸及其钠盐)	防腐剂	0.5	以脱氢乙酸计

续表

食品添加剂名称	功能	最大使用量/(g/kg)	备注
山梨酸及其钾盐	防腐剂、抗氧化剂、稳定剂	1.0	以山梨酸计
茶多酚(又名维多酚)	抗氧化剂	0.4	仅限含油脂馅料。以油脂中儿茶素计
特丁基对苯二酚(TBHQ)	抗氧化剂	0.2	以油脂中的含量计
富马酸	酸度调节剂	2.0	
N-[*N*-(3,3-二甲基丁基)]-L-α-天门冬氨-L-苯丙氨酸1-甲酯(又名纽甜)	甜味剂	0.1	
天门冬酰苯丙氨酸甲酯(又名阿斯巴甜)	甜味剂	1.0	添加阿斯巴甜的食品应标明:"阿斯巴甜(含苯丙氨酸)"
异麦芽酮糖	甜味剂	按生产需要适量使用	由关于抗坏血酸棕榈酸酯(酶法)等食品添加剂新品种的公告(2016年第9号)增补
山梨糖醇和山梨糖醇液	甜味剂、膨松剂、乳化剂、水分保持剂、稳定剂、增稠剂	按生产需要适量使用	仅限焙烤食品馅料
麦芽糖醇和麦芽糖醇液	甜味剂、稳定剂、水分保持剂、乳化剂、膨松剂、增稠剂	按生产需要适量使用	
靛蓝及其铝色淀	着色剂	0.1	仅限饼干夹心。以靛蓝计
亮蓝及其铝色淀	着色剂	0.025	仅限饼干夹心。以亮蓝计
柠檬黄及其铝色淀	着色剂	0.05	仅限饼干夹心和蛋糕夹心。以柠檬黄计
胭脂红及其铝色淀	着色剂	0.05	仅限饼干夹心和蛋糕夹心。以胭脂红计
日落黄及其铝色淀	着色剂	0.1	仅限饼干夹心。以日落黄计
酸性红(又名偶氮玉红)	着色剂	0.05	仅限饼干夹心
苋菜红及其铝色淀	着色剂	0.05	仅限饼干夹心。以苋菜红计
诱惑红及其铝色淀	着色剂	0.1	仅限饼干夹心。以诱惑红计
焦糖色(普通法)	着色剂	按生产需要适量使用	仅限风味派馅料
亮蓝及其铝色淀	着色剂	0.05	仅限风味派馅料。仅限使用亮蓝

续表

食品添加剂名称	功能	最大使用量/(g/kg)	备注
柠檬黄及其铝色淀	着色剂	0.05	仅限风味派馅料。仅限使用柠檬黄
紫胶红(又名虫胶红)	着色剂	0.5	仅限风味派馅料
柠檬黄及其铝色淀	着色剂	0.3	仅限布丁、糕点。以柠檬黄计
日落黄及其铝色淀	着色剂	0.3	仅限布丁、糕点。以日落黄计
金樱子棕	着色剂	1.0	
可可壳色	着色剂	1.0	
辣椒橙	着色剂	1.0	
辣椒红	着色剂	1.0	
红曲米,红曲红	着色剂	1.0	
β-胡萝卜素	着色剂	0.1	
栀子黄	着色剂	1.0	
紫草红	着色剂	1.0	
上级 07.0 分类允许使用的食品添加剂 31 项			
依据表 A.2 可以适量使用的食品添加剂 75 种(项),见本手册 15 页			

食品分类号 07.05　食品名称：其他焙烤食品

本类食品说明：以上分类（07.01—07.04）未包括的焙烤食品。

允许使用的食品添加剂：

食品添加剂名称	功能	最大使用量/(g/kg)	备注
富马酸	酸度调节剂	2.0	
天门冬酰苯丙氨酸甲酯(又名阿斯巴甜)	甜味剂	1.7	添加阿斯巴甜的食品应标明:“阿斯巴甜(含苯丙氨酸)”
上级 07.0 分类允许使用的食品添加剂 31 项			
依据表 A.2 可以适量使用的食品添加剂 75 种(项),见本手册 15 页			

第八类　肉及肉制品

食品分类号 08.0　食品名称：肉及肉制品

本类食品说明：包括生、鲜肉，预制肉制品，熟肉制品，肉制品的可食用动物肠衣类和其他熟肉制品。

允许使用的食品添加剂：

食品添加剂名称	功能	最大使用量/(g/kg)	备注
富马酸一钠	酸度调节剂	按生产需要适量使用	08.01 生、鲜肉类除外
ε-聚赖氨酸盐酸盐	防腐剂	0.30	08.01 生、鲜肉类除外
蔗糖脂肪酸酯	乳化剂	1.5	08.01 生、鲜肉类除外
依据表 A.2 可以适量使用的食品添加剂 75 种(项)，见本手册 15 页			

食品分类号 08.01　食品名称：生、鲜肉（属表 A.3 所例外的食品类别）

本类食品说明：包括生鲜肉、冷却肉和冻肉。

允许使用的食品添加剂：不允许使用食品添加剂

食品分类号 08.01.01　食品名称：生鲜肉（附属表 A.3 所例外的食品类别）

本类食品说明：活畜、禽屠宰加工后，不经冻结处理，不经冷却工艺过程的新鲜产品。

允许使用的食品添加剂：不允许使用食品添加剂

食品分类号 08.01.02　食品名称：冷却肉（包括排酸肉、冰鲜肉、冷鲜肉等）（附属表 A.3 所例外的食品类别）

本类食品说明：活畜、禽屠宰加工后，胴体经冷却工艺处理，肌肉深层中心温度保持在 0～4℃的制品。

允许使用的食品添加剂：不允许使用食品添加剂

食品分类号 08.01.03　食品名称：冻肉（附属表 A.3 所例外的食品类别）

本类食品说明：活畜、禽屠宰加工后，经冻结处理，其肌肉中心温度在－15℃以下的制品。

允许使用的食品添加剂：不允许使用食品添加剂

食品分类号 08.02　食品名称：预制肉制品

本类食品说明：包括调理肉制品、腌腊肉制品类。

允许使用的食品添加剂：

食品添加剂名称	功能	最大使用量/(g/kg)	备注
乳酸链球菌素	防腐剂	0.5	
双乙酸钠(又名二醋酸钠)	防腐剂	3.0	
脱氢乙酸及其钠盐(又名脱氢醋酸及其钠盐)	防腐剂	0.5	以脱氢乙酸计
迷迭香提取物	抗氧化剂	0.3	
迷迭香提取物(超临界二氧化碳萃取法)	抗氧化剂	0.3	

续表

食品添加剂名称	功能	最大使用量/(g/kg)	备注
茶黄素	抗氧化剂	0.3	由关于海藻酸钙等食品添加剂新品种的公告(2016年第8号)增补
双乙酰酒石酸单双甘油酯	乳化剂、增稠剂	10.0	
磷酸,焦磷酸二氢二钠,焦磷酸钠,磷酸二氢钙,磷酸二氢钾,磷酸氢二铵,磷酸氢二钾,磷酸氢钙,磷酸三钙,磷酸三钾,磷酸三钠,六偏磷酸钠,三聚磷酸钠,磷酸二氢钠,磷酸氢二钠,焦磷酸四钾,焦磷酸一氢三钠,聚偏磷酸钾,酸式焦磷酸钙	水分保持剂、膨松剂、酸度调节剂、稳定剂、凝固剂、抗结剂	5.0	可单独或混合使用,最大使用量以磷酸根(PO_4^{3-})计
刺云实胶	增稠剂	10.0	
β-环状糊精	增稠剂	1.0	
沙蒿胶	增稠剂	0.5	
氨基乙酸(又名甘氨酸)	增味剂	3.0	
上级 08.0 分类允许使用的食品添加剂 3 项			
依据表 A.2 可以适量使用的食品添加剂 75 种(项),见本手册 15 页			

食品分类号 08.02.01 食品名称：调理肉制品（生肉添加调理料）

本类食品说明： 以鲜（冻）畜禽肉为主要原料，可添加蔬菜或辅料，经预处理（切制或绞制）、混合搅拌（或不混合）等工艺加工而成的一种半成品。

允许使用的食品添加剂：

食品添加剂名称	功能	最大使用量/(g/kg)	备注
焦糖色(普通法)	着色剂	按生产需要适量使用	
辣椒红	着色剂	0.1	
上级 08.02 分类允许使用的食品添加剂 12 项			
上级 08.0 分类允许使用的食品添加剂 3 项			
依据表 A.2 可以适量使用的食品添加剂 75 种(项),见本手册 15 页			

食品分类号 08.02.02 食品名称：腌腊肉制品类（如咸肉、腊肉、板鸭、中式火腿、腊肠）

本类食品说明： 以鲜（冻）畜、禽肉为主要原料，配以各种调味料，经过腌制、晾晒或烘焙等方法制成的一种半成品。如咸肉、腊肉、腊肠（风干肠）等。

允许使用的食品添加剂：

食品添加剂名称	功能	最大使用量/(g/kg)	备注
硝酸钠，硝酸钾	护色剂、防腐剂	0.5	以亚硝酸钠（钾）计，残留量≤30mg/kg
亚硝酸钠，亚硝酸钾	护色剂、防腐剂	0.15	以亚硝酸钠计，残留量≤30mg/kg
茶多酚（又名维多酚）	抗氧化剂	0.4	以油脂中儿茶素计
丁基羟基茴香醚（BHA）	抗氧化剂	0.2	以油脂中的含量计
二丁基羟基甲苯（BHT）	抗氧化剂	0.2	以油脂中的含量计
甘草抗氧化物	抗氧化剂	0.2	以甘草酸计
没食子酸丙酯（PG）	抗氧化剂	0.1	以油脂中的含量计
特丁基对苯二酚（TBHQ）	抗氧化剂	0.2	以油脂中的含量计
植酸（又名肌醇六磷酸），植酸钠	抗氧化剂	0.2	
竹叶抗氧化物	抗氧化剂	0.5	
硫酸钙（又名石膏）	稳定剂和凝固剂、增稠剂、酸度调节剂	5.0	仅限腊肠
红花黄	着色剂	0.5	
红曲米，红曲红	着色剂	按生产需要适量使用	
辣椒红	着色剂	按生产需要适量使用	
上级 08.02 分类允许使用的食品添加剂 12 项			
上级 08.0 分类允许使用的食品添加剂 3 项			
依据表 A.2 可以适量使用的食品添加剂 75 种（项），见本手册 15 页			

食品分类号 08.03　食品名称：熟肉制品

本类食品说明：以鲜（冻）畜禽肉（包括内脏）为主要原料，加入盐、酱油等调味品，经熟制工艺制成的肉制品。

允许使用的食品添加剂：

食品添加剂名称	功能	最大使用量/(g/kg)	备注
ε-聚赖氨酸	防腐剂	0.25	
乳酸链球菌素	防腐剂	0.5	
双乙酸钠（又名二醋酸钠）	防腐剂	3.0	
脱氢乙酸及其钠盐（又名脱氢醋酸及其钠盐）	防腐剂	0.5	以脱氢乙酸计
山梨酸及其钾盐	防腐剂、抗氧化剂、稳定剂	0.075	以山梨酸计
茶黄素	抗氧化剂	0.3	由关于海藻酸钙等食品添加剂新品种的公告（2016 年第 8 号）增补

续表

食品添加剂名称	功能	最大使用量/(g/kg)	备注
双乙酰酒石酸单双甘油酯	乳化剂、增稠剂	10.0	
磷酸,焦磷酸二氢二钠,焦磷酸钠,磷酸二氢钙,磷酸二氢钾,磷酸氢二铵,磷酸氢二钾,磷酸氢钙,磷酸三钙,磷酸三钾,磷酸三钠,六偏磷酸钠,三聚磷酸钠,磷酸二氢钠,磷酸氢二钠,焦磷酸四钾,焦磷酸一氢三钠,聚偏磷酸钾,酸式焦磷酸钙	水分保持剂、膨松剂、酸度调节剂、稳定剂、凝固剂、抗结剂	5.0	可单独或混合使用,最大使用量以磷酸根(PO_4^{3-})计
可得然胶	稳定剂和凝固剂、增稠剂	按生产需要适量使用	
刺云实胶	增稠剂	10.0	
β-环状糊精	增稠剂	1.0	
亚麻籽胶(又名富兰克胶)	增稠剂	5.0	
氨基乙酸(又名甘氨酸)	增味剂	3.0	
红曲黄色素	着色剂	按生产需要适量使用	
红曲米,红曲红	着色剂	按生产需要适量使用	
β-胡萝卜素	着色剂	0.02	
辣椒橙	着色剂	按生产需要适量使用	
辣椒红	着色剂	按生产需要适量使用	
胭脂虫红	着色剂	0.5	以胭脂红酸计
栀子黄	着色剂	1.5	仅限禽肉熟制品
上级 08.0 分类允许使用的食品添加剂 3 项			
依据表 A.2 可以适量使用的食品添加剂 75 种(项),见本手册 15 页			

食品分类号 08.03.01　食品名称:酱卤肉制品类

本类食品说明:包括白煮肉类、酱卤肉类、糟肉类。

允许使用的食品添加剂:

食品添加剂名称	功能	最大使用量/(g/kg)	备注
茶多酚(又名维多酚)	抗氧化剂	0.3	以油脂中儿茶素计
甘草抗氧化物	抗氧化剂	0.2	以甘草酸计
迷迭香提取物	抗氧化剂	0.3	
迷迭香提取物(超临界二氧化碳萃取法)	抗氧化剂	0.3	
纳他霉素	防腐剂	0.3	表面使用,混悬液喷雾或浸泡,残留量<10mg/kg

续表

食品添加剂名称	功能	最大使用量/(g/kg)	备注
硝酸钠,硝酸钾	护色剂、防腐剂	0.5	以亚硝酸钠(钾)计,残留量≤30mg/kg
亚硝酸钠,亚硝酸钾	护色剂、防腐剂	0.15	以亚硝酸钠计,残留量≤30mg/kg
植酸(又名肌醇六磷酸),植酸钠	抗氧化剂	0.2	
竹叶抗氧化物	抗氧化剂	0.5	
上级 08.03 分类允许使用的食品添加剂 20 项			
上级 08.0 分类允许使用的食品添加剂 3 项			
依据表 A.2 可以适量使用的食品添加剂 75 种(项),见本手册 15 页			

食品分类号 08.03.01.01 食品名称：白煮肉类

本类食品说明：以鲜（冻）畜禽肉为主要原料加水煮熟的肉制品。

允许使用的食品添加剂：

食品添加剂名称	功能	最大使用量/(g/kg)	备注
上级 08.03.01 分类允许使用的食品添加剂 9 项			
上级 08.03 分类允许使用的食品添加剂 20 项			
上级 08.0 分类允许使用的食品添加剂 3 项			
依据表 A.2 可以适量使用的食品添加剂 75 种(项),见本手册 15 页			

食品分类号 08.03.01.02 食品名称：酱卤肉类

本类食品说明：酱卤肉制品是指以鲜（冻）畜禽肉和可食副产品，加食盐、酱油（或不加）、香辛料等调味料，经预煮、浸泡、烧煮、酱制（卤制）等工艺加工而成的酱肉系列熟肉制品。

允许使用的食品添加剂：

食品添加剂名称	功能	最大使用量/(g/kg)	备注
上级 08.03.01 分类允许使用的食品添加剂 9 项			
上级 08.03 分类允许使用的食品添加剂 20 项			
上级 08.0 分类允许使用的食品添加剂 3 项			
依据表 A.2 可以适量使用的食品添加剂 75 种(项),见本手册 15 页			

食品分类号 08.03.01.03 食品名称：糟肉类

本类食品说明：用酒糟（或陈年香糟）代替酱汁或卤汁制成的肉制品。

允许使用的食品添加剂：

食品添加剂名称	功能	最大使用量/(g/kg)	备注
上级 08.03.01 分类允许使用的食品添加剂 9 项			
上级 08.03. 分类允许使用的食品添加剂 20 项			
上级 08.0 分类允许使用的食品添加剂 3 项			
依据表 A.2 可以适量使用的食品添加剂 75 种(项)，见本手册 15 页			

食品分类号 08.03.02　食品名称：熏、烧、烤肉类

本类食品说明：以熏、烧、烤为主要加工方法生产的熟肉制品。

允许使用的食品添加剂：

食品添加剂名称	功能	最大使用量/(g/kg)	备注
纳他霉素	防腐剂	0.3	表面使用，混悬液喷雾或浸泡，残留量<10mg/kg
硝酸钠，硝酸钾	护色剂、防腐剂	0.5	以亚硝酸钠（钾）计，残留量≤30mg/kg
亚硝酸钠，亚硝酸钾	护色剂、防腐剂	0.15	以亚硝酸钠计，残留量≤30mg/kg
茶多酚（又名维多酚）	抗氧化剂	0.3	以油脂中儿茶素计
甘草抗氧化物	抗氧化剂	0.2	以甘草酸计
迷迭香提取物	抗氧化剂	0.3	
迷迭香提取物（超临界二氧化碳萃取法）	抗氧化剂	0.3	
植酸（又名肌醇六磷酸），植酸钠	抗氧化剂	0.2	
竹叶抗氧化物	抗氧化剂	0.5	
上级 08.03 分类允许使用的食品添加剂 20 项			
上级 08.0 分类允许使用的食品添加剂 3 项			
依据表 A.2 可以适量使用的食品添加剂 75 种(项)，见本手册 15 页			

食品分类号 08.03.03　食品名称：油炸肉类

本类食品说明：以鲜（冻）畜禽肉为主要原料，添加一些辅料及调味料拌匀后经油炸工艺制成的熟肉制品。

允许使用的食品添加剂：

食品添加剂名称	功能	最大使用量/(g/kg)	备注
纳他霉素	防腐剂	0.3	表面使用，混悬液喷雾或浸泡，残留量<10mg/kg

续表

食品添加剂名称	功能	最大使用量/(g/kg)	备注
硝酸钠,硝酸钾	护色剂、防腐剂	0.5	以亚硝酸钠(钾)计,残留量≤30mg/kg
亚硝酸钠,亚硝酸钾	护色剂、防腐剂	0.15	以亚硝酸钠计,残留量≤30mg/kg
茶多酚(又名维多酚)	抗氧化剂	0.3	以油脂中儿茶素计
甘草抗氧化物	抗氧化剂	0.2	以甘草酸计
迷迭香提取物	抗氧化剂	0.3	
迷迭香提取物(超临界二氧化碳萃取法)	抗氧化剂	0.3	
植酸(又名肌醇六磷酸),植酸钠	抗氧化剂	0.2	
竹叶抗氧化物	抗氧化剂	0.5	
上级 08.03 分类允许使用的食品添加剂 20 项			
上级 08.0 分类允许使用的食品添加剂 3 项			
依据表 A.2 可以适量使用的食品添加剂 75 种(项),见本手册 15 页			

食品分类号 08.03.04　食品名称：西式火腿（熏烤、烟熏、蒸煮火腿）类

本类食品说明：以鲜（冻）畜禽肉为主要原料，经腌制、蒸煮等工艺制成的定型包装的火腿类熟肉制品。包括熏烤、蒸煮及烟熏火腿等。

允许使用的食品添加剂：

食品添加剂名称	功能	最大使用量/(g/kg)	备注
纳他霉素	防腐剂	0.3	表面使用,混悬液喷雾或浸泡,残留量<10mg/kg
硝酸钠,硝酸钾	护色剂、防腐剂	0.5	以亚硝酸钠(钾)计,残留量≤30mg/kg
亚硝酸钠,亚硝酸钾	护色剂、防腐剂	0.15	以亚硝酸钠计,残留量≤70mg/kg
茶多酚(又名维多酚)	抗氧化剂	0.3	以油脂中儿茶素计
甘草抗氧化物	抗氧化剂	0.2	以甘草酸计
迷迭香提取物	抗氧化剂	0.3	
迷迭香提取物(超临界二氧化碳萃取法)	抗氧化剂	0.3	
植酸(又名肌醇六磷酸),植酸钠	抗氧化剂	0.2	
竹叶抗氧化物	抗氧化剂	0.5	
纤维素	抗结剂、稳定剂和凝固剂、增稠剂	按生产需要适量使用	由关于食品用香料新品种9-癸烯-2-酮、茶多酚等7种食品添加剂扩大使用范围和食品营养强化剂钙扩大使用范围的公告(2016年第14号)增补

续表

食品添加剂名称	功能	最大使用量/(g/kg)	备注
沙蒿胶	增稠剂	0.5	
脱乙酰甲壳素(又名壳聚糖)	增稠剂、被膜剂	6.0	
胭脂树橙(又名红木素,降红木素)	着色剂	0.025	
诱惑红及其铝色淀	着色剂	0.025	以诱惑红计
上级 08.03 分类允许使用的食品添加剂 20 项			
上级 08.0 分类允许使用的食品添加剂 3 项			
依据表 A.2 可以适量使用的食品添加剂 75 种(项),见本手册 15 页			

食品分类号 08.03.05　食品名称:肉灌肠类

本类食品说明: 以鲜(冻)畜、禽肉为主要原料,经加工、腌制、切碎、加入辅料成型或灌入肠衣内后煮熟而成的肉制品。

允许使用的食品添加剂:

食品添加剂名称	功能	最大使用量/(g/kg)	备注
单辛酸甘油酯	防腐剂	0.5	
纳他霉素	防腐剂	0.3	表面使用,混悬液喷雾或浸泡,残留量<10mg/kg
山梨酸及其钾盐	防腐剂、抗氧化剂、稳定剂	1.5	以山梨酸计
硝酸钠,硝酸钾	护色剂、防腐剂	0.5	以亚硝酸钠(钾)计,残留量≤30mg/kg
亚硝酸钠,亚硝酸钾	护色剂、防腐剂	0.15	以亚硝酸钠计,残留量≤30mg/kg
茶多酚(又名维多酚)	抗氧化剂	0.3	以油脂中儿茶素计
甘草抗氧化物	抗氧化剂	0.2	以甘草酸计
迷迭香提取物	抗氧化剂	0.3	
迷迭香提取物(超临界二氧化碳萃取法)	抗氧化剂	0.3	
植酸(又名肌醇六磷酸),植酸钠	抗氧化剂	0.2	
竹叶抗氧化物	抗氧化剂	0.5	
纤维素	抗结剂、稳定剂和凝固剂、增稠剂	按生产需要适量使用	由关于食品用香料新品种 9-癸烯-2-酮、茶多酚等 7 种食品添加剂扩大使用范围和食品营养强化剂钙扩大使用范围的公告(2016 年第 14 号)增补

续表

食品添加剂名称	功能	最大使用量/(g/kg)	备注
硬脂酰乳酸钠,硬脂酰乳酸钙	乳化剂、稳定剂	2.0	
硫酸钙(又名石膏)	稳定剂和凝固剂、增稠剂、酸度调节剂	3.0	
决明胶	增稠剂	1.5	
沙蒿胶	增稠剂	0.5	
脱乙酰甲壳素(又名壳聚糖)	增稠剂、被膜剂	6.0	
聚葡萄糖	增稠剂、膨松剂、水分保持剂、稳定剂	按生产需要适量使用	
赤藓红及其铝色淀	着色剂	0.015	以赤藓红计
花生衣红	着色剂	0.4	
胭脂树橙(又名红木素,降红木素)	着色剂	0.025	
诱惑红及其铝色淀	着色剂	0.015	以诱惑红计
上级 08.03 分类允许使用的食品添加剂 20 项			
上级 08.0 分类允许使用的食品添加剂 3 项			
依据表 A.2 可以适量使用的食品添加剂 75 种(项),见本手册 15 页			

食品分类号 08.03.06 食品名称:发酵肉制品类

本类食品说明: 发酵肉制品是指以鲜(冻)畜禽肉为主要原料,加入辅料,在自然或人工条件下经特定微生物发酵或酶的作用,加工制成的一类可即食的肉制品。包括发酵灌肠制品和发酵火腿制品。

允许使用的食品添加剂:

食品添加剂名称	功能	最大使用量/(g/kg)	备注
纳他霉素	防腐剂	0.3	表面使用,混悬液喷雾或浸泡,残留量<10mg/kg
硝酸钠,硝酸钾	护色剂、防腐剂	0.5	以亚硝酸钠(钾)计,残留量≤30mg/kg
亚硝酸钠,亚硝酸钾	护色剂、防腐剂	0.15	以亚硝酸钠计,残留量≤30mg/kg
茶多酚(又名维多酚)	抗氧化剂	0.3	以油脂中儿茶素计
甘草抗氧化物	抗氧化剂	0.2	以甘草酸计
迷迭香提取物	抗氧化剂	0.3	
迷迭香提取物(超临界二氧化碳萃取法)	抗氧化剂	0.3	
植酸(又名肌醇六磷酸),植酸钠	抗氧化剂	0.2	
竹叶抗氧化物	抗氧化剂	0.5	
上级 08.03 分类允许使用的食品添加剂 20 项			
上级 08.0 分类允许使用的食品添加剂 3 项			
依据表 A.2 可以适量使用的食品添加剂 75 种(项),见本手册 15 页			

食品分类号 08.03.07　食品名称：熟肉干制品

本类食品说明：以鲜（冻）畜、禽肉为主要原料，加工制成的熟肉干制品。

允许使用的食品添加剂：

食品添加剂名称	功能	最大使用量/(g/kg)	备注
上级 08.03 分类允许使用的食品添加剂 20 项			
上级 08.0 分类允许使用的食品添加剂 3 项			
依据表 A.2 可以适量使用的食品添加剂 75 种(项)，见本手册 15 页			

食品分类号 08.03.07.01　食品名称：肉松类

本类食品说明：肉松是以畜禽瘦肉为主要原料，经修整、切块、煮制、配料、收汤、炒松搓松工艺制成的肌肉纤维蓬松成絮状的熟肉制品。

允许使用的食品添加剂：

食品添加剂名称	功能	最大使用量/(g/kg)	备注
上级 08.03 分类允许使用的食品添加剂 20 项			
上级 08.0 分类允许使用的食品添加剂 3 项			
依据表 A.2 可以适量使用的食品添加剂 75 种(项)，见本手册 15 页			

食品分类号 08.03.07.02　食品名称：肉干类

本类食品说明：如肉干和肉糜干。肉干是以畜禽瘦肉为原料，经修割、预煮、切丁（或片、条）、调味、复煮、收汤、干燥制成的熟肉制品。肉糜干是以畜禽瘦肉为主要原料，经修割、预煮、切丁（或片、条）、调味、复煮、收汤、干燥、斩碎、拌料、成型、烘干制成的熟肉制品。

允许使用的食品添加剂：

食品添加剂名称	功能	最大使用量/(g/kg)	备注
上级 08.03 分类允许使用的食品添加剂 20 项			
上级 08.0 分类允许使用的食品添加剂 3 项			
依据表 A.2 可以适量使用的食品添加剂 75 种(项)，见本手册 15 页			

食品分类号 08.03.07.03　食品名称：肉脯类

本类食品说明：以鲜（冻）畜、禽肉为主要原料，经切片、调味、腌渍、摊筛、烘干、烤制等工艺制成薄片型的熟肉制品。

允许使用的食品添加剂：

食品添加剂名称	功能	最大使用量/(g/kg)	备注
上级 08.03 分类允许使用的食品添加剂 20 项			
上级 08.0 分类允许使用的食品添加剂 3 项			
依据表 A.2 可以适量使用的食品添加剂 75 种(项)，见本手册 15 页			

食品分类号 08.03.08　食品名称：肉罐头类

本类食品说明：以鲜（冻）畜禽肉为主要原料，可加入其他原料、辅料，经装罐、密封、杀菌、冷却等工序制成的具有一定真空度、符合商业无菌要求的肉类罐装食品，一般可在常温条件下贮存。

允许使用的食品添加剂：

食品添加剂名称	功能	最大使用量/(g/kg)	备注
赤藓红及其铝色淀	着色剂	0.015	以赤藓红计
甘草酸铵，甘草酸一钾及三钾	甜味剂	按生产需要适量使用	
亚硝酸钠，亚硝酸钾	护色剂、防腐剂	0.15	以亚硝酸钠计，残留量≤50mg/kg
上级 08.03 分类允许使用的食品添加剂 20 项			
上级 08.0 分类允许使用的食品添加剂 3 项			
依据表 A.2 可以适量使用的食品添加剂 75 种(项)，见本手册 15 页			

食品分类号 08.03.09　食品名称：其他熟肉制品

本类食品说明：以上分类（08.03.01—08.03.08）未包括的肉及肉制品。

允许使用的食品添加剂：

食品添加剂名称	功能	最大使用量/(g/kg)	备注
上级 08.03 分类允许使用的食品添加剂 20 项			
上级 08.0 分类允许使用的食品添加剂 3 项			
依据表 A.2 可以适量使用的食品添加剂 75 种(项)，见本手册 15 页			

食品分类号 08.04　食品名称：肉制品的可食用动物肠衣类

本类食品说明：由猪、牛、羊等的肠以及膀胱除去黏膜后腌制或干制而成的肠衣，是灌制香肠的衣膜。

允许使用的食品添加剂：

食品添加剂名称	功能	最大使用量/(g/kg)	备注
β-胡萝卜素	着色剂	5.0	
胭脂红及其铝色淀	着色剂	0.025	以胭脂红计
诱惑红及其铝色淀	着色剂	0.05	以诱惑红计
上级 08.0 分类允许使用的食品添加剂 3 项			
依据表 A.2 可以适量使用的食品添加剂 75 种(项)，见本手册 15 页			

第九类 水产及其制品（包括鱼类、甲壳类、贝类、软体类、棘皮类等水产及其加工制品等）

食品分类号 09.0　食品名称： 水产及其制品（包括鱼类、甲壳类、贝类、软体类、棘皮类等水产及其加工制品等）

本类食品说明： 包括鲜水产、冷冻水产品及其制品、预制水产品（半成品）、熟制水产品（可直接食用）、水产品罐头和其他水产品及其制品。水产品：淡水或海水中的鱼类、甲壳类、软体动物类、藻类和其他的水生生物。

水产品加工品：以水产品为主要原料加工制成的食品或其他产品。

允许使用的食品添加剂：

食品添加剂名称	功能	最大使用量/(g/kg)	备注
富马酸一钠	酸度调节剂	按生产需要适量使用	09.01 鲜水产除外
双乙酰酒石酸单双甘油酯	乳化剂、增稠剂	10.0	09.01 鲜水产除外
稳定态二氧化氯	防腐剂	0.05	仅限鱼类加工
竹叶抗氧化物	抗氧化剂	0.5	
茶黄素	抗氧化剂	0.3	由关于海藻酸钙等食品添加剂新品种的公告(2016年第8号)增补
依据表 A.2 可以适量使用的食品添加剂 75 种(项)，见本手册 15 页			

食品分类号 09.01　食品名称： 鲜水产（属表 A.3 所例外的食品类别）

本类食品说明： 除冷藏、用冰块保存以外，不进行任何其他处理的水产品。

允许使用的食品添加剂：

食品添加剂名称	功能	最大使用量/(g/kg)	备注
4-己基间苯二酚	抗氧化剂	按生产需要适量使用	仅限虾类。残留量≤1mg/kg
植酸(又名肌醇六磷酸)，植酸钠	抗氧化剂	按生产需要适量使用	仅限虾类。残留量≤20mg/kg
焦亚硫酸钠	防腐剂、抗氧化剂	0.1	仅限于海水虾蟹类及其制品，以二氧化硫残留量计。由关于抗坏血酸棕榈酸酯(酶法)等食品添加剂新品种的公告(2016年第9号)增补

食品分类号 09.02　食品名称：冷冻水产品及其制品

本类食品说明：包括冷冻制品、冷冻挂浆制品、冷冻鱼糜制品（包括鱼丸等）。

允许使用的食品添加剂：

食品添加剂名称	功能	最大使用量/(g/kg)	备注
焦亚硫酸钠	防腐剂、抗氧化剂	0.1	仅限于海水虾蟹类及其制品，以二氧化硫残留量计。由关于抗坏血酸棕榈酸酯(酶法)等食品添加剂新品种的公告(2016年第9号)增补
上级 09.0 分类允许使用的食品添加剂 5 项			
依据表 A.2 可以适量使用的食品添加剂 75 种(项)，见本手册 15 页			

食品分类号 09.02.01　食品名称：冷冻水产品

本类食品说明：经冷冻加工的水产品。

允许使用的食品添加剂：

食品添加剂名称	功能	最大使用量/(g/kg)	备注
磷酸，焦磷酸二氢二钠，焦磷酸钠，磷酸二氢钙，磷酸二氢钾，磷酸氢二铵，磷酸氢二钾，磷酸氢钙，磷酸三钙，磷酸三钾，磷酸三钠，六偏磷酸钠，三聚磷酸钠，磷酸二氢钠，磷酸氢二钠，焦磷酸四钾，焦磷酸一氢三钠，聚偏磷酸钾，酸式焦磷酸钙	水分保持剂、膨松剂、酸度调节剂、稳定剂、凝固剂、抗结剂	5.0	可单独或混合使用，最大使用量以磷酸根(PO_4^{3-})计
上级 09.02 分类允许使用的食品添加剂 1 项			
上级 09.0 分类允许使用的食品添加剂 5 项			
依据表 A.2 可以适量使用的食品添加剂 75 种(项)，见本手册 15 页			

食品分类号 09.02.02　食品名称：冷冻挂浆制品

本类食品说明：经预处理的水产品，在表面附上淀粉或裹粉等辅料，再冷冻保藏的生制品。

允许使用的食品添加剂：

食品添加剂名称	功能	最大使用量/(g/kg)	备注
天门冬酰苯丙氨酸甲酯(又名阿斯巴甜)	甜味剂	0.3	添加阿斯巴甜的食品应标明："阿斯巴甜(含苯丙氨酸)"
上级 09.02 分类允许使用的食品添加剂 1 项			
上级 09.0 分类允许使用的食品添加剂 5 项			
依据表 A.2 可以适量使用的食品添加剂 75 种(项)，见本手册 15 页			

食品分类号 09.02.03　食品名称：冷冻鱼糜制品（包括鱼丸等）

本类食品说明：以鲜鱼肉斩碎，添加调味料和辅料后拌匀，成型后经油炸或水煮的半成品，包装冷冻保藏。

允许使用的食品添加剂：

食品添加剂名称	功能	最大使用量/(g/kg)	备注
磷酸，焦磷酸二氢二钠，焦磷酸钠，磷酸二氢钙，磷酸二氢钾，磷酸氢二铵，磷酸氢二钾，磷酸氢钙，磷酸三钙，磷酸三钾，磷酸三钠，六偏磷酸钠，三聚磷酸钠，磷酸二氢钠，磷酸氢二钠，焦磷酸四钾，焦磷酸一氢三钠，聚偏磷酸钾，酸式焦磷酸钙	水分保持剂、膨松剂、酸度调节剂、稳定剂、凝固剂、抗结剂	5.0	可单独或混合使用，最大使用量以磷酸根(PO_4^{3-})计
天门冬酰苯丙氨酸甲酯(又名阿斯巴甜)	甜味剂	0.3	添加阿斯巴甜的食品应标明："阿斯巴甜(含苯丙氨酸)"
山梨糖醇和山梨糖醇液	水分保持剂、稳定剂	20	当水分保持剂使用时，其最大使用量调整为20g/kg。由关于海藻酸钙等食品添加剂新品种的公告(2016年第8号)增补
麦芽糖醇和麦芽糖醇液	甜味剂、稳定剂、水分保持剂、乳化剂、膨松剂、增稠剂	0.5	
可得然胶	稳定剂和凝固剂、增稠剂	按生产需要适量使用	
沙蒿胶	增稠剂	0.5	
β-胡萝卜素	着色剂	1.0	
辣椒橙	着色剂	按生产需要适量使用	
辣椒红	着色剂	按生产需要适量使用	
上级09.02分类允许使用的食品添加剂1项			
上级09.0分类允许使用的食品添加剂5项			
依据表A.2可以适量使用的食品添加剂75种(项)，见本手册15页			

食品分类号 09.03　食品名称：预制水产品（半成品）（属表A.3所例外的食品类别）

本类食品说明：包括醋渍或肉冻状水产品，腌制水产品，鱼子制品，风干、烘干、压干等水产品，其他预制水产品（鱼肉饺皮）。

允许使用的食品添加剂：

食品添加剂名称	功能	最大使用量/(g/kg)	备注
普鲁兰多糖	被膜剂、增稠剂	30.0	
山梨酸及其钾盐	防腐剂、抗氧化剂、稳定剂	0.075	以山梨酸计
茶多酚(又名维多酚)	抗氧化剂	0.3	以油脂中儿茶素计

续表

食品添加剂名称	功能	最大使用量/(g/kg)	备注
茶黄素	抗氧化剂	0.3	由关于海藻酸钙等食品添加剂新品种的公告(2016年第8号)增补
磷酸,焦磷酸二氢二钠,焦磷酸钠,磷酸二氢钙,磷酸二氢钾,磷酸氢二铵,磷酸氢二钾,磷酸氢钙,磷酸三钙,磷酸三钾,磷酸三钠,六偏磷酸钠,三聚磷酸钠,磷酸二氢钠,磷酸氢二钠,焦磷酸四钾,焦磷酸一氢三钠,聚偏磷酸钾,酸式焦磷酸钙	水分保持剂、膨松剂、酸度调节剂、稳定剂、凝固剂、抗结剂	1.0	可单独或混合使用,最大使用量以磷酸根(PO_4^{3-})计
N-[*N*-(3,3-二甲基丁基)]-L-*α*-天门冬氨-L-苯丙氨酸1-甲酯(又名纽甜)	甜味剂	0.01	
天门冬酰苯丙氨酸甲酯(又名阿斯巴甜)	甜味剂	0.3	添加阿斯巴甜的食品应标明:"阿斯巴甜(含苯丙氨酸)"
β-胡萝卜素	着色剂	1.0	

食品分类号 09.03.01　食品名称：醋渍或肉冻状水产品（附属表A.3所例外的食品类别）

本类食品说明：醋渍水产品是指将水产品浸泡在醋或酒中制得的产品，加或不添加盐和香辛料。肉冻状水产品是指将水产品经煮或蒸制成的固体成肉冻状产品，可以添加醋或酒、盐和食品添加剂。

允许使用的食品添加剂：

食品添加剂名称	功能	最大使用量/(g/kg)	备注
上级09.03分类允许使用的食品添加剂8项			

食品分类号 09.03.02　食品名称：腌制水产品（附属表A.3所例外的食品类别）

本类食品说明：采用腌制工艺制成的水产品。

允许使用的食品添加剂：

食品添加剂名称	功能	最大使用量/(g/kg)	备注
甘草抗氧化物	抗氧化剂	0.2	以甘草酸计
硫酸铝钾(又名钾明矾),硫酸铝铵(又名铵明矾)	膨松剂、稳定剂	按生产需要适量使用	仅限海蜇。铝的残留量≤500mg/kg(以即食海蜇中Al计)
山梨酸钾	防腐剂	1.0	仅限即食海蜇,以山梨酸计。由关于抗坏血酸棕榈酸酯(酶法)等食品添加剂新品种的公告(2016年第9号)增补
上级09.03分类允许使用的食品添加剂8项			

食品分类号 09.03.03　食品名称：鱼子制品（附属表 A.3 所例外的食品类别）

本类食品说明：用海水或淡水鱼的卵为原料，添加调味料及其他辅料加工制成的鱼卵制品。

允许使用的食品添加剂：

食品添加剂名称	功能	最大使用量/(g/kg)	备注
上级 09.03 分类允许使用的食品添加剂 8 项			

食品分类号 09.03.04　食品名称：风干、烘干、压干等水产品（附属表 A.3 所例外的食品类别）

本类食品说明：经风吹、烘烤、挤压等工艺制成的水产干制品。

允许使用的食品添加剂：

食品添加剂名称	功能	最大使用量/(g/kg)	备注
山梨酸及其钾盐	防腐剂、抗氧化剂、稳定剂	1.0	以山梨酸计
丁基羟基茴香醚(BHA)	抗氧化剂	0.2	以油脂中的含量计
二丁基羟基甲苯(BHT)	抗氧化剂	0.2	以油脂中的含量计
没食子酸丙酯(PG)	抗氧化剂	0.1	以油脂中的含量计
特丁基对苯二酚(TBHQ)	抗氧化剂	0.2	以油脂中的含量计
上级 09.03 分类允许使用的食品添加剂 8 项			

食品分类号 09.03.05　食品名称：其他预制水产品（如鱼肉饺皮）（附属表 A.3 所例外的食品类别）

本类食品说明：以上各类（09.03.01—09.03.04）未包括的预制水产品，如鱼肉饺皮。

允许使用的食品添加剂：

食品添加剂名称	功能	最大使用量/(g/kg)	备注
上级 09.03 分类允许使用的食品添加剂 8 项			

食品分类号 09.04　食品名称：熟制水产品（可直接食用）

本类食品说明：包括熟干水产品，经烹调或油炸的水产品，熏、烤水产品，发酵水产品和鱼肉灌肠类。

允许使用的食品添加剂：

食品添加剂名称	功能	最大使用量/(g/kg)	备注
乳酸链球菌素	防腐剂	0.5	
双乙酸钠(又名二醋酸钠)	防腐剂	1.0	
山梨酸及其钾盐	防腐剂、抗氧化剂、稳定剂	1.0	以山梨酸计
茶多酚(又名维多酚)	抗氧化剂	0.3	以油脂中儿茶素计

续表

食品添加剂名称	功能	最大使用量/(g/kg)	备注
焦磷酸钠,六偏磷酸钠	水分保持剂、膨松剂、酸度调节剂、稳定剂、凝固剂、抗结剂	5.0	仅限焦磷酸钠和六偏磷酸钠。可单独或二者混合使用,最大使用量以磷酸根(PO_4^{3-})计。由关于批准 β-半乳糖苷酶为食品添加剂新品种等的公告(2015 年第 1 号)增补
天门冬酰苯丙氨酸甲酯(又名阿斯巴甜)	甜味剂	0.3	添加阿斯巴甜的食品应标明:"阿斯巴甜(含苯丙氨酸)"
β-胡萝卜素	着色剂	1.0	
上级 09.0 分类允许使用的食品添加剂 5 项			
依据表 A.2 可以适量使用的食品添加剂 75 种(项),见本手册 15 页			

食品分类号 09.04.01 食品名称:熟干水产品

本类食品说明: 经熟制的水产干制品。

允许使用的食品添加剂:

食品添加剂名称	功能	最大使用量/(g/kg)	备注
上级 09.04 分类允许使用的食品添加剂 7 项			
上级 09.0 分类允许使用的食品添加剂 5 项			
依据表 A.2 可以适量使用的食品添加剂 75 种(项),见本手册 15 页			

食品分类号 09.04.02 食品名称:经烹调或油炸的水产品

本类食品说明: 用蒸、煮或油炸等加工工艺制成的水产品。

允许使用的食品添加剂:

食品添加剂名称	功能	最大使用量/(g/kg)	备注
辣椒油树脂	增味剂、着色剂	按生产需要适量使用	由关于抗坏血酸棕榈酸酯(酶法)等食品添加剂新品种的公告(2016 年第 9 号)增补
辣椒红	着色剂	按生产需要适量使用	由关于抗坏血酸棕榈酸酯(酶法)等食品添加剂新品种的公告(2016 年第 9 号)增补
上级 09.04 分类允许使用的食品添加剂 7 项			
上级 09.0 分类允许使用的食品添加剂 5 项			
依据表 A.2 可以适量使用的食品添加剂 75 种(项),见本手册 15 页			

食品分类号 09.04.03　食品名称：熏、烤水产品

本类食品说明：用熏蒸、烧烤等加工工艺制成的水产品。

允许使用的食品添加剂：

食品添加剂名称	功能	最大使用量/(g/kg)	备注
上级 09.04 分类允许使用的食品添加剂 7 项			
上级 09.0 分类允许使用的食品添加剂 5 项			
依据表 A.2 可以适量使用的食品添加剂 75 种(项)，见本手册 15 页			

食品分类号 09.04.04　食品名称：发酵水产品

本类食品说明：经发酵工艺制成的水产品。

允许使用的食品添加剂：

食品添加剂名称	功能	最大使用量/(g/kg)	备注
上级 09.04 分类允许使用的食品添加剂 7 项			
上级 09.0 分类允许使用的食品添加剂 5 项			
依据表 A.2 可以适量使用的食品添加剂 75 种(项)，见本手册 15 页			

食品分类号 09.04.05　食品名称：鱼肉灌肠类

本类食品说明：以冷冻鱼糜或鲜鱼肉为主要原料，经混合、成型或灌入肠衣等工艺加工而成的熟制水产品。

允许使用的食品添加剂：

食品添加剂名称	功能	最大使用量/(g/kg)	备注
上级 09.04 分类允许使用的食品添加剂 7 项			
上级 09.0 分类允许使用的食品添加剂 5 项			
依据表 A.2 可以适量使用的食品添加剂 75 种(项)，见本手册 15 页			

食品分类号 09.05　食品名称：水产品罐头

本类食品说明：以鲜（冻）水产品为原料，加入其他辅料，经装罐、密封、杀菌、冷却等工序制成的具有一定真空度、符合商业无菌要求的罐头食品，可在常温条件下贮存。如 QB/T 1375—2015 鱼罐头——经加工处理、熏制或不熏制、调味或不调味、装罐（袋）、加或不加油或调味汁（料）、密封、杀菌、冷却制成的罐藏食品。

允许使用的食品添加剂：

食品添加剂名称	功能	最大使用量/(g/kg)	备注
茶多酚(又名维多酚)	抗氧化剂	0.3	以油脂中儿茶素计
磷酸，焦磷酸二氢二钠，焦磷酸钠，磷酸二氢钙，磷酸二氢钾，磷酸氢二铵，磷酸氢二钾，磷酸氢钙，磷酸三钙，磷酸三钾，磷酸三钠，六偏磷酸钠，三聚磷酸钠，磷酸二氢钠，磷酸氢二钠，焦磷酸四钾，焦磷酸一氢三钠，聚偏磷酸钾，酸式焦磷酸钙	水分保持剂、膨松剂、酸度调节剂、稳定剂、凝固剂、抗结剂	1.0	可单独或混合使用，最大使用量以磷酸根(PO_4^{3-})计

续表

食品添加剂名称	功能	最大使用量/(g/kg)	备注
N-[*N*-(3,3-二甲基丁基)]-L-*α*-天门冬氨-L-苯丙氨酸1-甲酯(又名纽甜)	甜味剂	0.01	
天门冬酰苯丙氨酸甲酯(又名阿斯巴甜)	甜味剂	0.3	添加阿斯巴甜的食品应标明:"阿斯巴甜(含苯丙氨酸)"
β-胡萝卜素	着色剂	0.5	
上级09.0分类允许使用的食品添加剂5项			
依据表A.2可以适量使用的食品添加剂75种(项),见本手册15页			

食品分类号 09.06　食品名称：其他水产品及其制品

本类食品说明：以上分类（09.01—09.05）未包括的水产品及其制品。

允许使用的食品添加剂：

食品添加剂名称	功能	最大使用量/(g/kg)	备注
山梨酸及其钾盐	防腐剂、抗氧化剂、稳定剂	1.0	以山梨酸计
上级09.0分类允许使用的食品添加剂5项			
依据表A.2可以适量使用的食品添加剂75种(项),见本手册15页			

第十类　蛋及蛋制品

食品分类号 10.0　食品名称：蛋及蛋制品

本类食品说明：包括鲜蛋、不改变物理性状的再制蛋和改变了物理性状的蛋制品以及其他蛋制品。

允许使用的食品添加剂：

食品添加剂名称	功能	最大使用量/(g/kg)	备注
依据表A.2可以适量使用的食品添加剂75种(项),见本手册15页			

食品分类号 10.01　食品名称：鲜蛋（属表A.3所例外的食品类别）

本类食品说明：各种禽类生产的、未经加工的蛋。人工驯养禽类所产符合GB 2749的禽蛋，主要有鸡蛋、鸭蛋、鹅蛋、鹌鹑蛋及人工驯养的禽所产的其他禽蛋。

允许使用的食品添加剂：

食品添加剂名称	功能	最大使用量/(g/kg)	备注
白油(又名液体石蜡)	被膜剂	5.0	
蔗糖脂肪酸酯	乳化剂	1.5	用于鸡蛋保鲜

食品分类号 10.02　食品名称：再制蛋（不改变物理性状）

本类食品说明：蛋加工过程中去壳或不去壳、不改变蛋形的制成品，包括卤蛋、糟蛋、皮蛋、咸蛋等。

允许使用的食品添加剂：

食品添加剂名称	功能	最大使用量/(g/kg)	备注
依据表 A.2 可以适量使用的食品添加剂 75 种(项)，见本手册 15 页			

食品分类号 10.02.01　食品名称：卤蛋

本类食品说明：以生鲜禽蛋为原料，经清选、煮制、去壳、卤制、包装、杀菌、冷却等工艺加工而成的蛋制品。

允许使用的食品添加剂：

食品添加剂名称	功能	最大使用量/(g/kg)	备注
红曲黄色素	着色剂	按生产需要适量使用	由关于批准 β-半乳糖苷酶为食品添加剂新品种等的公告(2015 年第 1 号)增补
依据表 A.2 可以适量使用的食品添加剂 75 种(项)，见本手册 15 页			

食品分类号 10.02.02　食品名称：糟蛋

本类食品说明：以鲜蛋为主要原料，经裂壳，用食盐、酒糟及其他配料等糟腌渍而成的蛋制品。

允许使用的食品添加剂：

食品添加剂名称	功能	最大使用量/(g/kg)	备注
依据表 A.2 可以适量使用的食品添加剂 75 种(项)，见本手册 15 页			

食品分类号 10.02.03　食品名称：皮蛋

本类食品说明：以鲜蛋为主要原料，经用生石灰、碱、盐等配制的料液（泥）或相关食品级加工助剂（氢氧化钠）等配制的料液加工而成的蛋制品，又名松花蛋。

允许使用的食品添加剂：

食品添加剂名称	功能	最大使用量/(g/kg)	备注
依据表 A.2 可以适量使用的食品添加剂 75 种(项)，见本手册 15 页			

食品分类号 10.02.04　食品名称：咸蛋

本类食品说明：以鲜蛋为原料，经用盐水或含盐的纯净黄泥、红泥、草木灰等腌制而成的蛋制品。

允许使用的食品添加剂：

食品添加剂名称	功能	最大使用量/(g/kg)	备注
依据表 A. 2 可以适量使用的食品添加剂 75 种(项)，见本手册 15 页			

食品分类号 10. 02. 05 食品名称：其他再制蛋

本类食品说明：除以上几类（10. 02. 01—10. 02. 04）以外的再制蛋。

允许使用的食品添加剂：

食品添加剂名称	功能	最大使用量/(g/kg)	备注
双乙酰酒石酸单双甘油酯	乳化剂、增稠剂	5. 0	
依据表 A. 2 可以适量使用的食品添加剂 75 种(项)，见本手册 15 页			

食品分类号 10. 03 食品名称：蛋制品（改变其物理性状）

本类食品说明：以鲜蛋为原料，添加或不添加辅料，经相应工艺加工制成的改变了蛋形的制成品。包括脱水蛋制品（蛋白粉、蛋黄粉、蛋白片）、热凝固蛋制品（如蛋黄酪、松花蛋肠）、冷冻蛋制品（如冰蛋）、液体蛋和其他蛋制品。

允许使用的食品添加剂：

食品添加剂名称	功能	最大使用量/(g/kg)	备注
乳酸链球菌素	防腐剂	0. 25	
山梨酸及其钾盐	防腐剂、抗氧化剂、稳定剂	1. 5	以山梨酸计
β-胡萝卜素	着色剂	1. 0	10. 03. 01 脱水蛋制品(如蛋白粉、蛋黄粉、蛋白片)和 10. 03. 03 蛋液与液体蛋除外
红曲红	着色剂	按生产需要适量使用	仅限红曲红。 由关于海藻酸钙等食品添加剂新品种的公告(2016 年第 8 号)增补
依据表 A. 2 可以适量使用的食品添加剂 75 种(项)，见本手册 15 页			

食品分类号 10. 03. 01 食品名称：脱水蛋制品（如蛋白粉、蛋黄粉、蛋白片）（属表 A. 3 所例外的食品类别）

本类食品说明：在生产过程中经过干燥处理的蛋制品，包括巴氏杀菌全蛋粉（片）、蛋黄粉（片）、蛋白粉（片）等。

允许使用的食品添加剂：

食品添加剂名称	功能	最大使用量/(g/kg)	备注
二氧化硅	抗结剂	15. 0	

食品分类号 10.03.02　食品名称： 热凝固蛋制品（如蛋黄酪、松花蛋肠）

本类食品说明： 以蛋或蛋制品为原料，经热凝固处理后制得的产品。如松花蛋肠等。

允许使用的食品添加剂：

食品添加剂名称	功能	最大使用量/(g/kg)	备注
对羟基苯甲酸酯类及其钠盐(对羟基苯甲酸甲酯钠,对羟基苯甲酸乙酯及其钠盐)	防腐剂	0.2	以对羟基苯甲酸计
磷酸,焦磷酸二氢二钠,焦磷酸钠,磷酸二氢钙,磷酸二氢钾,磷酸氢二铵,磷酸氢二钾,磷酸氢钙,磷酸三钙,磷酸三钾,磷酸三钠,六偏磷酸钠,三聚磷酸钠,磷酸二氢钠,磷酸氢二钠,焦磷酸四钾,焦磷酸一氢三钠,聚偏磷酸钾,酸式焦磷酸钙	水分保持剂、膨松剂、酸度调节剂、稳定剂、凝固剂、抗结剂	5.0	可单独或混合使用,最大使用量以磷酸根(PO_4^{3-})计
上级 10.03 分类允许使用的食品添加剂 4 项			
依据表 A.2 可以适量使用的食品添加剂 75 种(项),见本手册 15 页			

食品分类号 10.03.03　食品名称： 蛋液与液体蛋（属表 A.3 所例外的食品类别）

本类食品说明： 鲜蛋去壳后，所得的蛋液经一系列加工工艺，最后制成冷冻和保鲜的蛋制品，包括巴氏杀菌冰全蛋、冰蛋黄、冰蛋白等。冰冻保存或者经巴氏杀菌及通过其他方式（如加盐等）常温保存的全蛋液、蛋清或蛋黄液。

液体蛋：通过鲜蛋清洗、打蛋、收集、过滤或杀菌等工序处理获得的蛋液产品，主要有全蛋液、蛋黄液、蛋清液三种产品形式。

允许使用的食品添加剂： 不允许使用食品添加剂

食品分类号 10.04　食品名称： 其他蛋制品

本类食品说明： 除以上三类（10.01—10.03）以外的蛋制品。

允许使用的食品添加剂：

食品添加剂名称	功能	最大使用量/(g/kg)	备注
双乙酰酒石酸单双甘油酯	乳化剂、增稠剂	5.0	
N-[*N*-(3,3-二甲基丁基)]-L-*α*-天门冬氨-L-苯丙氨酸 1-甲酯(又名纽甜)	甜味剂	0.1	
天门冬酰苯丙氨酸甲酯(又名阿斯巴甜)	甜味剂	1.0	添加阿斯巴甜的食品应标明:"阿斯巴甜(含苯丙氨酸)"
β-胡萝卜素	着色剂	0.15	
红曲红	着色剂	按生产需要适量使用	仅限红曲红。由关于海藻酸钙等食品添加剂新品种的公告(2016 年第 8 号)增补
依据表 A.2 可以适量使用的食品添加剂 75 种(项),见本手册 15 页			

第十一类 甜味料，包括蜂蜜

食品分类号 11.0　食品名称：甜味料，包括蜂蜜

本类食品说明：包括食糖、淀粉糖、蜂蜜及花粉、餐桌甜味料、调味糖浆等。

允许使用的食品添加剂：

食品添加剂名称	功能	最大使用量/(g/kg)	备注
依据表 A.2 可以适量使用的食品添加剂 75 种(项),见本手册 15 页			

食品分类号 11.01　食品名称：食糖

本类食品说明：指用甘蔗、甜菜为原料生产的白糖及其制品，以及其他糖和糖浆等。

允许使用的食品添加剂：

食品添加剂名称	功能	最大使用量/(g/kg)	备注
硅酸钙	抗结剂	按生产需要适量使用	
硫磺	漂白剂、防腐剂	0.1	只限用于熏蒸，最大使用量以二氧化硫残留量计
二氧化硫，焦亚硫酸钾，焦亚硫酸钠，亚硫酸钠，亚硫酸氢钠，低亚硫酸钠	漂白剂、防腐剂、抗氧化剂	0.1	最大使用量以二氧化硫残留量计
依据表 A.2 可以适量使用的食品添加剂 75 种(项),见本手册 15 页			

食品分类号 11.01.01　食品名称：白糖及白糖制品（如白砂糖、绵白糖、冰糖、方糖等）（属表 A.3 所例外的食品类别）

本类食品说明：白糖是指经浓缩、结晶、分蜜及干燥的白色砂粒状蔗糖。该类产品还包括白糖制品，如白砂糖、绵白糖、冰糖、方糖、糖霜（糖粉）。

允许使用的食品添加剂：不允许使用食品添加剂

食品分类号 11.01.02　食品名称：其他糖和糖浆［如红糖、赤砂糖、冰片糖、原糖、果糖（蔗糖来源）、糖蜜、部分转化糖、槭树糖浆等］（属表 A.3 所例外的食品类别）

本类食品说明：除白糖和白糖以外的其他糖和糖浆（如红糖、赤砂糖、冰片糖、蔗糖来源的果糖、糖蜜、部分转化糖、槭树糖浆等）。

允许使用的食品添加剂：

食品添加剂名称	功能	最大使用量/(g/kg)	备注
单，双甘油脂肪酸酯(油酸、亚油酸、棕榈酸、山嵛酸、硬脂酸、月桂酸、亚麻酸)	乳化剂	6.0	
果胶	乳化剂、稳定剂、增稠剂	按生产需要适量使用	
卡拉胶	乳化剂、稳定剂、增稠剂	5.0	
双乙酰酒石酸单双甘油酯	乳化剂、增稠剂	5.0	
黄原胶(又名汉生胶)	稳定剂、增稠剂	5.0	
海藻酸钠(又名褐藻酸钠)	增稠剂	10.0	

食品分类号 11.02　食品名称：淀粉糖（果糖、葡萄糖、饴糖、部分转化糖等）

本类食品说明：以淀粉或含淀粉的原料，经酶或酸水解制成的液体、粉状（和结晶）的糖。如葡萄糖、葡萄糖浆、葡萄糖浆干粉（固体玉米糖浆）、麦芽糖、麦芽糖浆、果糖、果葡糖浆、固体果葡糖、麦芽糊精等。

允许使用的食品添加剂：

食品添加剂名称	功能	最大使用量/(g/kg)	备注
二氧化硫，焦亚硫酸钾，焦亚硫酸钠，亚硫酸钠，亚硫酸氢钠，低亚硫酸钠	漂白剂、防腐剂、抗氧化剂	0.04	最大使用量以二氧化硫残留量计
依据表 A.2 可以适量使用的食品添加剂 75 种(项)，见本手册 15 页			

食品分类号 11.03　食品名称：蜂蜜及花粉

本类食品说明：包括蜂蜜和花粉。

允许使用的食品添加剂：

食品添加剂名称	功能	最大使用量/(g/kg)	备注
依据表 A.2 可以适量使用的食品添加剂 75 种(项)，见本手册 15 页			

食品分类号 11.03.01　食品名称：蜂蜜（属表 A.3 所例外的食品类别）

本类食品说明：蜜蜂采集的植物花蜜、分泌物或蜜露，与自身分泌物混合后，经充分酿制而成的天然甜物质。

允许使用的食品添加剂：不允许使用食品添加剂

食品分类号 11.03.02　食品名称：花粉

本类食品说明：蜜蜂采集被子植物雄蕊花药或裸子植物小孢子囊内的花粉细胞，形成的团粒状物。

允许使用的食品添加剂：

食品添加剂名称	功能	最大使用量/(g/kg)	备注
依据表 A.2 可以适量使用的食品添加剂 75 种(项)，见本手册 15 页			

食品分类号 11.04 食品名称：餐桌甜味料

本类食品说明： 直接供消费者饮食调味用、作为糖类替代品的高浓度甜味剂或其混合物。

允许使用的食品添加剂：

食品添加剂名称	功能	最大使用量/(g/kg)	备注
硅酸钙	抗结剂	按生产需要适量使用	
N-[N-(3,3-二甲基丁基)]-L-α-天门冬氨-L-苯丙氨酸 1-甲酯(又名纽甜)	甜味剂	按生产需要适量使用	
三氯蔗糖(又名蔗糖素)	甜味剂	0.05g/份	
索马甜	甜味剂	0.025	
L-α-天冬氨酰-N-(2,2,4,4-四甲基-3-硫化三亚甲基)-D-丙氨酰胺(又名阿力甜)	甜味剂	0.15g/份	
天门冬酰苯丙氨酸甲酯(又名阿斯巴甜)	甜味剂	按生产需要适量使用	添加阿斯巴甜的食品应标明："阿斯巴甜(含苯丙氨酸)"
天门冬酰苯丙氨酸甲酯乙酰磺胺酸	甜味剂	0.09	
甜菊糖苷	甜味剂	0.05g/份	以甜菊醇当量计
乙酰磺胺酸钾(又名安赛蜜)	甜味剂	0.04g/份	
麦芽糖醇和麦芽糖醇液	甜味剂、稳定剂、水分保持剂、乳化剂、膨松剂、增稠剂	按生产需要适量使用	
依据表 A.2 可以适量使用的食品添加剂 75 种(项)，见本手册 15 页			

食品分类号 11.05 食品名称：调味糖浆

本类食品说明： 以白砂糖或葡萄糖浆、果葡糖浆为主要原料，加入水果、果浆或果汁等水果制品、增稠剂、食品用香料等制成的一种增甜稠状糖浆。

允许使用的食品添加剂：

食品添加剂名称	功能	最大使用量/(g/kg)	备注
苯甲酸及其钠盐	防腐剂	1.0	以苯甲酸计
山梨酸及其钾盐	防腐剂、抗氧化剂、稳定剂	1.0	以山梨酸计
植酸(又名肌醇六磷酸),植酸钠	抗氧化剂	0.2	
二氧化硫,焦亚硫酸钾,焦亚硫酸钠,亚硫酸钠,亚硫酸氢钠,低亚硫酸钠	漂白剂、防腐剂、抗氧化剂	0.05	最大使用量以二氧化硫残留量计
蔗糖脂肪酸酯	乳化剂	5.0	
硬脂酰乳酸钠,硬脂酰乳酸钙	乳化剂、稳定剂	2.0	
磷酸,焦磷酸二氢二钠,焦磷酸钠,磷酸二氢钙,磷酸二氢钾,磷酸氢二铵,磷酸氢二钾,磷酸氢钙,磷酸三钙,磷酸三钾,磷酸三钠,六偏磷酸钠,三聚磷酸钠,磷酸二氢钠,磷酸氢二钠,焦磷酸四钾,焦磷酸一氢三钠,聚偏磷酸钾,酸式焦磷酸钙	水分保持剂、膨松剂、酸度调节剂、稳定剂、凝固剂、抗结剂	10.0	可单独或混合使用,最大使用量以磷酸根(PO_4^{3-})计
N-[*N*-(3,3-二甲基丁基)]-L-*α*-天门冬氨-L-苯丙氨酸 1-甲酯(又名纽甜)	甜味剂	0.07	
天门冬酰苯丙氨酸甲酯(又名阿斯巴甜)	甜味剂	3.0	添加阿斯巴甜的食品应标明:“阿斯巴甜(含苯丙氨酸)”
氯化钙	稳定剂和凝固剂、增稠剂	0.4	
海藻酸丙二醇酯	增稠剂、乳化剂、稳定剂	5.0	
二氧化钛	着色剂	5.0	
红曲米,红曲红	着色剂	按生产需要适量使用	
β-胡萝卜素	着色剂	0.05	
姜黄素	着色剂	0.5	
焦糖色(加氨生产)	着色剂	按生产需要适量使用	
焦糖色(普通法)	着色剂	按生产需要适量使用	
亮蓝及其铝色淀	着色剂	0.025	以亮蓝计
胭脂红及其铝色淀	着色剂	0.2	以胭脂红计
诱惑红及其铝色淀	着色剂	0.3	以诱惑红计
依据表 A.2 可以适量使用的食品添加剂 75 种(项),见本手册 15 页			

食品分类号 11.05.01　食品名称：水果调味糖浆

本类食品说明：以水果、果浆或果汁等水果制品、糖类为主要原料，加入适量辅料制成的甜浆。

允许使用的食品添加剂：

食品添加剂名称	功能	最大使用量/(g/kg)	备注
茶多酚	其他	0.5(以儿茶素计)	由关于食品用香料新品种 9-癸烯-2-酮、茶多酚等 7 种食品添加剂扩大使用范围和食品营养强化剂钙扩大使用范围的公告(2016 年第 14 号)增补
亮蓝及其铝色淀	着色剂	0.5	以亮蓝计
柠檬黄及其铝色淀	着色剂	0.5	以柠檬黄计
日落黄及其铝色淀	着色剂	0.5	以日落黄计
苋菜红及其铝色淀	着色剂	0.3	以苋菜红计
胭脂红及其铝色淀	着色剂	0.5	以胭脂红计
上级 11.05 分类允许使用的食品添加剂 20 项			
依据表 A.2 可以适量使用的食品添加剂 75 种(项),见本手册 15 页			

食品分类号 11.05.02　食品名称：其他调味糖浆

本类食品说明：不用水果、果浆或果汁等水果制品为原料制成的调味糖浆。如朱古力调味糖浆是以可可粉、乳粉、糖类等为原料，加入适量辅料，制成的朱古力甜浆。

允许使用的食品添加剂：

食品添加剂名称	功能	最大使用量/(g/kg)	备注
柠檬黄及其铝色淀	着色剂	0.3	以柠檬黄计
日落黄及其铝色淀	着色剂	0.3	以日落黄计
上级 11.05 分类允许使用的食品添加剂 20 项			
依据表 A.2 可以适量使用的食品添加剂 75 种(项),见本手册 15 页			

食品分类号 11.06　食品名称：其他甜味料

本类食品说明：除以上五类（11.01—11.05）以外的甜味料。

允许使用的食品添加剂：

食品添加剂名称	功能	最大使用量/(g/kg)	备注
二氧化硅	抗结剂	15.0	仅限糖粉
依据表 A.2 可以适量使用的食品添加剂 75 种(项),见本手册 15 页			

第十二类 调味品

食品分类号 12.0 食品名称：调味品

本类食品说明：在饮食、烹饪和食品加工中广泛使用的，用于调和滋味和气味并具有去腥、除膻、解腻、增香、增鲜等作用的产品。包括盐及代盐制品、鲜味剂和助鲜剂、醋、酱油、酱及酱制品、料酒及制品、香辛料类、复合调味料和其他调味料。

允许使用的食品添加剂：

食品添加剂名称	功能	最大使用量/(g/kg)	备注
ε-聚赖氨酸盐酸盐	防腐剂	0.50	
双乙酸钠(又名二醋酸钠)	防腐剂	2.5	
蔗糖脂肪酸酯	乳化剂	5.0	
聚甘油脂肪酸酯	乳化剂、稳定剂、增稠剂、抗结剂	10.0	仅限用于膨化食品的调味料
甘草酸铵,甘草酸一钾及三钾	甜味剂	按生产需要适量使用	
天门冬酰苯丙氨酸甲酯乙酰磺胺酸	甜味剂	1.13	
甜菊糖苷	甜味剂	0.35	以甜菊醇当量计
乙酰磺胺酸钾(又名安赛蜜)	甜味剂	0.5	
山梨糖醇和山梨糖醇液	甜味剂、膨松剂、乳化剂、水分保持剂、稳定剂、增稠剂	按生产需要适量使用	
淀粉磷酸酯钠	增稠剂	按生产需要适量使用	
皂荚糖胶	增稠剂	4.0	
氨基乙酸(又名甘氨酸)	增味剂	1.0	
L-丙氨酸	增味剂	按生产需要适量使用	
琥珀酸二钠	增味剂	20.0	
红花黄	着色剂	0.5	12.01 盐及代盐制品除外
红曲米,红曲红	着色剂	按生产需要适量使用	12.01 盐及代盐制品除外
姜黄	着色剂	按生产需要适量使用	
辣椒红	着色剂	按生产需要适量使用	12.01 盐及代盐制品除外
栀子黄	着色剂	1.5	12.01 盐及代盐制品除外
栀子蓝	着色剂	0.5	12.01 盐及代盐制品除外
依据表 A.2 可以适量使用的食品添加剂 75 种(项),见本手册 15 页			

食品分类号 12.01　食品名称：盐及代盐制品（属表 A.3 所例外的食品类别）

本类食品说明：食盐为食品级的氯化钠。代盐制品是为减少钠的含量，代替食用盐的调味料，如氯化钾等。

允许使用的食品添加剂：

食品添加剂名称	功能	最大使用量/(g/kg)	备注
二氧化硅	抗结剂	20.0	
硅酸钙	抗结剂	按生产需要适量使用	
柠檬酸铁铵	抗结剂	0.025	
亚铁氰化钾，亚铁氰化钠	抗结剂	0.01	以亚铁氰根计
酒石酸铁	抗结剂	0.106	最大使用量以酒石酸铁含量计。 由关于海藻酸钙等食品添加剂新品种的公告(2016 年第 8 号)增补
阿拉伯胶	增稠剂	按生产需要适量使用	由关于批准 β-半乳糖苷酶为食品添加剂新品种等的公告(2015 年第 1 号)增补
氯化钾	其他	350	

食品分类号 12.02　食品名称：鲜味剂和助鲜剂

本类食品说明：具有鲜味的和明显增强鲜味作用的精制品。

允许使用的食品添加剂：

食品添加剂名称	功能	最大使用量/(g/kg)	备注
上级 12.0 分类允许使用的食品添加剂 20 项			
依据表 A.2 可以适量使用的食品添加剂 75 种(项)，见本手册 15 页			

食品分类号 12.03　食品名称：醋

本类食品说明：含有一定量乙酸的液态调味品。包括酿造食醋和配制食醋。

允许使用的食品添加剂：

食品添加剂名称	功能	最大使用量/(g/kg)	备注
苯甲酸及其钠盐	防腐剂	1.0	以苯甲酸计
丙酸及其钠盐、钙盐	防腐剂	2.5	以丙酸计
对羟基苯甲酸酯类及其钠盐(对羟基苯甲酸甲酯钠，对羟基苯甲酸乙酯及其钠盐)	防腐剂	0.25	以对羟基苯甲酸计
乳酸链球菌素	防腐剂	0.15	
山梨酸及其钾盐	防腐剂、抗氧化剂、稳定剂	1.0	以山梨酸计

续表

食品添加剂名称	功能	最大使用量/(g/kg)	备注
天门冬酰苯丙氨酸甲酯(又名阿斯巴甜)	甜味剂	3.0	添加阿斯巴甜的食品应标明:"阿斯巴甜(含苯丙氨酸)"
N-[*N*-(3,3-二甲基丁基)]-L-*α*-天门冬氨-L-苯丙氨酸 1-甲酯(又名纽甜)	甜味剂	0.012	
三氯蔗糖(又名蔗糖素)	甜味剂	0.25	
甲壳素(又名几丁质)	增稠剂、稳定剂	1.0	
焦糖色(加氨生产)	着色剂	1.0	
焦糖色(普通法)	着色剂	按生产需要适量使用	
萝卜红	着色剂	按生产需要适量使用	
上级 12.0 分类允许使用的食品添加剂 20 项			
依据表 A.2 可以适量使用的食品添加剂 75 种(项),见本手册 15 页			

食品分类号 12.03.01　食品名称: 酿造食醋

本类食品说明: 单独或混合使用各种含有淀粉、糖类的物料,经微生物发酵酿制而成的液体调味品。

允许使用的食品添加剂:

食品添加剂名称	功能	最大使用量/(g/kg)	备注
上级 12.03 分类允许使用的食品添加剂 12 项			
上级 12.0 分类允许使用的食品添加剂 20 项			
依据表 A.2 可以适量使用的食品添加剂 75 种(项),见本手册 15 页			

食品分类号 12.03.02　食品名称: 配制食醋

本类食品说明: 以酿造食醋为主要原料(以乙酸计不得低于 50%),与食用冰乙酸、食品添加剂等混合配制的调味食醋。

允许使用的食品添加剂:

食品添加剂名称	功能	最大使用量/(g/kg)	备注
上级 12.03 分类允许使用的食品添加剂 12 项			
上级 12.0 分类允许使用的食品添加剂 20 项			
依据表 A.2 可以适量使用的食品添加剂 75 种(项),见本手册 15 页			

食品分类号 12.04　食品名称: 酱油

本类食品说明: 包括酿造酱油和配制酱油。

允许使用的食品添加剂：

食品添加剂名称	功能	最大使用量/(g/kg)	备注
苯甲酸及其钠盐	防腐剂	1.0	以苯甲酸计
丙酸及其钠盐、钙盐	防腐剂	2.5	以丙酸计
对羟基苯甲酸酯类及其钠盐(对羟基苯甲酸甲酯钠,对羟基苯甲酸乙酯及其钠盐)	防腐剂	0.25	以对羟基苯甲酸计
乳酸链球菌素	防腐剂	0.2	
山梨酸及其钾盐	防腐剂、抗氧化剂、稳定剂	1.0	以山梨酸计
三氯蔗糖(又名蔗糖素)	甜味剂	0.25	
天门冬酰苯丙氨酸甲酯乙酰磺胺酸	甜味剂	2.0	
乙酰磺胺酸钾(又名安赛蜜)	甜味剂	1.0	
焦糖色(加氨生产)	着色剂	按生产需要适量使用	
焦糖色(普通法)	着色剂	按生产需要适量使用	
焦糖色(亚硫酸铵法)	着色剂	按生产需要适量使用	
上级 12.0 分类允许使用的食品添加剂 20 项			
依据表 A.2 可以适量使用的食品添加剂 75 种(项),见本手册 15 页			

食品分类号 12.04.01 食品名称：酿造酱油

本类食品说明：以大豆和（或）脱脂大豆、小麦和（或）麸皮为原料，经微生物发酵制成的具有特殊色、香、味的液体调味品。

允许使用的食品添加剂：

食品添加剂名称	功能	最大使用量/(g/kg)	备注
上级 12.04 分类允许使用的食品添加剂 11 项			
上级 12.0 分类允许使用的食品添加剂 20 项			
依据表 A.2 可以适量使用的食品添加剂 75 种(项),见本手册 15 页			

食品分类号 12.04.02 食品名称：配制酱油

本类食品说明：以酿造酱油为主体（以全氮计不得少于 50%），与酸水解植物蛋白调味液、食品添加剂等配制而成的液体调味品。

允许使用的食品添加剂：

食品添加剂名称	功能	最大使用量/(g/kg)	备注
上级 12.04 分类允许使用的食品添加剂 11 项			
上级 12.0 分类允许使用的食品添加剂 20 项			
依据表 A.2 可以适量使用的食品添加剂 75 种(项),见本手册 15 页			

食品分类号 12.05　食品名称：酱及酱制品

本类食品说明： 包括酿造酱和配制酱。

允许使用的食品添加剂：

食品添加剂名称	功能	最大使用量/(g/kg)	备注
苯甲酸及其钠盐	防腐剂	1.0	以苯甲酸计
对羟基苯甲酸酯类及其钠盐(对羟基苯甲酸甲酯钠,对羟基苯甲酸乙酯及其钠盐)	防腐剂	0.25	以对羟基苯甲酸计
乳酸链球菌素	防腐剂	0.2	
山梨酸及其钾盐	防腐剂、抗氧化剂、稳定剂	0.5	以山梨酸计
三氯蔗糖(又名蔗糖素)	甜味剂	0.25	
羧甲基淀粉钠	增稠剂	0.1	
赤藓红及其铝色淀	着色剂	0.05	以赤藓红计
焦糖色(加氨生产)	着色剂	按生产需要适量使用	
焦糖色(普通法)	着色剂	按生产需要适量使用	
焦糖色(亚硫酸铵法)	着色剂	10.0	
纤维素	抗结剂、稳定剂和凝固剂、增稠剂	按生产需要适量使用	由关于食品用香料新品种9-癸烯-2-酮、茶多酚等7种食品添加剂扩大使用范围和食品营养强化剂钙扩大使用范围的公告(2016年第14号)增补
上级12.0分类允许使用的食品添加剂20项			
依据表A.2可以适量使用的食品添加剂75种(项),见本手册15页			

食品分类号 12.05.01　食品名称：酿造酱

本类食品说明： 以粮食为主要原料经微生物发酵酿制的半固态酱类。如黄豆酱、大酱、甜面酱、豆瓣酱等。

允许使用的食品添加剂：

食品添加剂名称	功能	最大使用量/(g/kg)	备注
上级12.05分类允许使用的食品添加剂11项			
上级12.0分类允许使用的食品添加剂20项			
依据表A.2可以适量使用的食品添加剂75种(项),见本手册15页			

食品分类号 12.05.02　食品名称：配制酱

本类食品说明： 以酿造酱为基料，添加其他各种辅料混合制成的酱类。

允许使用的食品添加剂：

食品添加剂名称	功能	最大使用量/(g/kg)	备注
上级 12.05 分类允许使用的食品添加剂 11 项			
上级 12.0 分类允许使用的食品添加剂 20 项			
依据表 A.2 可以适量使用的食品添加剂 75 种(项)，见本手册 15 页			

食品分类号 12.06　食品名称：空缺

食品分类号 12.07　食品名称：料酒及制品

本类食品说明：以发酵酒、蒸馏酒或食用酒精为主要原料，添加各种调味料（也可加入植物香辛料），配制加工而成的液体调味品。

允许使用的食品添加剂：

食品添加剂名称	功能	最大使用量/(g/kg)	备注
焦糖色(亚硫酸铵法)	着色剂	10.0	
上级 12.0 分类允许使用的食品添加剂 20 项			
依据表 A.2 可以适量使用的食品添加剂 75 种(项)，见本手册 15 页			

食品分类号 12.08　食品名称：空缺

食品分类号 12.09　食品名称：香辛料类（属表 A.3 所例外的食品类别）

本类食品说明：包括香辛料及粉、香辛料油、香辛料酱及其他香辛料加工品。

允许使用的食品添加剂：

食品添加剂名称	功能	最大使用量/(g/kg)	备注
二氧化硅	抗结剂	20.0	
单,双甘油脂肪酸酯(油酸、亚油酸、棕榈酸、山嵛酸、硬脂酸、月桂酸、亚麻酸)	乳化剂	5.0	
乳糖醇(又名 4-β-D-吡喃半乳糖-D-山梨醇)	乳化剂、稳定剂、甜味剂、增稠剂	按生产需要适量使用	
果胶	乳化剂、稳定剂、增稠剂	按生产需要适量使用	
卡拉胶	乳化剂、稳定剂、增稠剂	按生产需要适量使用	
双乙酰酒石酸单双甘油酯	乳化剂、增稠剂	0.001	
黄原胶(又名汉生胶)	稳定剂、增稠剂	按生产需要适量使用	
海藻酸钠(又名褐藻酸钠)	增稠剂	按生产需要适量使用	

食品分类号 12.09.01　食品名称：香辛料及粉（附属表 A.3 所例外的食品类别）

本类食品说明：香辛料主要来自各种自然生长的植物的果实、茎、叶、皮、根、种子、花蕾等，具有特定的风味、色泽和刺激性味感的植物性产品。香辛料粉为一种或多种香辛料的干燥物制成的包括整粒、大颗粒和粉末状制品。

允许使用的食品添加剂：

食品添加剂名称	功能	最大使用量/(g/kg)	备注
硅酸钙	抗结剂	按生产需要适量使用	
硬脂酸钙	乳化剂、抗结剂	20.0	
硬脂酸钾	乳化剂、抗结剂	20.0	
亮蓝及其铝色淀	着色剂	0.01	以亮蓝计
藻蓝(淡、海水)	着色剂	0.8	
上级 12.09 分类允许使用的食品添加剂 8 项			

食品分类号 12.09.02　食品名称：香辛料油（附属表 A.3 所例外的食品类别）

本类食品说明：从一种或多种香辛料中萃取其呈味精油成分，用植物油等作为分散剂的制品。如黑胡椒油、花椒油、辣椒油、芥末油、香辛料调味油等。

允许使用的食品添加剂：

食品添加剂名称	功能	最大使用量/(g/kg)	备注
上级 12.09 分类允许使用的食品添加剂 8 项			

食品分类号 12.09.03　食品名称：香辛料酱（如芥末酱、青芥酱）（附属表 A.3 所例外的食品类别）

本类食品说明：以香辛料为主要原料加工制成的酱类产品。如芥末酱、青芥酱。芥末酱是以芥末籽粒或芥末菜类植物块茎为原料，制成的酱，具有刺鼻辛辣味。

允许使用的食品添加剂：

食品添加剂名称	功能	最大使用量/(g/kg)	备注
纤维素	抗结剂、稳定剂和凝固剂、增稠剂	按生产需要适量使用	由关于食品用香料新品种 9-癸烯-2-酮、茶多酚等 7 种食品添加剂扩大使用范围和食品营养强化剂钙扩大使用范围的公告(2016 年第 14 号)增补
N-[*N*-(3,3-二甲基丁基)]-L-α-天门冬氨-L-苯丙氨酸 1-甲酯(又名纽甜)	甜味剂	0.012	
三氯蔗糖(又名蔗糖素)	甜味剂	0.4	
亮蓝及其铝色淀	着色剂	0.01	以亮蓝计
柠檬黄及其铝色淀	着色剂	0.1	以柠檬黄计
上级 12.09 分类允许使用的食品添加剂 8 项			

食品分类号 12.09.04　食品名称：其他香辛料加工品（附属表 A.3 所例外的食品类别）

本类食品说明：除以上三类（12.09.01—12.09.03）以外的香辛料产品。

允许使用的食品添加剂：

食品添加剂名称	功能	最大使用量/(g/kg)	备注
上级 12.09 分类允许使用的食品添加剂 8 项			

食品分类号 12.10　食品名称：复合调味料

本类食品说明：用两种或两种以上的调味品配制，经特殊加工而成的调味料。包括固体、半固体、液体复合调味料。

允许使用的食品添加剂：

食品添加剂名称	功能	最大使用量/(g/kg)	备注
普鲁兰多糖	被膜剂、增稠剂	50.0	
苯甲酸及其钠盐	防腐剂	0.6	以苯甲酸计
乳酸链球菌素	防腐剂	0.2	
双乙酸钠(又名二醋酸钠)	防腐剂	10.0	
脱氢乙酸及其钠盐(又名脱氢醋酸及其钠盐)	防腐剂	0.5	以脱氢乙酸计
山梨酸及其钾盐	防腐剂、抗氧化剂、稳定剂	1.0	以山梨酸计
硅酸钙	抗结剂	按生产需要适量使用	
茶多酚(又名维多酚)	抗氧化剂	0.1	以儿茶素计
维生素 E(*dl*-*α*-生育酚,*d*-*α*-生育酚,混合生育酚浓缩物)	抗氧化剂	按生产需要适量使用	
乙二胺四乙酸二钠钙	抗氧化剂	0.075	
茶黄素	抗氧化剂	0.1	由关于海藻酸钙等食品添加剂新品种的公告(2016 年第 8 号)增补
丙二醇脂肪酸酯	乳化剂、稳定剂	20.0	
磷酸,焦磷酸二氢二钠,焦磷酸钠,磷酸二氢钙,磷酸二氢钾,磷酸氢二铵,磷酸氢二钾,磷酸氢钙,磷酸三钙,磷酸三钾,磷酸三钠,六偏磷酸钠,三聚磷酸钠,磷酸二氢钠,磷酸氢二钠,焦磷酸四钾,焦磷酸一氢三钠,聚偏磷酸钾,酸式焦磷酸钙	水分保持剂、膨松剂、酸度调节剂、稳定剂、凝固剂、抗结剂	20.0	可单独或混合使用,最大使用量以磷酸根(PO_4^{3-})计
乙酸钠(又名醋酸钠)	酸度调节剂、防腐剂	10.0	
乳酸钙	酸度调节剂、抗氧化剂、乳化剂、稳定剂和凝固剂、增稠剂	10.0	仅限油炸薯片调味料

食品添加剂名称	功能	最大使用量/(g/kg)	备注
N-[*N*-(3,3-二甲基丁基)]-L-α-天门冬氨-L-苯丙氨酸1-甲酯(又名纽甜)	甜味剂	0.07	
环己基氨基磺酸钠(又名甜蜜素),环己基氨基磺酸钙	甜味剂	0.65	以环己基氨基磺酸计
三氯蔗糖(又名蔗糖素)	甜味剂	0.25	
糖精钠	甜味剂、增味剂	0.15	以糖精计
乙二胺四乙酸二钠	稳定剂、凝固剂、抗氧化剂、防腐剂	0.075	
辣椒油树脂	增味剂、着色剂	10.0	
赤藓红及其铝色淀	着色剂	0.05	以赤藓红计
姜黄素	着色剂	0.1	
焦糖色(加氨生产)	着色剂	按生产需要适量使用	
焦糖色(普通法)	着色剂	按生产需要适量使用	
焦糖色(亚硫酸铵法)	着色剂	50.0	
萝卜红	着色剂	按生产需要适量使用	
日落黄及其铝色淀	着色剂	0.2	以日落黄计
胭脂虫红	着色剂	1.0	以胭脂红酸计
胭脂树橙(又名红木素,降红木素)	着色剂	0.1	
紫胶红(又名虫胶红)	着色剂	0.5	
上级12.0分类允许使用的食品添加剂20项			
依据表A.2可以适量使用的食品添加剂75种(项),见本手册15页			

食品分类号 12.10.01　食品名称：固体复合调味料

本类食品说明：以两种或两种以上调味品为主要原料，添加或不添加辅料，加工而成的呈固态的复合调味料。

允许使用的食品添加剂：

食品添加剂名称	功能	最大使用量/(g/kg)	备注
二氧化硅	抗结剂	20.0	
丁基羟基茴香醚(BHA)	抗氧化剂	0.2	仅限鸡肉粉。以油脂中的含量计
没食子酸丙酯(PG)	抗氧化剂	0.1	仅限鸡肉粉。以油脂中的含量计
迷迭香提取物	抗氧化剂	0.7	由关于批准β-半乳糖苷酶为食品添加剂新品种等的公告(2015年第1号)增补

续表

食品添加剂名称	功能	最大使用量/(g/kg)	备注
迷迭香提取物(超临界二氧化碳萃取法)	抗氧化剂	0.7	由关于批准β-半乳糖苷酶为食品添加剂新品种等的公告(2015年第1号)增补
硬脂酸钙	乳化剂、抗结剂	20.0	
聚甘油脂肪酸酯	乳化剂、稳定剂、增稠剂、抗结剂	10.0	
聚氧乙烯(20)山梨醇酐单月桂酸酯(又名吐温20),聚氧乙烯(20)山梨醇酐单棕榈酸酯(又名吐温40),聚氧乙烯(20)山梨醇酐单硬脂酸酯(又名吐温60),聚氧乙烯(20)山梨醇酐单油酸酯(又名吐温80)	乳化剂、消泡剂、稳定剂	4.5	
L(+)-酒石酸,*dl*-酒石酸	酸度调节剂	10.0	以酒石酸计
天门冬酰苯丙氨酸甲酯(又名阿斯巴甜)	甜味剂	2.0	添加阿斯巴甜的食品应标明:"阿斯巴甜(含苯丙氨酸)"
核黄素	着色剂	0.05	
β-胡萝卜素	着色剂	2.0	
柠檬黄及其铝色淀	着色剂	0.2	以柠檬黄计
诱惑红及其铝色淀	着色剂	0.04	以诱惑红计
上级12.10分类允许使用的食品添加剂31项			
上级12.0分类允许使用的食品添加剂20项			
依据表A.2可以适量使用的食品添加剂75种(项),见本手册15页			

食品分类号 12.10.01.01　食品名称：固体汤料

本类食品说明： 以动植物或其浓缩抽提物为主要风味原料，添加食盐等调味料及辅料，干燥加工而成的复合调味料。

允许使用的食品添加剂：

食品添加剂名称	功能	最大使用量/(g/kg)	备注
番茄红素	着色剂	0.39	以纯番茄红素计
苋菜红及其铝色淀	着色剂	0.2	以苋菜红计
上级12.10.01分类允许使用的食品添加剂14项			
上级12.10分类允许使用的食品添加剂31项			
上级12.0分类允许使用的食品添加剂20项			
依据表A.2可以适量使用的食品添加剂75种(项),见本手册15页			

食品分类号 12.10.01.02 食品名称：鸡精、鸡粉

本类食品说明： 鸡精调味料：以味精、食用盐、鸡肉或鸡骨的粉末或其浓缩抽提物、呈味核苷酸二钠及其他辅料为原料，添加或不添加香辛料和（或）食用香料等增香剂，经混合干燥加工而成，具有鸡肉的鲜味和香味的复合调味料。

允许使用的食品添加剂：

食品添加剂名称	功能	最大使用量/(g/kg)	备注
上级 12.10.01 分类允许使用的食品添加剂 14 项			
上级 12.10 分类允许使用的食品添加剂 31 项			
上级 12.0 分类允许使用的食品添加剂 20 项			
依据表 A.2 可以适量使用的食品添加剂 75 种(项)，见本手册 15 页			

食品分类号 12.10.01.03 食品名称：其他固体复合调味料

本类食品说明： 除上述两类（12.10.01.01 及 12.10.01.02）以外的其他固体复合调味料。

允许使用的食品添加剂：

食品添加剂名称	功能	最大使用量/(g/kg)	备注
磷酸，焦磷酸二氢二钠，焦磷酸钠，磷酸二氢钙，磷酸二氢钾，磷酸氢二铵，磷酸氢二钾，磷酸氢钙，磷酸三钙，磷酸三钾，磷酸三钠，六偏磷酸钠，三聚磷酸钠，磷酸二氢钠，磷酸氢二钠，焦磷酸四钾，焦磷酸一氢三钠，聚偏磷酸钾，酸式焦磷酸钙	水分保持剂、膨松剂、酸度调节剂、稳定剂、凝固剂、抗结剂	80.0	仅限方便湿面调味料包。可单独或混合使用，最大使用量以磷酸根(PO_4^{3-})计
上级 12.10.01 分类允许使用的食品添加剂 14 项			
上级 12.10 分类允许使用的食品添加剂 31 项			
上级 12.0 分类允许使用的食品添加剂 20 项			
依据表 A.2 可以适量使用的食品添加剂 75 种(项)，见本手册 15 页			

食品分类号 12.10.02 食品名称：半固体复合调味料

本类食品说明： 由两种或两种以上调味料为主要原料，添加辅料，加工制成的复合半固体状调味品，一般指膏状或酱状。如沙拉酱、蛋黄酱和其他复合调味酱。

允许使用的食品添加剂：

食品添加剂名称	功能	最大使用量/(g/kg)	备注
苯甲酸及其钠盐	防腐剂	1.0	以苯甲酸计
二氧化硫，焦亚硫酸钾，焦亚硫酸钠，亚硫酸钠，亚硫酸氢钠，低亚硫酸钠	漂白剂、防腐剂、抗氧化剂	0.05	最大使用量以二氧化硫残留量计
聚甘油蓖麻醇酸酯(PGPR)	乳化剂、稳定剂	5.0	
聚甘油脂肪酸酯	乳化剂、稳定剂、增稠剂、抗结剂	10.0	

续表

食品添加剂名称	功能	最大使用量/(g/kg)	备注
聚氧乙烯(20)山梨醇酐单月桂酸酯(又名吐温20),聚氧乙烯(20)山梨醇酐单棕榈酸酯(又名吐温40),聚氧乙烯(20)山梨醇酐单硬脂酸酯(又名吐温60),聚氧乙烯(20)山梨醇酐单油酸酯(又名吐温80)	乳化剂、消泡剂、稳定剂	5.0	
双乙酰酒石酸单双甘油酯	乳化剂、增稠剂	10.0	
天门冬酰苯丙氨酸甲酯(又名阿斯巴甜)	甜味剂	2.0	添加阿斯巴甜的食品应标明:"阿斯巴甜(含苯丙氨酸)"
麦芽糖醇和麦芽糖醇液	甜味剂、稳定剂、水分保持剂、乳化剂、膨松剂、增稠剂	按生产需要适量使用	
决明胶	增稠剂	2.5	
海藻酸丙二醇酯	增稠剂、乳化剂、稳定剂	8.0	
β-阿朴-8′-胡萝卜素醛	着色剂	0.005	以β-阿朴-8′-胡萝卜素醛计
番茄红素	着色剂	0.04	以纯番茄红素计
β-胡萝卜素	着色剂	2.0	
辣椒橙	着色剂	按生产需要适量使用	
亮蓝及其铝色淀	着色剂	0.5	以亮蓝计
柠檬黄及其铝色淀	着色剂	0.5	以柠檬黄计
日落黄及其铝色淀	着色剂	0.5	以日落黄计
胭脂虫红	着色剂	0.05	以胭脂红酸计
胭脂红及其铝色淀	着色剂	0.5	12.10.02.01蛋黄酱、沙拉酱除外。以胭脂红计
诱惑红及其铝色淀	着色剂	0.5	12.10.02.01蛋黄酱、沙拉酱除外。以诱惑红计
上级12.10分类允许使用的食品添加剂31项			
上级12.0分类允许使用的食品添加剂20项			
依据表A.2可以适量使用的食品添加剂75种(项),见本手册15页			

食品分类号 12.10.02.01　食品名称：蛋黄酱、沙拉酱

本类食品说明：蛋黄酱是西式调味品，以植物油、酸性配料（食醋、酸味剂）、蛋黄为主料，辅以变性淀粉、甜味剂、食盐、香料、乳化剂、增稠剂等配料，经混合搅拌、乳化均质制成的酸味半固体乳化调味酱。

沙拉酱：西式调味品，以植物油、酸性配料（食醋、酸味剂）等为主料，辅以变性淀粉、甜味剂、食盐、香料、乳化剂、增稠剂等配料，经混合搅拌、乳化均质制成的酸味半固体乳化调味酱。

允许使用的食品添加剂：

食品添加剂名称	功能	最大使用量/(g/kg)	备注
纳他霉素	防腐剂	0.02	残留量≤10mg/kg
迷迭香提取物(超临界二氧化碳萃取法)	抗氧化剂	0.3	
盐酸	酸度调节剂	按生产需要适量使用	
三氯蔗糖(又名蔗糖素)	甜味剂	1.25	
聚葡萄糖	增稠剂、膨松剂、水分保持剂、稳定剂	按生产需要适量使用	
甲壳素(又名几丁质)	增稠剂、稳定剂	2.0	
可得然胶	稳定剂和凝固剂、增稠剂	按生产需要适量使用	由关于海藻酸钙等食品添加剂新品种的公告(2016年第8号)增补
二氧化钛	着色剂	0.5	
胭脂红及其铝色淀	着色剂	0.2	以胭脂红计
上级12.10.02分类允许使用的食品添加剂18项，重新规定了胭脂红及其铝色淀的使用量			
上级12.10分类允许使用的食品添加剂31项			
上级12.0分类允许使用的食品添加剂20项			
依据表A.2可以适量使用的食品添加剂75种(项)，见本手册15页			

食品分类号 12.10.02.02　食品名称：以动物性原料为基料的调味酱

本类食品说明：以畜禽肉、水产品等动物性原料或其提取物为基础原料，添加其他调味品，以及添加或不添加其他辅料制成的调味酱。

允许使用的食品添加剂：

食品添加剂名称	功能	最大使用量/(g/kg)	备注
上级12.10.02分类允许使用的食品添加剂20项			
上级12.10分类允许使用的食品添加剂31项			
上级12.0分类允许使用的食品添加剂20项			
依据表A.2可以适量使用的食品添加剂75种(项)，见本手册15页			

食品分类号 12.10.02.03　食品名称：以蔬菜为基料的调味酱

本类食品说明：以蔬菜为基础原料，添加或不添加其他辅料制成的调味酱。

允许使用的食品添加剂：

食品添加剂名称	功能	最大使用量/(g/kg)	备注
上级 12.10.02 分类允许使用的食品添加剂 20 项			
上级 12.10 分类允许使用的食品添加剂 31 项			
上级 12.0 分类允许使用的食品添加剂 20 项			
依据表 A.2 可以适量使用的食品添加剂 75 种(项)，见本手册 15 页			

食品分类号 12.10.02.04　食品名称：其他半固体复合调味料

本类食品说明：除以上三类（12.10.02.01—12.10.02.03）以外的半固体复合调味料。

允许使用的食品添加剂：

食品添加剂名称	功能	最大使用量/(g/kg)	备注
上级 12.10.02 分类允许使用的食品添加剂 20 项			
上级 12.10 分类允许使用的食品添加剂 31 项			
上级 12.0 分类允许使用的食品添加剂 20 项			
依据表 A.2 可以适量使用的食品添加剂 75 种(项)，见本手册 15 页			

食品分类号 12.10.03　食品名称：液体复合调味料（不包括 12.03、12.04）

本类食品说明：以两种或两种以上调味品为主要原料，添加或不添加其他辅料，加工而成的呈液态的复合调味料。如鸡汁调味料、糟卤和其他液态复合调味料。

允许使用的食品添加剂：

食品添加剂名称	功能	最大使用量/(g/kg)	备注
苯甲酸及其钠盐	防腐剂	1.0	
聚氧乙烯(20)山梨醇酐单月桂酸酯(又名吐温 20)，聚氧乙烯(20)山梨醇酐单棕榈酸酯(又名吐温 40)，聚氧乙烯(20)山梨醇酐单硬脂酸酯(又名吐温 60)，聚氧乙烯(20)山梨醇酐单油酸酯(又名吐温 80)	乳化剂、消泡剂、稳定剂	1.0	
双乙酰酒石酸单双甘油酯	乳化剂、增稠剂	5.0	
天门冬酰苯丙氨酸甲酯(又名阿斯巴甜)	甜味剂	1.2	添加阿斯巴甜的食品应标明："阿斯巴甜(含苯丙氨酸)"
麦芽糖醇和麦芽糖醇液	甜味剂、稳定剂、水分保持剂、乳化剂、膨松剂、增稠剂	按生产需要适量使用	
决明胶	增稠剂	2.5	
β-胡萝卜素	着色剂	1.0	
柠檬黄及其铝色淀	着色剂	0.15	以柠檬黄计
上级 12.10 分类允许使用的食品添加剂 31 项			
上级 12.0 分类允许使用的食品添加剂 20 项			
依据表 A.2 可以适量使用的食品添加剂 75 种(项)，见本手册 15 页			

食品分类号 12.10.03.01　食品名称：浓缩汤（罐装、瓶装）

本类食品说明：以动植物或其提取物为主要原料，添加食盐等调味料及辅料，经浓缩而成的汤料。

允许使用的食品添加剂：

食品添加剂名称	功能	最大使用量/(g/kg)	备注
迷迭香提取物(超临界二氧化碳萃取法)	抗氧化剂	0.3	
上级 12.10.03 分类允许使用的食品添加剂 8 项			
上级 12.10 分类允许使用的食品添加剂 31 项			
上级 12.0 分类允许使用的食品添加剂 20 项			
依据表 A.2 可以适量使用的食品添加剂 75 种(项)，见本手册 15 页			

食品分类号 12.10.03.02　食品名称：肉汤、骨汤

本类食品说明：以鲜冻畜禽肉、鱼、骨或其抽提物为主要原料，添加调味料及辅料制成的汤料。

允许使用的食品添加剂：

食品添加剂名称	功能	最大使用量/(g/kg)	备注
上级 12.10.03 分类允许使用的食品添加剂 8 项			
上级 12.10 分类允许使用的食品添加剂 31 项			
上级 12.0 分类允许使用的食品添加剂 20 项			
依据表 A.2 可以适量使用的食品添加剂 75 种(项)，见本手册 15 页			

食品分类号 12.10.03.03　食品名称：调味清汁

本类食品说明：稀薄、非乳化的调味汁。

允许使用的食品添加剂：

食品添加剂名称	功能	最大使用量/(g/kg)	备注
上级 12.10.03 分类允许使用的食品添加剂 8 项			
上级 12.10 分类允许使用的食品添加剂 31 项			
上级 12.0 分类允许使用的食品添加剂 20 项			
依据表 A.2 可以适量使用的食品添加剂 75 种(项)，见本手册 15 页			

食品分类号 12.10.03.04　食品名称：蚝油、虾油、鱼露等

本类食品说明：蚝油是指利用牡蛎蒸、煮后的汁液进行浓缩或直接用牡蛎肉酶解，再加入食糖和（或）甜味剂、食盐、淀粉或改性淀粉等原料，辅以其他配料和食品添加剂制成的调味品。虾油：从虾酱中提取的汁液称为虾油。鱼露：以鱼、虾、贝类为原料，在较高盐分下经生物酶解制成的鲜味液体调味品。包括其他来源相类似的液体复合调味料。

允许使用的食品添加剂：

食品添加剂名称	功能	最大使用量/(g/kg)	备注
对羟基苯甲酸酯类及其钠盐(对羟基苯甲酸甲酯钠,对羟基苯甲酸乙酯及其钠盐)	防腐剂	0.25	以对羟基苯甲酸计
上级 12.10.03 分类允许使用的食品添加剂 8 项			
上级 12.10 分类允许使用的食品添加剂 31 项			
上级 12.0 分类允许使用的食品添加剂 20 项			
依据表 A.2 可以适量使用的食品添加剂 75 种(项),见本手册 15 页			

食品分类号 12.11　食品名称：其他调味料

本类食品说明：除以上 10 类（12.01—12.10）以外的调味料。

允许使用的食品添加剂：

食品添加剂名称	功能	最大使用量/(g/kg)	备注
上级 12.0 分类允许使用的食品添加剂 20 项			
依据表 A.2 可以适量使用的食品添加剂 75 种(项),见本手册 15 页			

第十三类　特殊膳食用食品

食品分类号 13.0　食品名称：特殊膳食用食品

本类食品说明：为满足某些特殊人群的生理需要，或某些疾病患者的营养需要，按特殊配方专门加工成的食品。这类食品的成分及成分含量，应与普通食品有显著不同。包括婴幼儿配方食品、婴幼儿辅助食品、特殊医学用途配方食品和其他特殊膳食用食品。

允许使用的食品添加剂：

食品添加剂名称	功能	最大使用量/(g/kg)	备注
依据表 A.2 可以适量使用的食品添加剂 75 种(项),见本手册 15 页			

食品分类号 13.01　食品名称：婴幼儿配方食品（属表 A.3 所例外的食品类别）

本类食品说明：包含婴儿配方食品、较大婴儿和幼儿配方食品、特殊医学用途婴儿配方食品。

允许使用的食品添加剂：

食品添加剂名称	功能	最大使用量/(g/kg)	备注
抗坏血酸棕榈酸酯	抗氧化剂	0.05	以脂肪中抗坏血酸计
磷脂	抗氧化剂、乳化剂	按生产需要适量使用	

续表

食品添加剂名称	功能	最大使用量/(g/kg)	备注
单，双甘油脂肪酸酯(油酸、亚油酸、棕榈酸、山嵛酸、硬脂酸、月桂酸、亚麻酸)	乳化剂	按生产需要适量使用	
柠檬酸脂肪酸甘油酯	乳化剂	24.0	
卡拉胶	乳化剂、稳定剂、增稠剂	0.3g/L	以即食状态食品中的使用量计
磷酸，焦磷酸二氢二钠，焦磷酸钠，磷酸二氢钙，磷酸二氢钾，磷酸氢二铵，磷酸氢二钾，磷酸氢钙，磷酸三钙，磷酸三钾，磷酸三钠，六偏磷酸钠，三聚磷酸钠，磷酸二氢钠，磷酸氢二钠，焦磷酸四钾，焦磷酸一氢三钠，聚偏磷酸钾，酸式焦磷酸钙	水分保持剂、膨松剂、酸度调节剂、稳定剂、凝固剂、抗结剂	1.0	仅限使用磷酸氢钙和磷酸二氢钠，可单独或混合使用，最大使用量以磷酸根(PO_4^{3-})计
柠檬酸及其钠盐、钾盐	酸度调节剂	按生产需要适量使用	
氢氧化钙	酸度调节剂	按生产需要适量使用	
氢氧化钾	酸度调节剂	按生产需要适量使用	
乳酸	酸度调节剂	按生产需要适量使用	
碳酸钾	酸度调节剂	按生产需要适量使用	
碳酸氢钾	酸度调节剂	按生产需要适量使用	
槐豆胶(又名刺槐豆胶)	增稠剂	7.0	
异构化乳糖液	其他	15.0	

食品分类号 13.01.01　食品名称：婴儿配方食品（附属表 A.3 所例外的食品类别）

本类食品说明：包括乳基婴儿配方食品和豆基婴儿配方食品。乳基指以乳类及乳蛋白制品为主要原料，加入适量的维生素、矿物质和/或其他成分，仅用物理方法生产加工制成的液态或粉状产品。适于正常婴儿食用，其能量和营养成分能够满足 0～6 月龄婴儿的正常营养需要。豆基指以大豆及大豆蛋白制品为主要原料，加入适量的维生素、矿物质和/或其他成分，仅用物理方法生产加工制成的液态或粉状产品。适于正常婴儿食用，其能量和营养成分能够满足 0～6 月龄婴儿的正常营养需要。

允许使用的食品添加剂：

食品添加剂名称	功能	最大使用量/(g/kg)	备注
辛烯基琥珀酸淀粉钠	乳化剂，其他	1.0	作为 DHA/ARA 载体，以即食食品计
酪蛋白酸钠(又名酪朊酸钠)	其他	1.0	以即食食品计，作为花生四烯酸(ARA)和二十二碳六烯酸(DHA)载体
上级 13.01 分类允许使用的食品添加剂 14 项			

食品分类号 13.01.02　食品名称：较大婴儿和幼儿配方食品（附属表 A.3 所例外的食品类别）

本类食品说明：以乳类及乳蛋白制品，或大豆及大豆蛋白制品为主要原料，加入适量的维生素、矿物质和/或其他辅料，仅用物理方法生产加工制成的液态或粉状产品，适用于较大婴儿和幼儿食用，其营养成分能满足正常较大婴儿和幼儿的部分营养需要。

允许使用的食品添加剂：

食品添加剂名称	功能	最大使用量/(g/kg)	备注
瓜尔胶	增稠剂	1.0g/L	以即食状态食品中的使用量计
辛烯基琥珀酸淀粉钠	乳化剂,其他	50.0	作为DHA/ARA载体,以即食食品计
酪蛋白酸钠(又名酪朊酸钠)	其他	1.0	以即食食品计,作为花生四烯酸(ARA)和二十二碳六烯酸(DHA)载体
香荚兰豆浸膏(提取物)		按生产需要适量使用	(表B.1)其中100ml以即食食品计,生产企业应按照冲调比例折算成配方食品中的使用量。凡使用范围涵盖0至6个月婴幼儿配方食品不得添加任何食用香料
上级 13.01 分类允许使用的食品添加剂 14 项			

食品分类号 13.01.03　食品名称：特殊医学用途婴儿配方食品（附属表 A.3 所例外的食品类别）

本类食品说明：指针对患有特殊疾病或生理状况紊乱等特殊医学状况婴儿的营养需求而设计制成的粉状或液态配方食品。在医生或临床营养师的指导下，单独食用或与其他食物配合食用时，其能量和营养成分能够满足 0～6 月龄特殊医学状况婴儿的生长发育需求。

允许使用的食品添加剂：

食品添加剂名称	功能	最大使用量/(g/kg)	备注
黄原胶(又名汉生胶)	稳定剂、增稠剂	9.0	使用量仅限粉状产品,液态产品按照稀释倍数折算
辛烯基琥珀酸淀粉钠	乳化剂,其他	150.0	使用量仅限粉状产品,液态产品按照稀释倍数折算
上级 13.01 分类允许使用的食品添加剂 14 项			

食品分类号 13.02　食品名称：婴幼儿辅助食品（属表 A.3 所例外的食品类别）

本类食品说明：包括婴幼儿谷类辅助食品和婴幼儿罐装辅助食品。

允许使用的食品添加剂：

食品添加剂名称	功能	最大使用量/(g/kg)	备注
抗坏血酸棕榈酸酯	抗氧化剂	0.05	以脂肪中抗坏血酸计
磷脂	抗氧化剂、乳化剂	按生产需要适量使用	
单,双甘油脂肪酸酯(油酸、亚油酸、棕榈酸、山嵛酸、硬脂酸、月桂酸、亚麻酸)	乳化剂	按生产需要适量使用	
磷酸,焦磷酸二氢二钠,焦磷酸钠,磷酸二氢钙,磷酸二氢钾,磷酸氢二铵,磷酸氢二钾,磷酸氢钙,磷酸三钙,磷酸三钾,磷酸三钠,六偏磷酸钠,三聚磷酸钠,磷酸二氢钠,磷酸氢二钠,焦磷酸四钾,焦磷酸一氢三钠,聚偏磷酸钾,酸式焦磷酸钙	水分保持剂、膨松剂、酸度调节剂、稳定剂、凝固剂、抗结剂	1.0	仅限使用磷酸氢钙和磷酸二氢钠,可单独或混合使用,最大使用量以磷酸根(PO_4^{3-})计
柠檬酸及其钠盐、钾盐	酸度调节剂	按生产需要适量使用	

食品分类号 13.02.01　食品名称：婴幼儿谷类辅助食品（附属表 A.3 所例外的食品类别）

本类食品说明：以一种或多种谷物（如：小麦、大米、大麦、燕麦、黑麦、玉米等）为主要原料，且谷物占干物质组成的 25%以上，添加适量的营养强化剂和（或）其他辅料，经加工制成的适于 6 月龄以上婴儿和幼儿食用的辅助食品。

允许使用的食品添加剂：

食品添加剂名称	功能	最大使用量/(g/kg)	备注
碳酸氢铵	膨松剂	按生产需要适量使用	
碳酸氢钠	膨松剂	按生产需要适量使用	
上级 13.02 分类允许使用的食品添加剂 5 项			

食品分类号 13.02.02　食品名称：婴幼儿罐装辅助食品（附属表 A.3 所例外的食品类别）

本类食品说明：食品原料经处理、灌装、密封、杀菌或无菌灌装后达到商业无菌，可在常温下保存的适于 6 月龄以上婴幼儿食用的食品。

允许使用的食品添加剂：

食品添加剂名称	功能	最大使用量/(g/kg)	备注
上级 13.02 分类允许使用的食品添加剂 5 项			

食品分类号 13.03　食品名称：空缺

食品分类号 13.04　食品名称：空缺

食品分类号 13.05　食品名称：其他特殊膳食用食品

本类食品说明：除上述类别外的其他特殊膳食用食品（包括辅食营养补充品、运动营养食品，以及其他具有相应国家标准的特殊膳食用食品）。

允许使用的食品添加剂：

食品添加剂名称	功能	最大使用量/(g/kg)	备注
依据表 A.2 可以适量使用的食品添加剂 75 种(项)，见本手册 15 页			

第十四类　饮料类

食品分类号 14.0　食品名称：饮料类

本类食品说明：经过定量包装的，供直接饮用或按一定比例用水冲调或冲泡饮用的、乙醇含量不超过 0.5%的制品。也可为饮料浓浆或固体形态产品。

允许使用的食品添加剂：

食品添加剂名称	功能	最大使用量/(g/kg)	备注
二氧化碳	防腐剂	按生产需要适量使用	
ε-聚赖氨酸盐酸盐	防腐剂	0.20	固体饮料按稀释倍数增加使用量
乳酸链球菌素	防腐剂	0.2	14.01 包装饮用水类除外。固体饮料按冲调倍数增加使用量
山梨酸及其钾盐	防腐剂、抗氧化剂、稳定剂	0.5	14.01 包装饮用水类除外。以山梨酸计，固体饮料按冲调倍数增加使用量
异构化乳糖液	其他	1.5	14.01 包装饮用水类除外。固体饮料按稀释倍数增加使用量
辛，癸酸甘油酯	乳化剂	按生产需要适量使用	14.01 包装饮用水类除外。固体饮料按稀释倍数增加使用量
蔗糖脂肪酸酯	乳化剂	1.5	14.01 包装饮用水类除外。固体饮料按冲调倍数增加使用量
聚甘油脂肪酸酯	乳化剂、稳定剂、增稠剂、抗结剂	10.0	14.01 包装饮用水类除外。固体饮料按稀释倍数增加使用量

续表

食品添加剂名称	功能	最大使用量/(g/kg)	备注
聚氧乙烯(20)山梨醇酐单月桂酸酯(又名吐温 20),聚氧乙烯(20)山梨醇酐单棕榈酸酯(又名吐温 40),聚氧乙烯(20)山梨醇酐单硬脂酸酯(又名吐温 60),聚氧乙烯(20)山梨醇酐单油酸酯(又名吐温 80)	乳化剂、消泡剂、稳定剂	0.5	14.01 包装饮用水类及 14.06 固体饮料除外
磷酸,焦磷酸二氢二钠,焦磷酸钠,磷酸二氢钙,磷酸二氢钾,磷酸氢二铵,磷酸氢二钾,磷酸氢钙,磷酸三钙,磷酸三钾,磷酸三钠,六偏磷酸钠,三聚磷酸钠,磷酸二氢钠,磷酸氢二钠,焦磷酸四钾,焦磷酸一氢三钠,聚偏磷酸钾,酸式焦磷酸钙	水分保持剂、膨松剂、酸度调节剂、稳定剂、凝固剂、抗结剂	5.0	14.01 包装饮用水类除外。可单独或混合使用,最大使用量以磷酸根(PO_4^{3-})计,固体饮料按稀释倍数增加使用量
富马酸一钠	酸度调节剂	按生产需要适量使用	14.01 包装饮用水类除外。固体饮料按稀释倍数增加使用量
甘草酸铵,甘草酸一钾及三钾	甜味剂	按生产需要适量使用	14.01 包装饮用水类除外。固体饮料按稀释倍数增加使用量
环己基氨基磺酸钠(又名甜蜜素),环己基氨基磺酸钙	甜味剂	0.65	14.01 包装饮用水类除外。以环己基氨基磺酸计,固体饮料按稀释倍数增加使用量
三氯蔗糖(又名蔗糖素)	甜味剂	0.25	14.01 包装饮用水类除外。固体饮料按冲调倍数增加使用量
索马甜	甜味剂	0.025	14.01 包装饮用水类除外。固体饮料按稀释倍数增加使用量
L-α-天冬氨酰-N-(2,2,4,4-四甲基-3-硫化三亚甲基)-D-丙氨酰胺(又名阿力甜)	甜味剂	0.1	14.01 包装饮用水类除外。固体饮料按稀释倍数增加使用量
天门冬酰苯丙氨酸甲酯乙酰磺胺酸	甜味剂	0.68	14.01 包装饮用水类除外。固体饮料按稀释倍数增加使用量
甜菊糖苷	甜味剂	0.2	14.01 包装饮用水类除外。以甜菊醇当量计,固体饮料按稀释倍数增加使用量

续表

食品添加剂名称	功能	最大使用量/(g/kg)	备注
乙酰磺胺酸钾(又名安赛蜜)	甜味剂	0.3	14.01包装饮用水类除外。固体饮料按冲调倍数增加使用量
异麦芽酮糖	甜味剂	按生产需要适量使用	14.01包装饮用水类除外。固体饮料按稀释倍数增加使用量
山梨糖醇和山梨糖醇液	甜味剂、膨松剂、乳化剂、水分保持剂、稳定剂、增稠剂	按生产需要适量使用	14.01包装饮用水类除外。固体饮料按稀释倍数增加使用量
麦芽糖醇和麦芽糖醇液	甜味剂、稳定剂、水分保持剂、乳化剂、膨松剂、增稠剂	按生产需要适量使用	14.01包装饮用水类除外。固体饮料按稀释倍数增加使用量
乙二胺四乙酸二钠	稳定剂、凝固剂、抗氧化剂、防腐剂	0.03	14.01包装饮用水类除外。固体饮料按稀释倍数增加使用量
刺云实胶	增稠剂	2.5	14.01包装饮用水类除外。固体饮料按稀释倍数增加使用量
淀粉磷酸酯钠	增稠剂	按生产需要适量使用	14.01包装饮用水类除外。固体饮料按稀释倍数增加使用量
亚麻籽胶(又名富兰克胶)	增稠剂	5.0	14.01包装饮用水类除外。固体饮料按冲调倍数增加使用量
皂荚糖胶	增稠剂	4.0	14.01包装饮用水类除外。固体饮料按冲调倍数增加使用量
聚葡萄糖	增稠剂、膨松剂、水分保持剂、稳定剂	按生产需要适量使用	14.01包装饮用水类除外。固体饮料按稀释倍数增加使用量
可溶性大豆多糖	增稠剂、乳化剂、被膜剂、抗结剂	10.0	14.01包装饮用水类除外。固体饮料按稀释倍数增加使用量
海藻酸丙二醇酯	增稠剂、乳化剂、稳定剂	0.3	14.01包装饮用水类除外。固体饮料按稀释倍数增加使用量
β-阿朴-8′-胡萝卜素醛	着色剂	0.010	14.01包装饮用水类除外。以β-阿朴-8′-胡萝卜素醛计,固体饮料按冲调倍数增加使用量

续表

食品添加剂名称	功能	最大使用量/(g/kg)	备注
番茄红	着色剂	0.006	14.01 包装饮用水类除外。固体饮料按稀释倍数增加使用量
番茄红素	着色剂	0.015	14.01 包装饮用水类除外。以纯番茄红素计，固体饮料按稀释倍数增加使用量
姜黄	着色剂	按生产需要适量使用	14.01 包装饮用水类除外。固体饮料按稀释倍数增加使用量
亮蓝及其铝色淀	着色剂	0.02	14.01 包装饮用水类除外。以亮蓝计
柠檬黄及其铝色淀	着色剂	0.1	14.01 包装饮用水类除外。以柠檬黄计，固体饮料按稀释倍数增加使用量
葡萄皮红	着色剂	2.5	14.01 包装饮用水类除外。固体饮料按照稀释倍数增加使用量
胭脂虫红	着色剂	0.6	14.01 包装饮用水类除外。以胭脂红酸计，固体饮料按稀释倍数增加使用量
胭脂树橙(又名红木素，降红木素)	着色剂	0.6	14.01 包装饮用水类除外。固体饮料按冲调倍数增加使用量
杨梅红	着色剂	0.1	14.01 包装饮用水类除外。固体饮料按稀释倍数增加使用量
叶黄素	着色剂	0.05	14.01 包装饮用水类除外。固体饮料按稀释倍数增加使用量
叶绿素铜钠盐，叶绿素铜钾盐	着色剂	0.5	14.01 包装饮用水类除外。仅限使用叶绿素铜钠盐，固体饮料按稀释倍数增加使用量，果蔬汁(浆)类饮料除外
诱惑红及其铝色淀	着色剂	0.1	14.01 包装饮用水类除外。以诱惑红计，固体饮料按稀释倍数增加使用量
依据表 A.2 可以适量使用的食品添加剂 75 种(项)，见本手册 15 页			

食品分类号 14.01　食品名称：包装饮用水类

本类食品说明：以直接来源于地表、地下或公共供水系统的水为水源，其水质应符合 GB 5749 的规定（天然矿泉水参见 GB 8537—2008），经加工制成的密封于容器中可直接饮用的水。当包装饮用水中添加食品添加剂时，应在产品名称的邻近位置标示“添加食品添加剂用于调节口味”等类似字样。

允许使用的食品添加剂：

食品添加剂名称	功能	最大使用量/(g/kg)	备注
二氧化碳	防腐剂	按生产需要适量使用	
依据上级 14.0 分类允许使用的食品添加剂 1 项：二氧化碳，在包装饮用水中仅起调节口味的作用			

食品分类号 14.01.01　食品名称：饮用天然矿泉水（属表 A.3 所例外的食品类别）

本类食品说明：采用从地下深处自然涌出的或经钻井采集的、未受污染的地下矿水制成的制品。它含有一定量的矿物盐、微量元素或二氧化碳气体。参见 GB 8537—2008 饮用天然矿泉水。

允许使用的食品添加剂：

食品添加剂名称	功能	最大使用量/(g/kg)	备注
二氧化碳	其他	按生产需要适量使用	由关于食品用香料新品种 9-癸烯-2-酮、茶多酚等 7 种食品添加剂扩大使用范围和食品营养强化剂钙扩大使用范围的公告（2016 年第 14 号）增补

食品分类号 14.01.02　食品名称：饮用纯净水（属表 A.3 所例外的食品类别）

本类食品说明：以直接来源于地表、地下或公共供水系统的水为水源，经适当的水净化加工方法，制成的不含任何食品添加剂的制品。

允许使用的食品添加剂：不允许使用食品添加剂

食品分类号 14.01.03　食品名称：其他类饮用水（属表 A.3 所例外的食品类别）

本类食品说明：除饮用天然矿泉水和饮用纯净水外的包装饮用水。

允许使用的食品添加剂：

食品添加剂名称	功能	最大使用量/(g/kg)	备注
氯化钙	稳定剂、增稠剂	0.1g/L	自然来源饮用水除外。以 Ca 计为 36mg/L
硫酸镁	其他	0.05g/L	自然来源饮用水除外
硫酸锌	其他	0.006g/L	自然来源饮用水除外。以 Zn 计为 2.4mg/L
氯化钾	其他	按生产需要适量使用	自然来源饮用水除外

食品分类号 14.02　食品名称：果蔬汁类及其饮料

本类食品说明：用水果和（或）蔬菜（包括可食的根、茎、叶、花、果实）等为原料，经加工或发酵制成的饮料。

允许使用的食品添加剂：

食品添加剂名称	功能	最大使用量/(g/kg)	备注
ε-聚赖氨酸	防腐剂	0.2g/L	固体饮料按稀释倍数增加使用量
栀子蓝	着色剂	0.5	
上级 14.0 分类允许使用的食品添加剂 43 项			
依据表 A.2 可以适量使用的食品添加剂 75 种(项)，见本手册 15 页			

食品分类号 14.02.01　食品名称：果蔬汁（浆）（属表 A.3 所例外的食品类别）

本类食品说明：采用物理方法，将水果或蔬菜加工制成的汁（浆）液；或在浓缩果汁（浆）或浓缩蔬菜汁（浆）中加入在浓缩时失去的等量的水，复原而成的制品。可以使用食糖、酸味剂或食盐，调整果汁、蔬菜汁的风味，但不得同时使用食糖和酸味剂调整果汁的风味。如原榨果汁（非复原果汁）、果汁（复原果汁）、蔬菜汁、果浆/蔬菜浆、复合果蔬汁（浆）等。

允许使用的食品添加剂：

食品添加剂名称	功能	最大使用量/(g/kg)	备注
纳他霉素	防腐剂	0.3	表面使用，混悬液喷雾或浸泡，残留量<10mg/kg
脱氢乙酸及其钠盐(又名脱氢醋酸及其钠盐)	防腐剂	0.3	以脱氢乙酸计
抗坏血酸(又名维生素)	抗氧化剂	1.5	由关于批准 β-半乳糖苷酶为食品添加剂新品种等的公告(2015 年第 1 号)增补
二氧化硫，焦亚硫酸钾，焦亚硫酸钠，亚硫酸钠，亚硫酸氢钠，低亚硫酸钠	漂白剂、防腐剂、抗氧化剂	0.05	最大使用量以二氧化硫残留量计，浓缩果蔬汁(浆)按浓缩倍数折算，固体饮料按稀释倍数增加使用量
果胶	乳化剂、稳定剂、增稠剂	3.0	固体饮料按稀释倍数增加使用量
卡拉胶	乳化剂、稳定剂、增稠剂	按生产需要适量使用	固体饮料按稀释倍数增加使用量
黄原胶(又名汉生胶)	稳定剂、增稠剂	按生产需要适量使用	固体饮料按稀释倍数增加使用量
海藻酸钠(又名褐藻酸钠)	增稠剂	按生产需要适量使用	固体饮料按稀释倍数增加使用量

食品分类号 14.02.02　食品名称：浓缩果蔬汁（浆）（属表 A.3 所例外的食品类别）

本类食品说明：以水果或蔬菜为原料，从采用物理方法榨取的果汁（浆）或蔬菜汁

（浆）中除去一定量的水分制成的具有果汁（浆）或蔬菜汁（浆）应有特征的制品。含有不少于两种浓缩果汁（浆）或浓缩蔬菜汁（浆）的制品为浓缩复合果蔬汁（浆）。

允许使用的食品添加剂：

食品添加剂名称	功能	最大使用量/(g/kg)	备注
苯甲酸及其钠盐	防腐剂	2.0	仅限食品工业用。以苯甲酸计，固体饮料按稀释倍数增加使用量
山梨酸及其钾盐	防腐剂、抗氧化剂、稳定剂	2.0	仅限食品工业用。以山梨酸计，固体饮料按稀释倍数增加使用量
抗坏血酸钠	抗氧化剂	按生产需要适量使用	
抗坏血酸钙	抗氧化剂	按生产需要适量使用	固体饮料按稀释倍数增加使用量
D-异抗坏血酸及其钠盐	抗氧化剂、护色剂	按生产需要适量使用	固体饮料按稀释倍数增加使用量
抗坏血酸(又名维生素)	抗氧化剂	按生产需要适量使用	固体饮料按稀释倍数增加使用量
柠檬酸及其钠盐、钾盐	酸度调节剂	按生产需要适量使用	固体饮料按稀释倍数增加使用量

食品分类号 14.02.03　食品名称：果蔬汁（浆）类饮料

本类食品说明：以果蔬汁（浆）、浓缩果蔬汁（浆）为原料，添加或不添加其他食品原辅料和食品添加剂，经加工制成的制品。如果蔬汁饮料、果肉（浆）饮料、复合果蔬汁饮料、果蔬汁饮料浓浆、发酵果蔬汁饮料、水果饮料。

允许使用的食品添加剂：

食品添加剂名称	功能	最大使用量/(g/kg)	备注
普鲁兰多糖	增稠剂	3.0	固体饮料按稀释倍数增加使用量
苯甲酸及其钠盐	防腐剂	1.0	以苯甲酸计，固体饮料按稀释倍数增加使用量
对羟基苯甲酸酯类及其钠盐(对羟基苯甲酸甲酯钠，对羟基苯甲酸乙酯及其钠盐)	防腐剂	0.25	以对羟基苯甲酸计，固体饮料按稀释倍数增加使用量
二甲基二碳酸盐(又名维果灵)	防腐剂	0.25	固体饮料按稀释倍数增加使用量
ε-聚赖氨酸	防腐剂	0.2g/L	固体饮料按稀释倍数增加使用量
维生素 E(*dl-α*-生育酚，*d-α*-生育酚，混合生育酚浓缩物)	抗氧化剂	0.2	固体饮料按稀释倍数增加使用量
植酸(又名肌醇六磷酸)，植酸钠	抗氧化剂	0.2	固体饮料按稀释倍数增加使用量

续表

食品添加剂名称	功能	最大使用量/(g/kg)	备注
竹叶抗氧化物	抗氧化剂	0.5	固体饮料按稀释倍数增加使用量
二氧化硫,焦亚硫酸钾,焦亚硫酸钠,亚硫酸钠,亚硫酸氢钠,低亚硫酸钠	漂白剂、防腐剂、抗氧化剂	0.05	最大使用量以二氧化硫残留量计,浓缩果蔬汁(浆)按浓缩倍数折算,固体饮料按稀释倍数增加使用量
琥珀酸单甘油酯	乳化剂	2.0	
氢化松香甘油酯	乳化剂	0.1	固体饮料按稀释倍数增加使用量
山梨醇酐单月桂酸酯(又名司盘20),山梨醇酐单棕榈酸酯(又名司盘40),山梨醇酐单硬脂酸酯(又名司盘60),山梨醇酐三硬脂酸酯(又名司盘65),山梨醇酐单油酸酯(又名司盘80)	乳化剂	3.0	
皂树皮提取物	乳化剂	0.05	按皂素计,固体饮料按稀释倍数增加使用量。由关于海藻酸钙等食品添加剂新品种的公告(2016年第8号)增补
聚氧乙烯(20)山梨醇酐单月桂酸酯(又名吐温20),聚氧乙烯(20)山梨醇酐单棕榈酸酯(又名吐温40),聚氧乙烯(20)山梨醇酐单硬脂酸酯(又名吐温60),聚氧乙烯(20)山梨醇酐单油酸酯(又名吐温80)	乳化剂、消泡剂、稳定剂	0.75	固体饮料按稀释倍数增加使用量
双乙酰酒石酸单双甘油酯	乳化剂、增稠剂	5.0	固体饮料按稀释倍数增加使用量
富马酸	酸度调节剂	0.6	固体饮料按稀释倍数增加使用量
L(+)-酒石酸,*dl*-酒石酸	酸度调节剂	5.0	以酒石酸计,固体饮料按稀释倍数增加使用量
N-[*N*-(3,3-二甲基丁基)]-L-α-天门冬氨-L-苯丙氨酸1-甲酯(又名纽甜)	甜味剂	0.033	固体饮料按稀释倍数增加使用量
天门冬酰苯丙氨酸甲酯(又名阿斯巴甜)	甜味剂	0.6	固体饮料按稀释倍数增加使用量。添加阿斯巴甜的食品应标明:“阿斯巴甜(含苯丙氨酸)”
β-环状糊精	增稠剂	0.5	固体饮料按稀释倍数增加使用量

续表

食品添加剂名称	功能	最大使用量/(g/kg)	备注
海藻酸丙二醇酯	增稠剂、乳化剂、稳定剂	3.0	固体饮料按稀释倍数增加使用量
氨基乙酸(又名甘氨酸)	增味剂	1.0	固体饮料按稀释倍数增加使用量
赤藓红及其铝色淀	着色剂	0.05	以赤藓红计,固体饮料按稀释倍数增加使用量
靛蓝及其铝色淀	着色剂	0.1	以靛蓝计,固体饮料按稀释倍数增加使用量
黑豆红	着色剂	0.8	固体饮料按稀释倍数增加使用量
红花黄	着色剂	0.2	固体饮料按稀释倍数增加使用量
红曲黄色素	着色剂	按生产需要适量使用	
红曲米,红曲红	着色剂	按生产需要适量使用	
β-胡萝卜素	着色剂	2.0	固体饮料按稀释倍数增加使用量
焦糖色(加氨生产)	着色剂	按生产需要适量使用	固体饮料按稀释倍数增加使用量
焦糖色(普通法)	着色剂	按生产需要适量使用	固体饮料按稀释倍数增加使用量
焦糖色(亚硫酸铵法)	着色剂	按生产需要适量使用	
菊花黄浸膏	着色剂	0.3	固体饮料按稀释倍数增加使用量
辣椒红	着色剂	按生产需要适量使用	固体饮料按稀释倍数增加使用量
蓝锭果红	着色剂	1.0	固体饮料按稀释倍数增加使用量
亮蓝及其铝色淀	着色剂	0.025	以亮蓝计
萝卜红	着色剂	按生产需要适量使用	固体饮料按稀释倍数增加使用量
玫瑰茄红	着色剂	按生产需要适量使用	固体饮料按稀释倍数增加使用量
密蒙黄	着色剂	按生产需要适量使用	固体饮料按稀释倍数增加使用量
日落黄及其铝色淀	着色剂	0.1	以日落黄计
桑椹红	着色剂	1.5	固体饮料按照稀释倍数增加使用量
酸枣色	着色剂	1.0	固体饮料按照稀释备注增加使用量

续表

食品添加剂名称	功能	最大使用量/(g/kg)	备注
天然苋菜红	着色剂	0.25	固体饮料按稀释倍数增加使用量
苋菜红及其铝色淀	着色剂	0.05	以苋菜红计，高糖果蔬汁(浆)类饮料按照稀释倍数加入
新红及其铝色淀	着色剂	0.05	以新红计，固体饮料按稀释倍数增加使用量
胭脂红及其铝色淀	着色剂	0.05	以胭脂红计，固体饮料按稀释倍数增加使用量
叶绿素铜钠盐，叶绿素铜钾盐	着色剂	按生产需要适量使用	
越橘红	着色剂	按生产需要适量使用	固体饮料按稀释倍数增加使用量
藻蓝(淡、海水)	着色剂	0.8	固体饮料按稀释倍数增加使用量
栀子黄	着色剂	0.3	
紫草红	着色剂	0.1	固体饮料按稀释倍数增加使用量
紫甘薯色素	着色剂	0.1	固体饮料按稀释倍数增加使用量
紫胶红(又名虫胶红)	着色剂	0.5	固体饮料按稀释倍数增加使用量
栀子蓝	着色剂	0.5	
上级 14.02 分类允许使用的食品添加剂 2 项			
上级 14.0 分类允许使用的食品添加剂 43 项			
依据表 A.2 可以适量使用的食品添加剂 75 种(项)，见本手册 15 页			

食品分类号 14.03　食品名称：蛋白饮料

本类食品说明：以乳或乳制品，或其他动物来源的可食用蛋白，或有一定蛋白质含量的植物的果实、种子或种仁等为原料，添加或不添加其他食品原辅料和食品添加剂，经加工或发酵制成的液体饮料。

允许使用的食品添加剂：

食品添加剂名称	功能	最大使用量/(g/kg)	备注
苯甲酸及其钠盐	防腐剂	1.0	以苯甲酸计，固体饮料按稀释倍数增加使用量
维生素 E(*dl*-*α*-生育酚，*d*-*α*-生育酚，混合生育酚浓缩物)	抗氧化剂	0.2	
琥珀酸单甘油酯	乳化剂	2.0	

续表

食品添加剂名称	功能	最大使用量/(g/kg)	备注
皂树皮提取物	乳化剂	0.05	按皂素计，固体饮料按稀释倍数增加使用量。由关于海藻酸钙等食品添加剂新品种的公告(2016年第8号)增补
硬脂酰乳酸钠，硬脂酰乳酸钙	乳化剂、稳定剂	2.0	固体饮料按稀释倍数增加使用量
双乙酰酒石酸单双甘油酯	乳化剂、增稠剂	5.0	固体饮料按稀释倍数增加使用量
天门冬酰苯丙氨酸甲酯(又名阿斯巴甜)	甜味剂	0.6	固体饮料按稀释倍数增加使用量。添加阿斯巴甜的食品应标明："阿斯巴甜(含苯丙氨酸)"
红曲黄色素	着色剂	按生产需要适量使用	
红曲米，红曲红	着色剂	按生产需要适量使用	
β-胡萝卜素	着色剂	2.0	固体饮料按稀释倍数增加使用量
辣椒红	着色剂	按生产需要适量使用	固体饮料按稀释倍数增加使用量
栀子蓝	着色剂	0.5	
上级14.0分类允许使用的食品添加剂43项			
依据表A.2可以适量使用的食品添加剂75种(项)，见本手册15页			

食品分类号 14.03.01　食品名称：含乳饮料

本类食品说明： 以乳或乳制品为原料，添加或不添加其他食品原辅料和食品添加剂，经加工或发酵制成的制品。如发酵型含乳饮料、配制型含乳饮料、乳酸菌饮料等。

允许使用的食品添加剂：

食品添加剂名称	功能	最大使用量/(g/kg)	备注
琥珀酸单甘油酯	乳化剂	5.0	
聚氧乙烯(20)山梨醇酐单月桂酸酯(又名吐温20)，聚氧乙烯(20)山梨醇酐单棕榈酸酯(又名吐温40)，聚氧乙烯(20)山梨醇酐单硬脂酸酯(又名吐温60)，聚氧乙烯(20)山梨醇酐单油酸酯(又名吐温80)	乳化剂、消泡剂、稳定剂	2.0	固体饮料按稀释倍数增加使用量
N-[N-(3,3-二甲基丁基)]-L-α-天门冬氨-L-苯丙氨酸1-甲酯(又名纽甜)	甜味剂	0.02	固体饮料按稀释倍数增加使用量

续表

食品添加剂名称	功能	最大使用量/(g/kg)	备注
海藻酸丙二醇酯	增稠剂、乳化剂、稳定剂	4.0	固体饮料按稀释倍数增加使用量
红米红	着色剂	按生产需要适量使用	固体饮料按稀释倍数增加使用量
焦糖色(加氨生产)	着色剂	2.0	固体饮料按稀释倍数增加使用量
焦糖色(普通法)	着色剂	按生产需要适量使用	固体饮料按稀释倍数增加使用量
焦糖色(亚硫酸铵法)	着色剂	2.0	
亮蓝及其铝色淀	着色剂	0.025	以亮蓝计
日落黄及其铝色淀	着色剂	0.05	以日落黄计
胭脂红及其铝色淀	着色剂	0.05	以胭脂红计,固体饮料按稀释倍数增加使用量
上级 14.03 分类允许使用的食品添加剂 12 项			
上级 14.0 分类允许使用的食品添加剂 43 项			
依据表 A.2 可以适量使用的食品添加剂 75 种(项),见本手册 15 页			

食品分类号 14.03.01.01　食品名称：发酵型含乳饮料

本类食品说明： 以乳或乳制品为原料，经乳酸菌等有益菌培养发酵，添加或不添加其他食品原辅料和食品添加剂，经加工制成的饮料。根据其是否经过杀菌处理而区分为杀菌型和活菌型。发酵型含乳饮料还可以称为酸乳（奶）饮料、酸乳（奶）饮品。

允许使用的食品添加剂：

食品添加剂名称	功能	最大使用量/(g/kg)	备注
上级 14.03.01 分类允许使用的食品添加剂 11 项			
上级 14.03 分类允许使用的食品添加剂 12 项			
上级 14.0 分类允许使用的食品添加剂 43 项			
依据表 A.2 可以适量使用的食品添加剂 75 种(项),见本手册 15 页			

食品分类号 14.03.01.02　食品名称：配制型含乳饮料

本类食品说明： 以乳或乳制品为原料，加入水，添加或不添加其他食品原辅料和食品添加剂，经加工制成的饮料。

允许使用的食品添加剂：

食品添加剂名称	功能	最大使用量/(g/kg)	备注
上级 14.03.01 分类允许使用的食品添加剂 11 项			
上级 14.03 分类允许使用的食品添加剂 12 项			
上级 14.0 分类允许使用的食品添加剂 43 项			
依据表 A.2 可以适量使用的食品添加剂 75 种(项),见本手册 15 页			

食品分类号 14.03.01.03　食品名称：乳酸菌饮料

本类食品说明：以乳或乳制品为原料，经乳酸菌发酵，添加或不添加其他食品原辅料和食品添加剂，经加工制成的饮料。根据其是否经过杀菌处理而区分为杀菌型和活菌型。发酵型含乳饮料还可以称为酸乳（奶）饮料、酸乳（奶）饮品。

允许使用的食品添加剂：

食品添加剂名称	功能	最大使用量/(g/kg)	备注
山梨酸及其钾盐	防腐剂、抗氧化剂、稳定剂	1.0	以山梨酸计，固体饮料按稀释倍数增加使用量
决明胶	增稠剂	2.5	固体饮料按稀释倍数增加使用量
甲壳素(又名几丁质)	增稠剂、稳定剂	2.5	固体饮料按稀释倍数增加使用量
日落黄及其铝色淀	着色剂	0.1	以日落黄计
上级 14.03.01 分类允许使用的食品添加剂 11 项			
上级 14.03 分类允许使用的食品添加剂 12 项			
上级 14.0 分类允许使用的食品添加剂 43 项			
依据表 A.2 可以适量使用的食品添加剂 75 种(项)，见本手册 15 页			

食品分类号 14.03.02　食品名称：植物蛋白饮料

本类食品说明：以一种或多种含有一定蛋白质的植物果实、种子或种仁等为原料，添加或不添加其他食品原辅料和食品添加剂，经加工（或发酵）制成的制品。如豆奶（乳）、豆浆、豆奶（乳）饮料、椰子汁（乳）、杏仁露（乳）、核桃露（乳）、花生露（乳）。

以两种或两种以上含有一定蛋白质的植物果实、种子或种仁等为原料，添加或不添加其他食品原辅料和（或）食品添加剂，经加工（或发酵）制成的制品也可称为复合植物蛋白饮料。如花生核桃、核桃杏仁、花生杏仁复合植物蛋白饮料。

允许使用的食品添加剂：

食品添加剂名称	功能	最大使用量/(g/kg)	备注
茶多酚(又名维多酚)	抗氧化剂	0.1	以儿茶素计，固体饮料按稀释倍数增加使用量
茶黄素	抗氧化剂	0.1	由关于海藻酸钙等食品添加剂新品种的公告(2016 年第 8 号)增补
山梨醇酐单月桂酸酯(又名司盘 20)，山梨醇酐单棕榈酸酯(又名司盘 40)，山梨醇酐单硬脂酸酯(又名司盘 60)，山梨醇酐三硬脂酸酯(又名司盘 65)，山梨醇酐单油酸酯(又名司盘 80)	乳化剂	6.0	

续表

食品添加剂名称	功能	最大使用量/(g/kg)	备注
聚氧乙烯(20)山梨醇酐单月桂酸酯(又名吐温 20),聚氧乙烯(20)山梨醇酐单棕榈酸酯(又名吐温 40),聚氧乙烯(20)山梨醇酐单硬脂酸酯(又名吐温 60),聚氧乙烯(20)山梨醇酐单油酸酯(又名吐温 80)	乳化剂、消泡剂、稳定剂	2.0	固体饮料按稀释倍数增加使用量
L(+)-酒石酸,*dl*-酒石酸	酸度调节剂	5.0	以酒石酸计,固体饮料按稀释倍数增加使用量
N-[*N*-(3,3-二甲基丁基)]-L-α-天门冬氨-L-苯丙氨酸 1-甲酯(又名纽甜)	甜味剂	0.033	固体饮料按稀释倍数增加使用量
β-环状糊精	增稠剂	0.5	固体饮料按稀释倍数增加使用量
田菁胶	增稠剂	1.0	固体饮料按稀释倍数增加使用量
海藻酸丙二醇酯	增稠剂、乳化剂、稳定剂	5.0	固体饮料按稀释倍数增加使用量
氨基乙酸(又名甘氨酸)	增味剂	1.0	固体饮料按稀释倍数增加使用量
可可壳色	着色剂	0.25	固体饮料按稀释倍数增加使用量
日落黄及其铝色淀	着色剂	0.1	以日落黄计
胭脂红及其铝色淀	着色剂	0.025	以胭脂红计,固体饮料按稀释倍数增加使用量
可得然胶	稳定剂、增稠剂	按生产需要适量使用	固体饮料按稀释倍数增加使用量。由关于海藻酸钙等食品添加剂新品种的公告(2016 年第 8 号)增补
上级 14.03 分类允许使用的食品添加剂 12 项			
上级 14.0 分类允许使用的食品添加剂 43 项			
依据表 A.2 可以适量使用的食品添加剂 75 种(项),见本手册 15 页			

食品分类号 14.03.03　食品名称：复合蛋白饮料

本类食品说明：以乳或乳制品，和一种或多种含有一定蛋白质的植物果实、种子或种仁等为原料，添加或不添加其他食品原辅料和食品添加剂，经加工（或发酵）制成的制品。

允许使用的食品添加剂：

食品添加剂名称	功能	最大使用量/(g/kg)	备注
N-[*N*-(3,3-二甲基丁基)]-L-α-天门冬氨-L-苯丙氨酸 1-甲酯(又名纽甜)	甜味剂	0.033	固体饮料按稀释倍数增加使用量
β-环状糊精	增稠剂	0.5	固体饮料按稀释倍数增加使用量
L(+)-酒石酸,*dl*-酒石酸	酸度调节剂	5.0	以酒石酸计,固体饮料按稀释倍数增加使用量
上级 14.03 分类允许使用的食品添加剂 12 项			
上级 14.0 分类允许使用的食品添加剂 43 项			
依据表 A.2 可以适量使用的食品添加剂 75 种(项),见本手册 15 页			

食品分类号 14.03.04　食品名称：其他蛋白饮料

本类食品说明：除 14.03.01—14.03.03 以外的蛋白饮料。

允许使用的食品添加剂：

食品添加剂名称	功能	最大使用量/(g/kg)	备注
β-环状糊精	增稠剂	0.5	固体饮料按稀释倍数增加使用量
焦糖色(普通法)	着色剂	按生产需要适量使用	由关于食品用香料新品种 9-癸烯-2-酮、茶多酚等 7 种食品添加剂扩大使用范围和食品营养强化剂钙扩大使用范围的公告(2016 年第 14 号)增补
上级 14.03 分类允许使用的食品添加剂 12 项			
上级 14.0 分类允许使用的食品添加剂 43 项			
依据表 A.2 可以适量使用的食品添加剂 75 种(项),见本手册 15 页			

食品分类号 14.04　食品名称：碳酸饮料

本类食品说明：以糖为原料和食品添加剂为辅料，经加工制成的，在一定条件下充入一定量二氧化碳气体的液体饮料，如果汁型碳酸饮料、果味型碳酸饮料、可乐型碳酸饮料、其他型碳酸饮料等，不包括由发酵自身产生二氧化碳气的饮料。

允许使用的食品添加剂：

食品添加剂名称	功能	最大使用量/(g/kg)	备注
苯甲酸及其钠盐	防腐剂	0.2	以苯甲酸计,固体饮料按稀释倍数增加使用量

续表

食品添加剂名称	功能	最大使用量/(g/kg)	备注
对羟基苯甲酸酯类及其钠盐(对羟基苯甲酸甲酯钠,对羟基苯甲酸乙酯及其钠盐)	防腐剂	0.2	以对羟基苯甲酸计,固体饮料按稀释倍数增加使用量
二甲基二碳酸盐(又名维果灵)	防腐剂	0.25	固体饮料按稀释倍数增加使用量
液体二氧化碳(煤气化法)	防腐剂	按生产需要适量使用	固体饮料按稀释倍数增加使用量
双乙酰酒石酸单双甘油酯	乳化剂、增稠剂	5.0	固体饮料按稀释倍数增加使用量
富马酸	酸度调节剂	0.3	固体饮料按稀释倍数增加使用量
L(+)-酒石酸,*dl*-酒石酸	酸度调节剂	5.0	以酒石酸计,固体饮料按稀释倍数增加使用量
N-[*N*-(3,3-二甲基丁基)]-L-*α*-天门冬氨-L-苯丙氨酸 1-甲酯(又名纽甜)	甜味剂	0.033	固体饮料按稀释倍数增加使用量
天门冬酰苯丙氨酸甲酯(又名阿斯巴甜)	甜味剂	0.6	固体饮料按稀释倍数增加使用量。添加阿斯巴甜的食品应标明:"阿斯巴甜(含苯丙氨酸)"
β-环状糊精	增稠剂	0.5	固体饮料按稀释倍数增加使用量
赤藓红及其铝色淀	着色剂	0.05	以赤藓红计,固体饮料按稀释倍数增加使用量
靛蓝及其铝色淀	着色剂	0.1	以靛蓝计,固体饮料按稀释倍数增加使用量
黑加仑红	着色剂	0.3	固体饮料按稀释倍数增加使用量
红花黄	着色剂	0.2	固体饮料按稀释倍数增加使用量
红曲黄色素	着色剂	按生产需要适量使用	
红曲米,红曲红	着色剂	按生产需要适量使用	
β-胡萝卜素	着色剂	2.0	固体饮料按稀释倍数增加使用量
花生衣红	着色剂	0.1	固体饮料按稀释倍数增加使用量
姜黄素	着色剂	0.01	固体饮料按稀释倍数增加使用量
焦糖色(亚硫酸铵法)	着色剂	按生产需要适量使用	

续表

食品添加剂名称	功能	最大使用量/(g/kg)	备注
金樱子棕	着色剂	1.0	固体饮料按稀释倍数增加使用量
可可壳色	着色剂	2.0	固体饮料按稀释倍数增加使用量
亮蓝及其铝色淀	着色剂	0.025	以亮蓝计
落葵红	着色剂	0.13	固体饮料按稀释倍数增加使用量
日落黄及其铝色淀	着色剂	0.1	以日落黄计
天然苋菜红	着色剂	0.25	固体饮料按稀释倍数增加使用量
苋菜红及其铝色淀	着色剂	0.05	以苋菜红计
新红及其铝色淀	着色剂	0.05	以新红计，固体饮料按稀释倍数增加使用量
胭脂红及其铝色淀	着色剂	0.05	以胭脂红计，固体饮料按稀释倍数增加使用量
紫胶红(又名虫胶红)	着色剂	0.5	固体饮料按稀释倍数增加使用量
茶黄素	抗氧化剂	0.2	由关于海藻酸钙等食品添加剂新品种的公告(2016年第8号)增补
皂树皮提取物	乳化剂	0.05	按皂素计，固体饮料按稀释倍数增加使用量。 由关于海藻酸钙等食品添加剂新品种的公告(2016年第8号)增补
上级14.0分类允许使用的食品添加剂43项			
依据表A.2可以适量使用的食品添加剂75种(项)，见本手册15页			

食品分类号 14.04.01 食品名称：可乐型碳酸饮料

本类食品说明：以可乐香精或类似可乐果香型的香精为主要香气成分的碳酸饮料。

允许使用的食品添加剂：

食品添加剂名称	功能	最大使用量/(g/kg)	备注
橡子壳棕	着色剂	1.0	固体饮料按照稀释倍数增加使用量
磷酸(湿法)	酸度调节剂	5.0	以PO_4^{3-}计。 由关于海藻酸钙等食品添加剂新品种的公告(2016年第8号)增补

续表

食品添加剂名称	功能	最大使用量/(g/kg)	备注
咖啡因	其他	0.15	固体饮料按稀释倍数增加使用量
上级 14.04 分类允许使用的食品添加剂 32 项			
上级 14.0 分类允许使用的食品添加剂 43 项			
依据表 A.2 可以适量使用的食品添加剂 75 种(项),见本手册 15 页			

食品分类号 14.04.02　食品名称：其他型碳酸饮料

本类食品说明：除可乐型碳酸饮料以外的碳酸饮料。包括果汁型碳酸饮料、果味型碳酸饮料和其他碳酸饮料等。

允许使用的食品添加剂：

食品添加剂名称	功能	最大使用量/(g/kg)	备注
维生素 E(*dl*-*α*-生育酚,*d*-*α*-生育酚,混合生育酚浓缩物)	抗氧化剂	0.2	固体饮料按稀释倍数增加使用量
上级 14.04 分类允许使用的食品添加剂 32 项			
上级 14.0 分类允许使用的食品添加剂 43 项			
依据表 A.2 可以适量使用的食品添加剂 75 种(项),见本手册 15 页			

食品分类号 14.05　食品名称：茶、咖啡、植物（类）饮料

本类食品说明：包括茶（类）饮料、咖啡（类）饮料和植物饮料。

允许使用的食品添加剂：

食品添加剂名称	功能	最大使用量/(g/kg)	备注
苯甲酸及其钠盐	防腐剂	1.0	以苯甲酸计,固体饮料按稀释倍数增加使用量
维生素 E(*dl*-*α*-生育酚,*d*-*α*-生育酚,混合生育酚浓缩物)	抗氧化剂	0.2	固体饮料按稀释倍数增加使用量
琥珀酸单甘油酯	乳化剂	2.0	
硬脂酰乳酸钠,硬脂酰乳酸钙	乳化剂、稳定剂	2.0	固体饮料按稀释倍数增加使用量
双乙酰酒石酸单双甘油酯	乳化剂、增稠剂	5.0	固体饮料按稀释倍数增加使用量
L(+)-酒石酸,*dl*-酒石酸	酸度调节剂	5.0	以酒石酸计,固体饮料按稀释倍数增加使用量
天门冬酰苯丙氨酸甲酯(又名阿斯巴甜)	甜味剂	0.6	固体饮料按稀释倍数增加使用量。添加阿斯巴甜的食品应标明:"阿斯巴甜(含苯丙氨酸)"

续表

食品添加剂名称	功能	最大使用量/(g/kg)	备注
N-[*N*-(3,3-二甲基丁基)]-L-α-天门冬氨-L-苯丙氨酸1-甲酯(又名纽甜)	甜味剂	0.05	固体饮料按稀释倍数增加使用量
β-环状糊精	增稠剂	0.5	固体饮料按稀释倍数增加使用量
上级14.0分类允许使用的食品添加剂43项			
依据表A.2可以适量使用的食品添加剂75种(项),见本手册15页			

食品分类号 14.05.01 食品名称：茶（类）饮料类

本类食品说明：以茶叶的水提取液或其浓缩液、茶粉（包括速溶茶粉、研磨茶粉）或直接以茶的鲜叶为原料，添加或不添加食品原辅料和食品添加剂，经加工制成的液体饮料，如纯茶饮料、茶浓缩液、茶饮料、果汁茶饮料、奶茶饮料、复（混）合茶饮料、其他茶饮料等。

茶浓缩液：从茶叶的水提取液中以物理方法除去一定比例的水分制成的浓缩液体，加水复原后具有原茶汁应有风味的液态制品。

允许使用的食品添加剂：

食品添加剂名称	功能	最大使用量/(g/kg)	备注
二甲基二碳酸盐(又名维果灵)	防腐剂	0.25	固体饮料按稀释倍数增加使用量
竹叶抗氧化物	抗氧化剂	0.5	固体饮料按稀释倍数增加使用量
β-胡萝卜素	着色剂	2.0	固体饮料按稀释倍数增加使用量
焦糖色(亚硫酸铵法)	着色剂	10.0	
抗坏血酸棕榈酸酯	抗氧化剂	0.2	固体饮料按稀释倍数增加使用量。由关于海藻酸钙等食品添加剂新品种的公告(2016年第8号)增补
上级14.05分类允许使用的食品添加剂9项			
上级14.0分类允许使用的食品添加剂43项			
依据表A.2可以适量使用的食品添加剂75种(项),见本手册15页			

食品分类号 14.05.02 食品名称：咖啡（类）饮料

本类食品说明：以咖啡豆、咖啡制品（研磨咖啡粉、咖啡的提取液或其浓缩液、速溶咖啡等）为原料，添加或不添加糖（食糖、淀粉糖）、乳或乳制品、植脂末等食品原辅料和食品添加剂，经加工制成的液体饮料，如浓咖啡饮料、咖啡饮料、低咖啡因咖啡饮料等。

允许使用的食品添加剂：

食品添加剂名称	功能	最大使用量/(g/kg)	备注
海藻酸丙二醇酯	增稠剂、乳化剂、稳定剂	3.0	固体饮料按稀释倍数增加使用量
β-胡萝卜素	着色剂	2.0	固体饮料按稀释倍数增加使用量
焦糖色(亚硫酸铵法)	着色剂	0.1	
上级 14.05 分类允许使用的食品添加剂 9 项			
上级 14.0 分类允许使用的食品添加剂 43 项			
依据表 A.2 可以适量使用的食品添加剂 75 种(项)，见本手册 15 页			

食品分类号 14.05.03　食品名称：植物饮料

本类食品说明：以植物或植物抽提物（水果、蔬菜、茶、咖啡除外）为原料，添加或不添加其他食品原辅料和食品添加剂，经加工或发酵制成的液体饮料。如可可饮料、谷物类饮料、草本（本草）饮料、食用菌饮料、藻类饮料、其他植物饮料等，不包括果蔬汁类及其饮料、茶（类）饮料和咖啡（类）饮料。

允许使用的食品添加剂：

食品添加剂名称	功能	最大使用量/(g/kg)	备注
N-[N-(3,3-二甲基丁基)]-L-α-天门冬氨-L-苯丙氨酸 1-甲酯(又名纽甜)	甜味剂	0.02	固体饮料按稀释倍数增加使用量
β-胡萝卜素	着色剂	1.0	固体饮料按稀释倍数增加使用量
焦糖色(亚硫酸铵法)	着色剂	0.1	
上级 14.05 分类允许使用的食品添加剂 9 项			
上级 14.0 分类允许使用的食品添加剂 43 项			
依据表 A.2 可以适量使用的食品添加剂 75 种(项)，见本手册 15 页			

食品分类号 14.06　食品名称：固体饮料

本类食品说明：用食品原料、食品添加剂等加工制成粉末状、颗粒状或块状等，供冲调或冲泡饮用的固态制品。如风味固体饮料、果蔬固体饮料、蛋白固体饮料、茶固体饮料、咖啡固体饮料、植物固体饮料、特殊用途固体饮料、其他固体饮料等。

允许使用的食品添加剂：

食品添加剂名称	功能	最大使用量/(g/kg)	备注
二氧化硅	抗结剂	15.0	
硅酸钙	抗结剂	按生产需要适量使用	
碳酸镁	膨松剂、稳定剂、抗结剂	10.0	

续表

食品添加剂名称	功能	最大使用量/(g/kg)	备注
琥珀酸单甘油酯	乳化剂	20.0	按稀释10倍计算
山梨醇酐单月桂酸酯(又名司盘20),山梨醇酐单棕榈酸酯(又名司盘40),山梨醇酐单硬脂酸酯(又名司盘60),山梨醇酐三硬脂酸酯(又名司盘65),山梨醇酐单油酸酯(又名司盘80)	乳化剂	3.0	速溶咖啡除外
己二酸	酸度调节剂	0.01	
乳酸钙	酸度调节剂、抗氧化剂、乳化剂、稳定剂和凝固剂、增稠剂	21.6	固体饮料按稀释倍数增加使用量
磷酸化二淀粉磷酸酯	增稠剂	0.5	
二氧化钛	着色剂	按生产需要适量使用	
红曲黄色素	着色剂	按生产需要适量使用	
红曲米,红曲红	着色剂	按生产需要适量使用	
焦糖色(亚硫酸铵法)	着色剂	按生产需要适量使用	
亮蓝及其铝色淀	着色剂	0.2	以亮蓝计
日落黄及其铝色淀	着色剂	0.6	以日落黄计
苋菜红及其铝色淀	着色剂	0.05	使用量以苋菜红计,为按冲调倍数稀释后液体中的量
栀子黄	着色剂	1.5	
栀子蓝	着色剂	0.5	
茶黄素	抗氧化剂	0.8	由关于海藻酸钙等食品添加剂新品种的公告(2016年第8号)增补
上级14.0分类允许使用的食品添加剂42项,吐温类除外			
依据表A.2可以适量使用的食品添加剂75种(项),见本手册15页			

食品分类号14.06.01 食品名称:空缺

食品分类号14.06.02 食品名称:蛋白固体饮料

本类食品说明:以乳及乳制品、蛋及蛋制品等其他动植物蛋白等为主要原料,添加或不添加辅料制成的、蛋白质含量大于或等于4%的制品。

允许使用的食品添加剂：

食品添加剂名称	功能	最大使用量/(g/kg)	备注
普鲁兰多糖	被膜剂、增稠剂	50.0	
茶多酚(又名维多酚)	抗氧化剂	0.8	以儿茶素计
维生素 E(dl-α-生育酚，d-α-生育酚，混合生育酚浓缩物)	抗氧化剂	0.2	
上级 14.06 分类允许使用的食品添加剂 18 项			
上级 14.0 分类允许使用的食品添加剂 42 项，吐温类除外			
依据表 A.2 可以适量使用的食品添加剂 75 种(项)，见本手册 15 页			

食品分类号 14.06.03　食品名称：速溶咖啡

本类食品说明：以咖啡豆和（或）咖啡制品（研磨咖啡粉、咖啡的提取液或其浓缩液等）为原料，添加或不添加其他食品原辅料和食品添加剂，经加工制成的固体饮料。

允许使用的食品添加剂：

食品添加剂名称	功能	最大使用量/(g/kg)	备注
山梨醇酐单月桂酸酯(又名司盘 20)，山梨醇酐单棕榈酸酯(又名司盘 40)，山梨醇酐单硬脂酸酯(又名司盘 60)，山梨醇酐三硬脂酸酯(又名司盘 65)，山梨醇酐单油酸酯(又名司盘 80)	乳化剂	10.0	
上级 14.06 分类允许使用的食品添加剂 17 项，重新规定了司盘类的使用量			
上级 14.0 分类允许使用的食品添加剂 42 项，吐温类除外			
依据表 A.2 可以适量使用的食品添加剂 75 种(项)，见本手册 15 页			

食品分类号 14.06.04　食品名称：其他固体饮料

本类食品说明：除蛋白固体饮料和速溶咖啡之外的固体饮料，包括风味固体饮料、果蔬固体饮料、茶固体饮料、咖啡固体饮料、植物固体饮料、特殊用途固体饮料，以及上述未包括的固体饮料。

允许使用的食品添加剂：

食品添加剂名称	功能	最大使用量/(g/kg)	备注
可得然胶	稳定剂和凝固剂、增稠剂	按生产需要适量使用	由关于海藻酸钙等食品添加剂新品种的公告(2016 年第 8 号)增补
上级 14.06 分类允许使用的食品添加剂 18 项			
上级 14.0 分类允许使用的食品添加剂 42 项，吐温类除外			
依据表 A.2 可以适量使用的食品添加剂 75 种(项)，见本手册 15 页			

食品分类号 14.07　食品名称：特殊用途饮料

本类食品说明：通过调整饮料中营养素的成分和含量，加入具有特定功能成分的适应所有或某些特殊人群需要的饮料。如营养素饮料（维生素饮料等）、能量饮料、电解质饮料、运动饮料、其他特殊用途饮料。

允许使用的食品添加剂：

食品添加剂名称	功能	最大使用量/(g/kg)	备注
苯甲酸及其钠盐	防腐剂	0.2	以苯甲酸计，固体饮料按稀释倍数增加使用量
二甲基二碳酸盐(又名维果灵)	防腐剂	0.25	固体饮料按稀释倍数增加使用量。由关于批准β-半乳糖苷酶为食品添加剂新品种等的公告(2015年第1号)增补
维生素E(*dl*-α-生育酚，*d*-α-生育酚，混合生育酚浓缩物)	抗氧化剂	0.2	固体饮料按稀释倍数增加使用量
茶黄素	抗氧化剂	0.2	由关于海藻酸钙等食品添加剂新品种的公告(2016年第8号)增补
硬脂酰乳酸钠，硬脂酰乳酸钙	乳化剂、稳定剂	2.0	固体饮料按稀释倍数增加使用量
双乙酰酒石酸单双甘油酯	乳化剂、增稠剂	5.0	固体饮料按稀释倍数增加使用量
L(+)-酒石酸，*dl*-酒石酸	酸度调节剂	5.0	以酒石酸计，固体饮料按稀释倍数增加使用量
N-[*N*-(3,3-二甲基丁基)]-L-α-天门冬氨-L-苯丙氨酸1-甲酯(又名纽甜)	甜味剂	0.033	固体饮料按稀释倍数增加使用量
天门冬酰苯丙氨酸甲酯(又名阿斯巴甜)	甜味剂	0.6	固体饮料按稀释倍数增加使用量。添加阿斯巴甜的食品应标明："阿斯巴甜(含苯丙氨酸)"
β-环状糊精	增稠剂	0.5	固体饮料按稀释倍数增加使用量
β-胡萝卜素	着色剂	2.0	固体饮料按稀释倍数增加使用量
日落黄及其铝色淀	着色剂	0.1	以日落黄计
皂树皮提取物	乳化剂	0.05	按皂素计，固体饮料按稀释倍数增加使用量。由关于海藻酸钙等食品添加剂新品种的公告(2016年第8号)增补
上级14.0分类允许使用的食品添加剂43项			
依据表A.2可以适量使用的食品添加剂75种(项)，见本手册15页			

食品分类号 14.08　食品名称：风味饮料

本类食品说明：以糖（包括食糖和淀粉糖）和甜味剂、酸度调节剂、食用香精（料）等来调整风味，经加工或发酵制成的液体饮料，如茶味饮料、果味饮料、乳味饮料、咖啡味饮料、风味水饮料、其他风味饮料等。其中，风味水饮料是指不经调色处理、不添加糖（包括食糖和淀粉糖）的风味饮料，如苏打水饮料、薄荷水饮料等。

允许使用的食品添加剂：

食品添加剂名称	功能	最大使用量/(g/kg)	备注
苯甲酸及其钠盐	防腐剂	1.0	以苯甲酸计，固体饮料按稀释倍数增加使用量
对羟基苯甲酸酯类及其钠盐(对羟基苯甲酸甲酯钠，对羟基苯甲酸乙酯及其钠盐)	防腐剂	0.25	仅限果味饮料。以对羟基苯甲酸计，固体饮料按稀释倍数增加使用量
二甲基二碳酸盐(又名维果灵)	防腐剂	0.25	固体饮料按稀释倍数增加使用量
维生素 E(*dl*-α-生育酚，*d*-α-生育酚，混合生育酚浓缩物)	抗氧化剂	0.2	固体饮料按稀释倍数增加使用量
茶黄素	抗氧化剂	0.2	由关于海藻酸钙等食品添加剂新品种的公告(2016 年第 8 号)增补
氢化松香甘油酯	乳化剂	0.1	仅限果味饮料。固体饮料按稀释倍数增加使用量
山梨醇酐单月桂酸酯(又名司盘20)，山梨醇酐单棕榈酸酯(又名司盘 40)，山梨醇酐单硬脂酸酯(又名司盘 60)，山梨醇酐三硬脂酸酯(又名司盘 65)，山梨醇酐单油酸酯(又名司盘 80)	乳化剂	0.5	仅限果味饮料
皂树皮提取物	乳化剂	0.05	按皂素计，固体饮料按稀释倍数增加使用量。由关于海藻酸钙等食品添加剂新品种的公告(2016 年第 8 号)增补
硬脂酰乳酸钠，硬脂酰乳酸钙	乳化剂、稳定剂	2.0	固体饮料按稀释倍数增加使用量
双乙酰酒石酸单双甘油酯	乳化剂、增稠剂	5.0	固体饮料按稀释倍数增加使用量
L(+)-酒石酸，*dl*-酒石酸	酸度调节剂	5.0	以酒石酸计，固体饮料按稀释倍数增加使用量

续表

食品添加剂名称	功能	最大使用量/(g/kg)	备注
N-[*N*-(3,3-二甲基丁基)]-L-*α*-天门冬氨-L-苯丙氨酸1-甲酯(又名纽甜)	甜味剂	0.033	固体饮料按稀释倍数增加使用量
天门冬酰苯丙氨酸甲酯(又名阿斯巴甜)	甜味剂	0.6	固体饮料按稀释倍数增加使用量。添加阿斯巴甜的食品应标明:"阿斯巴甜(含苯丙氨酸)"
β-环状糊精	增稠剂	0.5	固体饮料按稀释倍数增加使用量
红曲黄色素	着色剂	按生产需要适量使用	
β-胡萝卜素	着色剂	2.0	固体饮料按稀释倍数增加使用量
蓝锭果红	着色剂	1.0	固体饮料按稀释倍数增加使用量
密蒙黄	着色剂	按生产需要适量使用	固体饮料按稀释倍数增加使用量
藻蓝(淡、海水)	着色剂	0.8	固体饮料按稀释倍数增加使用量
酸枣色	着色剂	1.0	固体饮料按照稀释备注增加使用量
桑椹红	着色剂	1.5	固体饮料按照稀释倍数增加使用量
红曲米,红曲红	着色剂	按生产需要适量使用	仅限果味饮料
焦糖色(亚硫酸铵法)	着色剂	按生产需要适量使用	仅限果味饮料
栀子黄	着色剂	0.3	仅限果味饮料
栀子蓝	着色剂	0.2	仅限果味饮料
黑豆红	着色剂	0.8	仅限果味饮料。固体饮料按稀释倍数增加使用量
红花黄	着色剂	0.2	仅限果味饮料。固体饮料按稀释倍数增加使用量
焦糖色(加氨生产)	着色剂	5.0	仅限果味饮料。固体饮料按稀释倍数增加使用量
焦糖色(普通法)	着色剂	按生产需要适量使用	仅限果味饮料。固体饮料按稀释倍数增加使用量
菊花黄浸膏	着色剂	0.3	仅限果味饮料。固体饮料按稀释倍数增加使用量

续表

食品添加剂名称	功能	最大使用量/(g/kg)	备注
萝卜红	着色剂	按生产需要适量使用	仅限果味饮料。固体饮料按稀释倍数增加使用量
玫瑰茄红	着色剂	按生产需要适量使用	仅限果味饮料。固体饮料按稀释倍数增加使用量
天然苋菜红	着色剂	0.25	仅限果味饮料。固体饮料按稀释倍数增加使用量
越橘红	着色剂	按生产需要适量使用	仅限果味饮料。固体饮料按稀释倍数增加使用量
紫草红	着色剂	0.1	仅限果味饮料。固体饮料按稀释倍数增加使用量
紫胶红(又名虫胶红)	着色剂	0.5	仅限果味饮料。固体饮料按稀释倍数增加使用量
赤藓红及其铝色淀	着色剂	0.05	仅限果味饮料。以赤藓红计,固体饮料按稀释倍数增加使用量
靛蓝及其铝色淀	着色剂	0.1	仅限果味饮料。以靛蓝计,固体饮料按稀释倍数增加使用量
亮蓝及其铝色淀	着色剂	0.025	仅限果味饮料。以亮蓝计
苋菜红及其铝色淀	着色剂	0.05	仅限果味饮料。以苋菜红计,高糖果味饮料按照稀释倍数加入
新红及其铝色淀	着色剂	0.05	仅限果味饮料。以新红计,固体饮料按稀释倍数增加使用量
胭脂红及其铝色淀	着色剂	0.05	仅限果味饮料。以胭脂红计,固体饮料按稀释倍数增加使用量
日落黄及其铝色淀	着色剂	0.1	以日落黄计
上级14.0分类允许使用的食品添加剂43项			
依据表A.2可以适量使用的食品添加剂75种(项),见本手册15页			

食品分类号 14.09　食品名称：其他类饮料

本类食品说明：除 14.01—14.08 之外的饮料。

允许使用的食品添加剂：

食品添加剂名称	功能	最大使用量/(g/kg)	备注
二甲基二碳酸盐(又名维果灵)	防腐剂	0.25	仅限麦芽汁发酵的非酒精饮料。固体饮料按稀释倍数增加使用量
茶黄素	抗氧化剂	0.2	由关于海藻酸钙等食品添加剂新品种的公告(2016 年第 8 号)增补
上级 14.0 分类允许使用的食品添加剂 43 项			
依据表 A.2 可以适量使用的食品添加剂 75 种(项),见本手册 15 页			

第十五类　酒类

食品分类号 15.0　食品名称：酒类

本类食品说明：酒精度在 0.5%以上的酒精饮料，包括蒸馏酒、配制酒、发酵酒。

允许使用的食品添加剂：

食品添加剂名称	功能	最大使用量/(g/kg)	备注
依据表 A.2 可以适量使用的食品添加剂 75 种(项),见本手册 15 页			

食品分类号 15.01　食品名称：蒸馏酒

本类食品说明：以粮谷、薯类、水果、乳类等为主要原料，经发酵、蒸馏、勾兑而成的饮料酒。包括白酒、调香蒸馏酒、白兰地、威士忌、伏特加、朗姆酒及其蒸馏酒。

允许使用的食品添加剂：

食品添加剂名称	功能	最大使用量/(g/kg)	备注
β-胡萝卜素	着色剂	0.6	
双乙酰酒石酸单双甘油酯	乳化剂、增稠剂	5.0	
依据表 A.2 可以适量使用的食品添加剂 75 种(项),见本手册 15 页			

食品分类号 15.01.01　食品名称：白酒

本类食品说明：以粮谷为主要原料，用大曲、小曲或麸曲及酒母等为糖化发酵剂，经蒸煮、糖化、发酵、蒸馏而制成的有中国特色的蒸馏酒。

允许使用的食品添加剂：

食品添加剂名称	功能	最大使用量/(g/kg)	备注
上级 15.01 分类允许使用的食品添加剂 2 项			
依据表 A.2 可以适量使用的食品添加剂 75 种(项),见本手册 15 页			

食品分类号 15.01.02　食品名称：调香蒸馏酒

本类食品说明：以蒸馏酒为酒基，经调香而制成的产品。

允许使用的食品添加剂：

食品添加剂名称	功能	最大使用量/(g/kg)	备注
上级 15.01 分类允许使用的食品添加剂 2 项			
依据表 A.2 可以适量使用的食品添加剂 75 种(项)，见本手册 15 页			

食品分类号 15.01.03　食品名称：白兰地

本类食品说明：以新鲜水果或果汁为原料，经发酵、蒸馏、陈酿、调配而成的蒸馏酒。

允许使用的食品添加剂：

食品添加剂名称	功能	最大使用量/(g/kg)	备注
焦糖色(加氨生产)	着色剂	50.0g/L	
焦糖色(苛性硫酸盐)	着色剂	6.0g/L	
焦糖色(普通法)	着色剂	按生产需要适量使用	
焦糖色(亚硫酸铵法)	着色剂	50.0g/L	
上级 15.01 分类允许使用的食品添加剂 2 项			
依据表 A.2 可以适量使用的食品添加剂 75 种(项)，见本手册 15 页			

食品分类号 15.01.04　食品名称：威士忌

本类食品说明：以麦芽、谷物为原料，经糖化、发酵、蒸馏、陈酿、调配而成的蒸馏酒。

允许使用的食品添加剂：

食品添加剂名称	功能	最大使用量/(g/kg)	备注
焦糖色(加氨生产)	着色剂	6.0g/L	
焦糖色(苛性硫酸盐)	着色剂	6.0g/L	
焦糖色(普通法)	着色剂	6.0g/L	
焦糖色(亚硫酸铵法)	着色剂	6.0g/L	
上级 15.01 分类允许使用的食品添加剂 2 项			
依据表 A.2 可以适量使用的食品添加剂 75 种(项)，见本手册 15 页			

食品分类号 15.01.05　食品名称：伏特加

本类食品说明：有俄罗斯特色的以谷物、薯类、糖蜜及其他可食用农作物等为原料，经发酵、蒸馏制成食用酒精，再经过特殊工艺精制加工制成的蒸馏酒。

允许使用的食品添加剂：

食品添加剂名称	功能	最大使用量/(g/kg)	备注
上级 15.01 分类允许使用的食品添加剂 2 项			
依据表 A.2 可以适量使用的食品添加剂 75 种(项)，见本手册 15 页			

食品分类号 15.01.06　食品名称：朗姆酒

本类食品说明：以甘蔗汁或糖蜜为原料，经发酵、蒸馏、陈酿、调配而成的蒸馏酒。

允许使用的食品添加剂：

食品添加剂名称	功能	最大使用量/(g/kg)	备注
焦糖色(加氨生产)	着色剂	6.0g/L	
焦糖色(苛性硫酸盐)	着色剂	6.0g/L	
焦糖色(普通法)	着色剂	6.0g/L	
焦糖色(亚硫酸铵法)	着色剂	6.0g/L	
上级 15.01 分类允许使用的食品添加剂 2 项			
依据表 A.2 可以适量使用的食品添加剂 75 种(项),见本手册 15 页			

食品分类号 15.01.07　食品名称：其他蒸馏酒

本类食品说明：除上述（15.01.01—15.01.06）以外的蒸馏酒。

允许使用的食品添加剂：

食品添加剂名称	功能	最大使用量/(g/kg)	备注
上级 15.01 分类允许使用的食品添加剂 2 项			
依据表 A.2 可以适量使用的食品添加剂 75 种(项),见本手册 15 页			

食品分类号 15.02　食品名称：配制酒

本类食品说明：以发酵酒、蒸馏酒或食用酒精为酒基，加入可食用或药食两用的辅料或食品添加剂，进行调配、混合或再加工制成的、已改变了其原酒基风格的饮料酒。

允许使用的食品添加剂：

食品添加剂名称	功能	最大使用量/(g/kg)	备注
苯甲酸及其钠盐	防腐剂	0.4	以苯甲酸计
二氧化碳	防腐剂	按生产需要适量使用	
山梨酸及其钾盐	防腐剂、抗氧化剂、稳定剂	0.4	以山梨酸计
山梨酸及其钾盐	防腐剂、抗氧化剂、稳定剂	0.6g/L	仅限青稞干酒。以山梨酸计
磷酸,焦磷酸二氢二钠,焦磷酸钠,磷酸二氢钙,磷酸二氢钾,磷酸氢二铵,磷酸氢二钾,磷酸氢钙,磷酸三钙,磷酸三钾,磷酸三钠,六偏磷酸钠,三聚磷酸钠,磷酸二氢钠,磷酸氢二钠,焦磷酸四钾,焦磷酸一氢三钠,聚偏磷酸钾,酸式焦磷酸钙	水分保持剂、膨松剂、酸度调节剂、稳定剂、凝固剂、抗结剂	5.0	仅限磷酸。最大使用量以磷酸根（PO_4^{3-}）计。由关于批准 β-半乳糖苷酶为食品添加剂新品种等的公告（2015 年第 1 号）增补
环己基氨基磺酸钠(又名甜蜜素),环己基氨基磺酸钙	甜味剂	0.65	以环己基氨基磺酸计

食品添加剂名称	功能	最大使用量/(g/kg)	备注
三氯蔗糖(又名蔗糖素)	甜味剂	0.25	
异麦芽酮糖	甜味剂	按生产需要适量使用	
糖精钠	甜味剂、增味剂	0.15	以糖精计
赤藓红及其铝色淀	着色剂	0.05	以赤藓红计
靛蓝及其铝色淀	着色剂	0.1	以靛蓝计
黑豆红	着色剂	0.8	
红花黄	着色剂	0.2	
红米红	着色剂	按生产需要适量使用	
红曲黄色素	着色剂	按生产需要适量使用	
红曲米,红曲红	着色剂	按生产需要适量使用	
姜黄	着色剂	按生产需要适量使用	
焦糖色(加氨生产)	着色剂	50.0g/L	
焦糖色(苛性硫酸盐)	着色剂	6.0g/L	
焦糖色(普通法)	着色剂	按生产需要适量使用	
焦糖色(亚硫酸铵法)	着色剂	50.0g/L	
金樱子棕	着色剂	0.2	
可可壳色	着色剂	1.0	
喹啉黄	着色剂	0.1g/L	
亮蓝及其铝色淀	着色剂	0.025	以亮蓝计
萝卜红	着色剂	按生产需要适量使用	
玫瑰茄红	着色剂	按生产需要适量使用	
密蒙黄	着色剂	按生产需要适量使用	
柠檬黄及其铝色淀	着色剂	0.1	以柠檬黄计
葡萄皮红	着色剂	1.0	
日落黄及其铝色淀	着色剂	0.1	以日落黄计
天然苋菜红	着色剂	0.25	
苋菜红及其铝色淀	着色剂	0.05	以苋菜红计
橡子壳棕	着色剂	0.3	
新红及其铝色淀	着色剂	0.05	以新红计
胭脂虫红	着色剂	0.25	以胭脂红酸计
胭脂红及其铝色淀	着色剂	0.05	以胭脂红计
叶绿素铜钠盐,叶绿素铜钾盐	着色剂	0.5	
诱惑红及其铝色淀	着色剂	0.05	仅限使用诱惑红

续表

食品添加剂名称	功能	最大使用量/(g/kg)	备注
栀子黄	着色剂	0.3	
栀子蓝	着色剂	0.2	
紫甘薯色素	着色剂	0.2	
紫胶红(又名虫胶红)	着色剂	0.5	
焦亚硫酸钾	漂白剂、防腐剂、抗氧化剂	0.25g/L	新增焦亚硫酸钾用作抗氧化剂、防腐剂,最大使用量以二氧化硫残留量计。由关于海藻酸钙等食品添加剂新品种的公告(2016年第8号)增补
依据表A.2可以适量使用的食品添加剂75种(项),见本手册15页			

食品分类号 15.03 食品名称：发酵酒

本类食品说明：以粮谷、水果、乳类等为主要原料，经发酵或部分发酵酿制而成的饮料酒。包括葡萄酒、黄酒、果酒、蜂蜜酒、啤酒和麦芽饮料及其他发酵酒类（充气型）。

允许使用的食品添加剂：

食品添加剂名称	功能	最大使用量/(g/kg)	备注
纳他霉素	防腐剂	0.01g/L	
溶菌酶	防腐剂	0.5	
双乙酰酒石酸单双甘油酯	乳化剂、增稠剂	10.0	15.03.01葡萄酒除外
N-[*N*-(3,3-二甲基丁基)]-L-*α*-天门冬氨-L-苯丙氨酸1-甲酯(又名纽甜)	甜味剂	0.033	15.03.01葡萄酒除外
三氯蔗糖(又名蔗糖素)	甜味剂	0.65	
β-胡萝卜素	着色剂	0.6	15.03.01葡萄酒除外
依据表A.2可以适量使用的食品添加剂75种(项),见本手册15页			

食品分类号 15.03.01 食品名称：葡萄酒（属表A.3所例外的食品类别）

本类食品说明：以鲜葡萄或葡萄汁为原料，经全部或部分发酵酿制而成的，含有一定酒精度的发酵酒。

允许使用的食品添加剂：

食品添加剂名称	功能	最大使用量/(g/kg)	备注
二氧化硫,焦亚硫酸钾,焦亚硫酸钠,亚硫酸钠,亚硫酸氢钠,低亚硫酸钠	漂白剂、防腐剂、抗氧化剂	0.25g/L	甜型葡萄酒及果酒系列产品最大使用量为0.4g/L,最大使用量以二氧化硫残留量计
L(+)-酒石酸,*dl*-酒石酸	酸度调节剂	4.0g/L	以酒石酸计

续表

食品添加剂名称	功能	最大使用量/(g/kg)	备注
山梨酸及其钾盐	防腐剂、抗氧化剂、稳定剂	0.2	以山梨酸计
D-异抗坏血酸及其钠盐	抗氧化剂、护色剂	0.15	以抗坏血酸计

食品分类号 15.03.01.01　食品名称：无汽葡萄酒（附属表 A.3 所例外的食品类别）

本类食品说明：在 20℃时，二氧化碳小于 0.05MPa 的葡萄酒。

允许使用的食品添加剂：

食品添加剂名称	功能	最大使用量/(g/kg)	备注
上级 15.03.01 分类允许使用的食品添加剂 4 项			

食品分类号 15.03.01.02　食品名称：起泡和半起泡葡萄酒（附属表 A.3 所例外的食品类别）

本类食品说明：在发酵过程中产生二氧化碳气体的葡萄酒。也包括部分或全部充入二氧化碳气体的葡萄酒。在 20℃时，二氧化碳压力等于或大于 0.05MPa 的葡萄酒。

允许使用的食品添加剂：

食品添加剂名称	功能	最大使用量/(g/kg)	备注
上级 15.03.01 分类允许使用的食品添加剂 4 项			

食品分类号 15.03.01.03　食品名称：调香葡萄酒（附属表 A.3 所例外的食品类别）

本类食品说明：以葡萄酒为酒基，经浸泡芳香植物或加入芳香植物的浸出液（或馏出液）而制成的葡萄酒。

允许使用的食品添加剂：

食品添加剂名称	功能	最大使用量/(g/kg)	备注
焦糖色(加氨生产)	着色剂	50.0g/L	
焦糖色(普通法)	着色剂	按生产需要适量使用	
焦糖色(亚硫酸铵法)	着色剂	50.0g/L	
上级 15.03.01 分类允许使用的食品添加剂 4 项			

食品分类号 15.03.01.04　食品名称：特种葡萄酒（按特殊工艺加工制作的葡萄酒，如在葡萄原酒中加入白兰地、浓缩葡萄汁等）（附属表 A.3 所例外的食品类别）

本类食品说明：以鲜葡萄、葡萄汁或葡萄酒为原料，按特殊工艺加工制作的葡萄酒，如在葡萄原酒中加入白兰地、浓缩葡萄汁等。

允许使用的食品添加剂：

食品添加剂名称	功能	最大使用量/(g/kg)	备注
上级 15.03.01 分类允许使用的食品添加剂 4 项			

食品分类号 15.03.02　食品名称：黄酒

本类食品说明：黄酒、老酒是指以稻米、黍米等为主要原料，加曲、酵母等糖化发酵剂酿制而成的发酵酒。

允许使用的食品添加剂：

食品添加剂名称	功能	最大使用量/(g/kg)	备注
焦糖色(加氨生产)	着色剂	30.0g/L	
焦糖色(普通法)	着色剂	按生产需要适量使用	
焦糖色(亚硫酸铵法)	着色剂	30.0g/L	
上级 15.03 分类允许使用的食品添加剂 6 项			
依据表 A.2 可以适量使用的食品添加剂 75 种(项),见本手册 15 页			

食品分类号 15.03.03　食品名称：果酒

本类食品说明：果酒是指以新鲜水果或果汁为原料，经全部或部分发酵酿制而成的发酵酒。

允许使用的食品添加剂：

食品添加剂名称	功能	最大使用量/(g/kg)	备注
苯甲酸及其钠盐	防腐剂	0.8	以苯甲酸计
山梨酸及其钾盐	防腐剂、抗氧化剂、稳定剂	0.6	以山梨酸计
二氧化硫,焦亚硫酸钾,焦亚硫酸钠,亚硫酸钠,亚硫酸氢钠,低亚硫酸钠	漂白剂、防腐剂、抗氧化剂	0.25g/L	甜型葡萄酒及果酒系列产品最大使用量为0.4g/L,最大使用量以二氧化硫残留量计
双乙酰酒石酸单双甘油酯	乳化剂、增稠剂	5.0	
黑加仑红	着色剂	按生产需要适量使用	
桑椹红	着色剂	1.5	
杨梅红	着色剂	0.2	仅限于配制果酒
紫草红	着色剂	0.1	
上级 15.03 分类允许使用的食品添加剂 6 项			
依据表 A.2 可以适量使用的食品添加剂 75 种(项),见本手册 15 页			

食品分类号 15.03.04　食品名称：蜂蜜酒

本类食品说明：以蜂蜜为原料，经发酵酿制成的酒类。

允许使用的食品添加剂：

食品添加剂名称	功能	最大使用量/(g/kg)	备注
上级 15.03 分类允许使用的食品添加剂 6 项			
依据表 A.2 可以适量使用的食品添加剂 75 种(项),见本手册 15 页			

食品分类号 15.03.05　食品名称：啤酒和麦芽饮料

本类食品说明：以麦芽、水为主要原料，加啤酒花（包括酒花制品），经酵母发酵酿制而成的、含有二氧化碳的、起泡的、低酒精度的发酵酒。注：包括无醇啤酒（酒精度低于0.5%）。

允许使用的食品添加剂：

食品添加剂名称	功能	最大使用量/(g/kg)	备注
二氧化硫，焦亚硫酸钾，焦亚硫酸钠，亚硫酸钠，亚硫酸氢钠，低亚硫酸钠	漂白剂、防腐剂、抗氧化剂	0.01	最大使用量以二氧化硫残留量计
海藻酸丙二醇酯	增稠剂、乳化剂、稳定剂	0.3	固体饮料按稀释倍数增加使用量
甲壳素（又名几丁质）	增稠剂、稳定剂	0.4	
焦糖色（加氨生产）	着色剂	50.0g/L	
焦糖色（普通法）	着色剂	按生产需要适量使用	
焦糖色（亚硫酸铵法）	着色剂	50.0g/L	
上级 15.03 分类允许使用的食品添加剂 6 项			
依据表 A.2 可以适量使用的食品添加剂 75 种（项），见本手册 15 页			

食品分类号 15.03.06　食品名称：其他发酵酒类（充气型）

本类食品说明：除上述（15.03.01—15.03.05）以外的发酵酒。

允许使用的食品添加剂：

食品添加剂名称	功能	最大使用量/(g/kg)	备注
二氧化碳	防腐剂	按生产需要适量使用	
液体二氧化碳（煤气化法）	防腐剂	按生产需要适量使用	
上级 15.03 分类允许使用的食品添加剂 6 项			
依据表 A.2 可以适量使用的食品添加剂 75 种（项），见本手册 15 页			

第十六类　其他类（第01.0—15.0类除外）

食品分类号 16.0　食品名称：其他类（第 01.0—15.0 类除外）

本类食品说明：本类别汇总了在 01.0—15.0 类别中暂无法划归的类别。

允许使用的食品添加剂：

食品添加剂名称	功能	最大使用量/(g/kg)	备注
依据表 A.2 可以适量使用的食品添加剂 75 种（项），见本手册 15 页			

食品分类号 16.01　食品名称：果冻

本类食品说明：以食用胶、食糖和（或）甜味剂等为原料，经蒸胶、调配、灌装、杀菌等工序加工而成的胶冻食品。

允许使用的食品添加剂：

食品添加剂名称	功能	最大使用量/(g/kg)	备注
山梨酸及其钾盐	防腐剂、抗氧化剂、稳定剂	0.5	以山梨酸计，如用于果冻粉，按冲调倍数增加使用量
蔗糖脂肪酸酯	乳化剂	4.0	如用于果冻粉，按冲调倍数增加使用量
聚甘油脂肪酸酯	乳化剂、稳定剂、增稠剂、抗结剂	10.0	如用于果冻粉，按冲调倍数增加使用量
双乙酰酒石酸单双甘油酯	乳化剂、增稠剂	2.5	如用于果冻粉，按冲调倍数增加使用量
磷酸，焦磷酸二氢二钠，焦磷酸钠，磷酸二氢钙，磷酸二氢钾，磷酸氢二铵，磷酸氢二钾，磷酸氢钙，磷酸三钙，磷酸三钾，磷酸三钠，六偏磷酸钠，三聚磷酸钠，磷酸二氢钠，磷酸氢二钠，焦磷酸四钾，焦磷酸一氢三钠，聚偏磷酸钾，酸式焦磷酸钙	水分保持剂、膨松剂、酸度调节剂、稳定剂、凝固剂、抗结剂	5.0	可单独或混合使用，最大使用量以磷酸根(PO_4^{3-})计，如用于果冻粉，按冲调倍数增加使用量
己二酸	酸度调节剂	0.1	如用于果冻粉，按冲调倍数增加使用量
乳酸钙	酸度调节剂、抗氧化剂、乳化剂、稳定剂和凝固剂、增稠剂	6.0	
N-[*N*-(3,3-二甲基丁基)]-L-α-天门冬氨-L-苯丙氨酸 1-甲酯(又名纽甜)	甜味剂	0.1	如用于果冻粉，按冲调倍数增加使用量
环己基氨基磺酸钠(又名甜蜜素)，环己基氨基磺酸钙	甜味剂	0.65	以环己基氨基磺酸计，如用于果冻粉，按冲调倍数增加使用量
三氯蔗糖(又名蔗糖素)	甜味剂	0.45	如用于果冻粉，按冲调倍数增加使用量
L-α-天冬氨酰-*N*-(2,2,4,4-四甲基-3-硫化三亚甲基)-D-丙氨酰胺(又名阿力甜)	甜味剂	0.1	如用于果冻粉，按冲调倍数增加使用量
天门冬酰苯丙氨酸甲酯(又名阿斯巴甜)	甜味剂	1.0	如用于果冻粉，按稀释倍数增加使用量。添加阿斯巴甜的食品应标明："阿斯巴甜(含苯丙氨酸)"
甜菊糖苷	甜味剂	0.5	以甜菊醇当量计，如用于果冻粉，按冲调倍数增加使用量

续表

食品添加剂名称	功能	最大使用量/(g/kg)	备注
乙酰磺胺酸钾(又名安赛蜜)	甜味剂	0.3	如用于果冻粉,按冲调倍数增加使用量
麦芽糖醇和麦芽糖醇液	甜味剂、稳定剂、水分保持剂、乳化剂、膨松剂、增稠剂	按生产需要适量使用	如用于果冻粉,按冲调倍数增加使用量
可得然胶	稳定剂和凝固剂、增稠剂	按生产需要适量使用	如用于果冻粉,按冲调倍数增加使用量
刺云实胶	增稠剂	5.0	如用于果冻粉,按冲调倍数增加使用量
罗望子多糖胶	增稠剂	2.0	如用于果冻粉,按冲调倍数增加使用量
聚葡萄糖	增稠剂、膨松剂、水分保持剂、稳定剂	按生产需要适量使用	如用于果冻粉,按冲调倍数增加使用量
二氧化钛	着色剂	10.0	如用于果冻粉,按冲调倍数增加使用量
番茄红素	着色剂	0.05	以纯番茄红素计,如用于果冻粉,按冲调倍数增加使用量
红花黄	着色剂	0.2	如用于果冻粉,按冲调倍数增加使用量
红曲黄色素	着色剂	按生产需要适量使用	如用于果冻粉,按冲调倍数增加使用量
红曲米,红曲红	着色剂	按生产需要适量使用	如用于果冻粉,按冲调倍数增加使用量
β-胡萝卜素	着色剂	1.0	如用于果冻粉,按冲调倍数增加使用量
姜黄	着色剂	按生产需要适量使用	如用于果冻粉,按冲调倍数增加使用量
姜黄素	着色剂	0.01	如用于果冻粉,按冲调倍数增加使用量
焦糖色(加氨生产)	着色剂	50.0	如用于果冻粉,按冲调倍数增加使用量
焦糖色(普通法)	着色剂	按生产需要适量使用	如用于果冻粉,按冲调倍数增加使用量
辣椒红	着色剂	按生产需要适量使用	如用于果冻粉,按冲调倍数增加使用量
亮蓝及其铝色淀	着色剂	0.025	以亮蓝计,如用于果冻粉,按冲调倍数增加使用量
萝卜红	着色剂	按生产需要适量使用	如用于果冻粉,按冲调倍数增加使用量
落葵红	着色剂	0.25	如用于果冻粉,按冲调倍数增加使用量

续表

食品添加剂名称	功能	最大使用量/(g/kg)	备注
柠檬黄及其铝色淀	着色剂	0.05	以柠檬黄计，如用于果冻粉，按冲调倍数增加使用量
日落黄及其铝色淀	着色剂	0.025	以日落黄计，如用于果冻粉，按冲调倍数增加使用量
桑椹红	着色剂	5.0	如用于果冻粉，按冲调倍数增加使用量
天然苋菜红	着色剂	0.25	如用于果冻粉，按冲调倍数增加使用量
苋菜红及其铝色淀	着色剂	0.05	以苋菜红计，如用于果冻粉，按冲调倍数增加使用量
胭脂虫红	着色剂	0.05	以胭脂红酸计，如用于果冻粉，按冲调倍数增加使用量
胭脂红及其铝色淀	着色剂	0.05	以胭脂红计，如用于果冻粉，按冲调倍数增加使用量
胭脂树橙（又名红木素，降红木素）	着色剂	0.6	如用于果冻粉，按冲调倍数增加使用量
杨梅红	着色剂	0.2	如用于果冻粉，按冲调倍数增加使用量
叶黄素	着色剂	0.05	如用于果冻粉，按冲调倍数增加使用量
叶绿素铜钠盐，叶绿素铜钾盐	着色剂	0.5	如用于果冻粉，按冲调倍数增加使用量
诱惑红及其铝色淀	着色剂	0.025	以诱惑红计，如用于果冻粉，按冲调倍数增加使用量
藻蓝（淡、海水）	着色剂	0.8	如用于果冻粉，按冲调倍数增加使用量
栀子黄	着色剂	0.3	如用于果冻粉，按冲调倍数增加使用量
茶黄素	抗氧化剂	0.2	如用于果冻粉，按冲调倍数增加使用量。由关于海藻酸钙等食品添加剂新品种的公告（2016年第8号）增补
依据表A.2可以适量使用的食品添加剂75种（项），见本手册15页			

食品分类号 16.02　食品名称：茶叶、咖啡和茶制品

本类食品说明：包括茶叶、咖啡以及含茶制品。

允许使用的食品添加剂：

食品添加剂名称	功能	最大使用量/(g/kg)	备注
依据表 A.2 可以适量使用的食品添加剂 75 种(项),见本手册 15 页			

食品分类号 16.02.01　食品名称：茶叶、咖啡（属表 A.3 所例外的食品类别）

本类食品说明：茶叶是指以茶树的鲜叶为原料，经加工制成的，含有咖啡碱、茶多酚、茶氨酸等物质的产品。

咖啡是指咖啡属植物的果实和种子以及这些果实和种子制成的供人类消费的产品。

允许使用的食品添加剂：不允许使用食品添加剂

食品分类号 16.02.02　食品名称：茶制品（包括调味茶和代用茶）

本类食品说明：茶制品指含茶制品，包括调味茶和代用茶。

调味茶是指以茶叶为原料，配以各种可食用物质或食品用香料等制成的调味茶类。

代用茶是指由国家行政主管部门公布的可用于食品的植物芽叶、花及花蕾、果（实）、根茎等为原料，经加工制作、采用类似茶叶冲泡（浸泡或煮）的方式，供人们饮用的产品。

允许使用的食品添加剂：

食品添加剂名称	功能	最大使用量/(g/kg)	备注
甜菊糖苷	甜味剂	10.0	以甜菊醇当量计
茶黄素	抗氧化剂	0.2	由关于海藻酸钙等食品添加剂新品种的公告(2016 年第 8 号)增补
依据表 A.2 可以适量使用的食品添加剂 75 种(项),见本手册 15 页			

食品分类号 16.03　食品名称：胶原蛋白肠衣

本类食品说明：以猪皮、牛皮真皮层的胶原蛋白纤维为原料，制成的用于制备中西式灌肠的蛋白肠衣。

允许使用的食品添加剂：

食品添加剂名称	功能	最大使用量/(g/kg)	备注
山梨酸及其钾盐	防腐剂、抗氧化剂、稳定剂	0.5	以山梨酸计
纤维素	抗结剂、稳定剂和凝固剂、增稠剂	按生产需要适量使用	由关于食品用香料新品种 9-癸烯-2-酮、茶多酚等 7 种食品添加剂扩大使用范围和食品营养强化剂钙扩大使用范围的公告(2016 年第 14 号)增补

食品添加剂名称	功能	最大使用量/(g/kg)	备注
胭脂红及其铝色淀	着色剂	0.025	以胭脂红计
诱惑红及其铝色淀	着色剂	0.05	以诱惑红计
植物炭黑	着色剂	按生产需要适量使用	由关于海藻酸钙等食品添加剂新品种的公告(2016年第8号)增补
二氧化钛	着色剂	按生产需要适量使用	由关于海藻酸钙等食品添加剂新品种的公告(2016年第8号)增补
紫胶(又名虫胶)	着色剂	按生产需要适量使用	由关于抗坏血酸棕榈酸酯(酶法)等食品添加剂新品种的公告(2016年第9号)增补
依据表A.2可以适量使用的食品添加剂75种(项),见本手册15页			

食品分类号 16.04　食品名称：酵母及酵母类制品

本类食品说明：以酵母菌种为主体，经培养制成的可用于食品工业的菌体及其制品。

允许使用的食品添加剂：

食品添加剂名称	功能	最大使用量/(g/kg)	备注
硅酸钙	抗结剂	按生产需要适量使用	
依据表A.2可以适量使用的食品添加剂75种(项),见本手册15页			

食品分类号 16.04.01　食品名称：干酵母

本类食品说明：经过分离、干燥等工序制成的酵母产品。

允许使用的食品添加剂：

食品添加剂名称	功能	最大使用量/(g/kg)	备注
山梨醇酐单月桂酸酯(又名司盘20),山梨醇酐单棕榈酸酯(又名司盘40),山梨醇酐单硬脂酸酯(又名司盘60),山梨醇酐三硬脂酸酯(又名司盘65),山梨醇酐单油酸酯(又名司盘80)	乳化剂	10.0	
上级16.04分类允许使用的食品添加剂1项			
依据表A.2可以适量使用的食品添加剂75种(项),见本手册15页			

食品分类号 16.04.02　食品名称：其他酵母及酵母类制品

本类食品说明：除干酵母以外的其他酵母产品及以酵母为原料，经水解、提纯、干燥等工艺制成的酵母类制品。

允许使用的食品添加剂：

食品添加剂名称	功能	最大使用量/(g/kg)	备注
上级 16.04 分类允许使用的食品添加剂 1 项			
依据表 A.2 可以适量使用的食品添加剂 75 种(项)，见本手册 15 页			

食品分类号 16.05　食品名称：空缺

食品分类号 16.06　食品名称：膨化食品

本类食品说明：以谷物、豆类、薯类为主要原料，采用膨化工艺制成的体积明显增大，具有一定膨化度的一类酥脆食品。

允许使用的食品添加剂：

食品添加剂名称	功能	最大使用量/(g/kg)	备注
双乙酸钠(又名二醋酸钠)	防腐剂	1.0	
茶多酚(又名维多酚)	抗氧化剂	0.2	以油脂中儿茶素计
丁基羟基茴香醚(BHA)	抗氧化剂	0.2	以油脂中的含量计
二丁基羟基甲苯(BHT)	抗氧化剂	0.2	以油脂中的含量计
甘草抗氧化物	抗氧化剂	0.2	以甘草酸计
硫代二丙酸二月桂酯	抗氧化剂	0.2	
没食子酸丙酯(PG)	抗氧化剂	0.1	以油脂中的含量计
迷迭香提取物	抗氧化剂	0.3	
迷迭香提取物(超临界二氧化碳萃取法)	抗氧化剂	0.3	
特丁基对苯二酚(TBHQ)	抗氧化剂	0.2	以油脂中的含量计
维生素 E(*dl-α*-生育酚，*d-α*-生育酚，混合生育酚浓缩物)	抗氧化剂	0.2	以油脂中的含量计
竹叶抗氧化物	抗氧化剂	0.5	
茶黄素	抗氧化剂	0.2	由关于海藻酸钙等食品添加剂新品种的公告(2016 年第 8 号)增补
丙二醇脂肪酸酯	乳化剂、稳定剂	2.0	
聚甘油脂肪酸酯	乳化剂、稳定剂、增稠剂、抗结剂	10.0	
双乙酰酒石酸单双甘油酯	乳化剂、增稠剂	20.0	
磷酸，焦磷酸二氢二钠，焦磷酸钠，磷酸二氢钙，磷酸二氢钾，磷酸氢二铵，磷酸氢二钾，磷酸氢钙，磷酸三钙，磷酸三钾，磷酸三钠，六偏磷酸钠，三聚磷酸钠，磷酸二氢钠，磷酸氢二钠，焦磷酸四钾，焦磷酸一氢三钠，聚偏磷酸钾，酸式焦磷酸钙	水分保持剂、膨松剂、酸度调节剂、稳定剂、凝固剂、抗结剂	2.0	可单独或混合使用，最大使用量以磷酸根(PO_4^{3-})计

续表

食品添加剂名称	功能	最大使用量/(g/kg)	备注
乙酸钠(又名醋酸钠)	酸度调节剂、防腐剂	1.0	
乳酸钙	酸度调节剂、抗氧化剂、乳化剂、稳定剂和凝固剂、增稠剂	1.0	
N-[*N*-(3,3-二甲基丁基)]-L-*α*-天门冬氨-L-苯丙氨酸 1-甲酯(又名纽甜)	甜味剂	0.032	
天门冬酰苯丙氨酸甲酯(又名阿斯巴甜)	甜味剂	0.5	添加阿斯巴甜的食品应标明:"阿斯巴甜(含苯丙氨酸)"
甜菊糖苷	甜味剂	0.17	以甜菊醇当量计
山梨糖醇和山梨糖醇液	甜味剂、膨松剂、乳化剂、水分保持剂、稳定剂、增稠剂	按生产需要适量使用	
β-环状糊精	增稠剂	0.5	
辣椒油树脂	增味剂、着色剂	1.0	
赤藓红及其铝色淀	着色剂	0.025	仅限使用赤藓红
靛蓝及其铝色淀	着色剂	0.05	仅限使用靛蓝
二氧化钛	着色剂	10.0	
红花黄	着色剂	0.5	
红曲米,红曲红	着色剂	按生产需要适量使用	
β-胡萝卜素	着色剂	0.1	
姜黄	着色剂	0.2	以姜黄素计
姜黄素	着色剂	按生产需要适量使用	
焦糖色(普通法)	着色剂	2.5	
辣椒红	着色剂	按生产需要适量使用	
亮蓝及其铝色淀	着色剂	0.05	仅限使用亮蓝
柠檬黄及其铝色淀	着色剂	0.1	仅限使用柠檬黄
日落黄及其铝色淀	着色剂	0.1	仅限使用日落黄
胭脂虫红	着色剂	0.1	以胭脂红酸计
胭脂红及其铝色淀	着色剂	0.05	仅限使用胭脂红
胭脂树橙(又名红木素,降红木素)	着色剂	0.01	
诱惑红及其铝色淀	着色剂	0.1	仅限使用诱惑红
栀子黄	着色剂	0.3	
栀子蓝	着色剂	0.5	
依据表 A.2 可以适量使用的食品添加剂 75 种(项),见本手册 15 页			

食品分类号 16.07　食品名称：其他

本类食品说明：以上各类（16.01—16.06）未包括的其他食品。

允许使用的食品添加剂：

食品添加剂名称	功能	最大使用量/(g/kg)	备注
聚氧乙烯木糖醇酐单硬脂酸酯	乳化剂	5.0	发酵工艺
氯化钙	稳定剂和凝固剂、增稠剂	0.5	仅限畜禽血制品
山梨糖醇和山梨糖醇液	甜味剂、膨松剂、乳化剂、水分保持剂、稳定剂、增稠剂	按生产需要适量使用	仅限豆制品工艺
麦芽糖醇和麦芽糖醇液	甜味剂、稳定剂、水分保持剂、乳化剂、膨松剂、增稠剂	按生产需要适量使用	仅限豆制品工艺
二氧化硅	抗结剂	0.025	仅限豆制品工艺。复配消泡剂用，以每千克黄豆的使用量计
蔗糖脂肪酸酯	乳化剂	5.0	仅限即食菜肴
普鲁兰多糖	被膜剂、增稠剂	按生产需要适量使用	仅限膜片
硫磺	漂白剂、防腐剂	0.9	仅限魔芋粉。只限用于熏蒸，最大使用量以二氧化硫残留量计
二氧化钛	着色剂	2.5	仅限魔芋凝胶制品
山梨糖醇和山梨糖醇液	甜味剂、膨松剂、乳化剂、水分保持剂、稳定剂、增稠剂	按生产需要适量使用	仅限酿造工艺
麦芽糖醇和麦芽糖醇液	甜味剂、稳定剂、水分保持剂、乳化剂、膨松剂、增稠剂	按生产需要适量使用	仅限酿造工艺
可得然胶	稳定剂和凝固剂、增稠剂	按生产需要适量使用	仅限人造海鲜产品，如人造鲍鱼、人造海参、人造海鲜贝类等
蔗糖脂肪酸酯	乳化剂	10.0	仅限乳化天然色素
聚氧乙烯(20)山梨醇酐单月桂酸酯(又名吐温 20)，聚氧乙烯(20)山梨醇酐单棕榈酸酯(又名吐温 40)，聚氧乙烯(20)山梨醇酐单硬脂酸酯(又名吐温 60)，聚氧乙烯(20)山梨醇酐单油酸酯(又名吐温 80)	乳化剂、消泡剂、稳定剂	10.0	仅限乳化天然色素
丙酸及其钠盐、钙盐	防腐剂	50.0	仅限杨梅罐头加工工艺。以丙酸计
二氧化钛	着色剂	10.0g/L	仅限饮料混浊剂

续表

食品添加剂名称	功能	最大使用量/(g/kg)	备注
山梨醇酐单月桂酸酯(又名司盘20),山梨醇酐单棕榈酸酯(又名司盘40),山梨醇酐单硬脂酸酯(又名司盘60),山梨醇酐三硬脂酸酯(又名司盘65),山梨醇酐单油酸酯(又名司盘80)	乳化剂	0.05	仅限饮料混浊剂
山梨糖醇和山梨糖醇液	甜味剂、膨松剂、乳化剂、水分保持剂、稳定剂、增稠剂	按生产需要适量使用	仅限制糖工艺
麦芽糖醇和麦芽糖醇液	甜味剂、稳定剂、水分保持剂、乳化剂、膨松剂、增稠剂	按生产需要适量使用	仅限制糖工艺
依据表A.2可以适量使用的食品添加剂75种(项),见本手册15页			
本表按使用工艺排序,便于查找相应的食品添加剂			

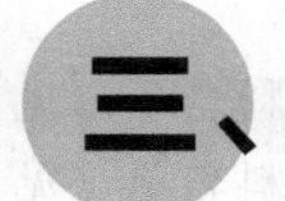

食品用香料、香精

（一）食品用香料、香精的使用原则

1. 在食品中使用食品用香料、香精的目的是使食品产生、改变或提高食品的风味。食品用香料一般配制成食品用香精后用于食品加香，部分也可直接用于食品加香。食品用香料、香精不包括只产生甜味、酸味或咸味的物质，也不包括增味剂。

2. 食品用香料、香精在各类食品中按生产需要适量使用，GB 2760—2014 表 B.1 中所列食品没有加香的必要，不得添加食品用香料、香精，法律、法规或国家食品安全标准另有明确规定者除外。除 GB 2760—2014 表 B.1 所列食品外，其他食品是否可以加香应按相关食品产品标准规定执行。

3. 用于配制食品用香精的食品用香料品种应符合 GB 2760—2014 标准的规定。用物理方法、酶法或微生物法（所用酶制剂应符合 GB 2760—2014 标准的有关规定）从食品（可以是未加工过的，也可以是经过了适合人类消费的传统的食品制备工艺的加工过程）制得的具有香味特性的物质或天然香味复合物可用于配制食品用香精。

注：天然香味复合物是一类含有食用香味物质的制剂。

4. 具有其他食品添加剂功能的食品用香料，在食品中发挥其他食品添加剂功能时，应符合 GB 2760—2014 标准的规定。例如：苯甲酸、肉桂醛、瓜拉纳提取物、双乙酸钠（又名二醋酸钠）、琥珀酸二钠、磷酸三钙、氨基酸等。

5. 食品用香精可以含有对其生产、贮存和应用等所必需的食品用香精辅料（包括食品添加剂和食品）。

6. 食品用香精的标签应符合相关标准的规定。

7. 凡添加了食品用香料、香精的食品应按国家相关标准进行标示。

（二）食品用香精辅料应符合以下要求

a）食品用香精中允许使用的辅料应符合相关标准的规定。在达到预期目的的前提下尽可能减少使用品种。

b）作为辅料添加到食品用香精中的食品添加剂不应在最终食品中发挥功能作用，在达到预期目的的前提下尽可能降低在食品中的使用量。

（三）食品用香料名单(见 GB 2760—2014 标准 119-183 页)

为节省篇幅，不再重复引用表 B.1、表 B.2、表 B.3。

1. 表B.1不得添加食品用香料、香精的食品名单（见GB 2760—2014附录B，表B.1）。

2. 表B.2允许使用的食品用天然香料名单（见GB 2760—2014附录B，表B.2）。

3. 表B.3允许使用的食品用合成香料名单（见GB 2760—2014附录B，表B.3）。

4. 新增食品用香料名单。

（四）新增食品用香料表

1. 新增食品用香料表［关于海藻酸钙等食品添加剂新品种的公告（2016年第8号）增补］

编码	中文名称	英文名称	FEMA编码
	2(4)-乙基-4(2),6-二甲基二氢-1,3,5-二噻嗪	2(4)-Ethyl-4(2),6-dimethyldihydro-1,3,5-dithiazinane	
	3-庚基二氢-5-甲基-2(3*H*)-呋喃酮	3-Heptyldihydro-5-methyl-2(3*H*)-furanone	
	香兰醇	Vanillylalcohol	
	6-[5(6)-癸烯酰氧基]癸酸	6-[5(6)-Decenoyloxy]decanoicacid	
	葡萄糖基甜菊糖苷	Glucosyl Steviol Glycosides	

2. 新增食品用香料表［关于抗坏血酸棕榈酸酯（酶法）等食品添加剂新品种的公告（2016年第9号）增补］

编码	中文名称	英文名称	FEMA编码
	3-{1-[(3,5-二甲基-1,2-噁唑-4-基)甲基]-1*H*-吡唑-4-基}-1-(3-羟基苄基)咪唑啉-2,4-二酮	3-{1-[(3,5-dimethyl-1,2-oxazol-4-yl) methyl]-1*H*-pyrazol-4-yl}-1-(3-hydroxybenzyl) imidazolidine-2,4-dione	
	4-氨基-5-[3-(异丙基氨基)-2,2-二甲基-3-氧代丙氧基]-2-甲基喹啉-3-羧酸硫酸盐	4-amino-5-[3-(isopropylamino)-2,2-dimethyl-3-oxo-propoxy]-2-methylquinoline-3-carboxylicacidsulfate	

用量及使用范围：

配制成食品用香精用于各类食品（GB 2760—2014表B.1食品类别除外），用量为按生产需要适量使用。

3. 新增食品用香料表［关于食品用香料新品种9-癸烯-2-酮、茶多酚等7种食品添加剂扩大使用范围和食品营养强化剂钙扩大使用范围的公告（2016年第14号）增补］

编码	中文名称	英文名称	FEMA编码
	9-癸烯-2-酮	9-Decen-2-one	

用量及使用范围：

配制成食品用香精用于各类食品（GB 2760—2014表B.1食品类别除外），用量为按生产需要适量使用。

4. 新增食品用香料表［关于食品添加剂新品种碳酸铵、6-甲基庚醛等 9 种食品用香料新品种和焦亚硫酸钠等 2 种食品添加剂扩大使用范围的公告（2017 年第 1 号）增补］

编码	中文名称	英文名称	FEMA 编码
	6-甲基庚醛	6-Methylheptanal	
	N-(2-异丙基-5-甲基环己基)环丙基甲酰胺	Cyclopropanecarboxylicacid（2-isopropyl-5-methyl-cyclohexyl)-amide	
	4-羟基-4-甲基-5-己烯酸-γ-内酯	4-Hydroxy-4-methyl-5-hexenoicacidgammalactone	
	糠基-2-甲基-3-呋喃基二硫醚	Furfuryl-2-methyl-3-furyldisulfide	
	4-癸烯酸	4-Decenoicacid	
	2-(4-甲基-5-噻唑基)乙醇丙酸酯	2-(4-methyl-5-thiazolyl)ethylpropionate	
	4,5-辛二酮	4,5-Octanedione	
	5-羟基癸酸乙酯	Ethyl5-hydroxydecanoate	
	己二酸二辛酯	Dioctyladipate	

用量及使用范围：

配制成食品用香精用于各类食品（GB 2760—2014 表 B.1 食品类别除外），用量为按生产需要适量使用。

四、食品工业用加工助剂

食品工业用加工助剂是使食品加工能够顺利进行的各种辅助物质，与食品本身无关，如助滤、澄清、吸附、润滑、脱膜、脱色、脱皮、提取溶剂、发酵用营养物等。从理论上说，加工助剂应该在使用结束后全部脱离最终食品，不应该在最终食品中存在。例如：植物油加工厂在生产大豆油时，使用了某种浸出溶剂。从原理上来说，虽然这些浸出溶剂最后并不应该留在食品中，但实际上由于食品加工工艺的限制，很难保证没有助剂的残留进入食品。目前在相应的食品产品安全标准中规定了某些助剂在食品中的残留量要求。

GB 2760—2014 对食品工业用加工助剂的使用原则和使用规定作了如下要求：

（一）食品工业用加工助剂(以下简称“加工助剂”)的使用原则

1. 加工助剂应在食品生产加工过程中使用，使用时应具有工艺必要性，在达到预期目的前提下应尽可能降低使用量。

2. 加工助剂一般应在制成最终成品之前除去，无法完全除去的，应尽可能降低其残留量，其残留量不应对健康产生危害，不应在最终食品中发挥功能作用。

3. 加工助剂应该符合相应的质量规格要求。

（二）食品工业用加工助剂的使用规定

1. 表 C.1 以加工助剂名称汉语拼音排序规定了可在各类食品加工过程中使用，残留量不需限定的加工助剂名单（不含酶制剂）。

2. 表 C.2 以加工助剂名称汉语拼音排序规定了需要规定功能和使用范围的加工助剂名单（不含酶制剂）。

3. 表 C.3 以酶制剂名称汉语拼音排序规定了食品加工中允许使用的酶。各种酶的来源和供体应符合表中的规定。

（三）食品工业用加工助剂名单(见 GB 2760—2014 标准 184-195 页)

为节省篇幅，不再重复引用表 C.1、表 C.2、表 C.3。

1. 表 C.1 可在各类食品加工过程中使用，残留量不需要限量的加工助剂名单（不含酶制剂）（见 GB 2760—2014 附录 C，表 C.1）。

2. 表 C.2 需要规定功能和使用范围的加工助剂（不含酶制剂）（见 GB 2760—2014 附录 C，表 C.2）。

3. 表 C.3 食品用酶制剂及其来源名单（见 GB 2760—2014 附录 C，表 C.3）。

4. 新增食品工业用加工助剂名单。

（四）新增食品工业用加工助剂表

1. 新增食品工业用加工助剂表［关于批准β-半乳糖苷酶为食品添加剂新品种等的公告（2015 年第 1 号）增补］

序号	酶	来源	供体
1	β-半乳糖苷酶 Beta-galactosidase	两歧双歧杆菌 *Bifidobacterium bifidum*	

2. 新增食品工业用加工助剂表［关于海藻酸钙等食品添加剂新品种的公告（2016 年第 8 号）增补］

名称	功能	使用量/(g/kg)	范围
焦亚硫酸钠	黏度调节剂	0.03，以二氧化硫残留量计	大豆蛋白的加工工艺（仅限大豆分离蛋白、大豆浓缩蛋白）
不溶性聚乙烯聚吡咯烷酮	吸附剂	按生产需要适量使用	茶（类）饮料加工工艺
硅酸钙	助滤剂	40	煎炸油加工工艺

3. 新增食品工业用加工助剂表［关于抗坏血酸棕榈酸酯（酶法）等食品添加剂新品种的公告（2016 年第 9 号）增补］

名称	功能	使用量/(g/kg)	范围
聚二甲基硅氧烷及其乳液	消泡剂	按生产需要适量使用	薯类加工工艺
辛，癸酸甘油酯	防黏剂	0.08	巧克力和巧克力制品加工工艺

4. 新增食品工业用加工助剂表［关于食品用香料新品种 9-癸烯-2-酮、茶多酚等 7 种食品添加剂扩大使用范围和食品营养强化剂钙扩大使用范围的公告（2016 年第 14 号）增补］

名称	功能	使用量/(g/kg)	范围
聚二甲基硅氧烷及其乳液	消泡剂	0.2	畜禽血制品加工工艺

五、新颁布和扩大使用范围的食品添加剂

（一）国家卫生和计划生育委员会关于批准β-半乳糖苷酶为食品添加剂新品种等的公告（2015年第1号）

根据《中华人民共和国食品安全法》和《食品添加剂新品种管理办法》，经审核，现批准β-半乳糖苷酶为食品添加剂新品种；6-甲基辛醛为食品用香料新品种；氧化亚氮、阿拉伯胶、红曲黄色素、抗坏血酸（维生素C）、迷迭香提取物、二甲基二碳酸盐（又名维果灵）、硫酸铝钾（又名钾明矾）/硫酸铝铵（又名铵明矾）、磷酸、焦磷酸钠、六偏磷酸钠、迷迭香提取物（超临界二氧化碳萃取法）等11种食品添加剂扩大使用范围、用量。

特此公告。

国家卫生计生委

2015年1月23日

附件1：β-半乳糖苷酶食品添加剂新品种
附件2：6-甲基辛醛食品用香料新品种
附件3：氧化亚氮等11种扩大使用范围、用量的食品添加剂

简明汇总表：

1. 新增食品添加剂新品种（2种）

（1）新增食品工业用加工助剂

序号	品种	功能	来源备注
1	β-半乳糖苷酶 Beta-galactosidase	加工助剂	两歧双歧杆菌 *Bifidobacterium bifidum*

（2）新增食品用香料新品种

序号	中文名称	英文名称	功能
1	6-甲基辛醛	6-Methyloctanal	食品用香料(合成)

2. 扩大使用范围和用量的食品添加剂（11 种）

（1）1 种扩大使用范围的食品工业用加工助剂

序号	中文名称	英文名称	功能	使用范围
1	氧化亚氮	nitrousoxide	助推剂	稀奶油(淡奶油)及其类似品的加工工艺

（2）10 种扩大使用范围、用量的其他类别食品添加剂

序号	名称	功能	食品分类号	食品名称	最大使用量/(g/kg)	备注
1	阿拉伯胶	其他	12.01	盐及代盐制品	按生产需要适量使用	
2	红曲黄色素	着色剂	10.02.01	卤蛋	按生产需要适量使用	
3	抗坏血酸(维生素 C)	抗氧化剂	14.02.01	果蔬汁(浆)	1.5	
4	迷迭香提取物	抗氧化剂	12.10.01	固体复合调味料	0.7	
5	二甲基二碳酸盐(又名维果灵)	防腐剂	14.04.02.01	特殊用途饮料(包括运动饮料、营养素饮料等)	0.25	固体饮料按稀释倍数增加使用量
6	硫酸铝钾(又名钾明矾)、硫酸铝铵(又名铵明矾)	膨松剂	06.05.02.01	粉丝、粉条	按生产需要适量使用	铝的残留量≤200mg/kg(干样品，以 Al 计)
7	磷酸	酸度调节剂	15.02	配制酒	5.0	最大使用量以磷酸根(PO_4^{3-})计
8	焦磷酸钠	抗结剂、水分保持剂	09.04	熟制水产品(可直接食用)	5.0	可单独或与六偏磷酸钠混合使用，最大使用量以磷酸根(PO_4^{3-})计
9	六偏磷酸钠	抗结剂、水分保持剂	09.04	熟制水产品(可直接食用)	5.0	可单独或与焦磷酸钠混合使用，最大使用量以磷酸根(PO_4^{3-})计
10	迷迭香提取物(超临界二氧化碳萃取法)	抗氧化剂	12.10.01	固体复合调味料	0.7	
			12.10.02	半固体复合调味料	0.3	
			12.10.03	液体复合调味料(不包括 12.03、12.04)	0.3	

（二）国家卫生和计划生育委员会关于海藻酸钙等食品添加剂新品种的公告（2016 年第 8 号）

根据《食品安全法》规定，审评机构组织专家对海藻酸钙等 10 种食品添加剂新品种、

L（+）-酒石酸等19种食品添加剂扩大使用范围或使用量、L-苏糖酸镁等3种食品营养强化剂新品种、左旋肉碱食品营养强化剂扩大使用量的安全性评估材料审查并通过。特此公告。

附件：1. 海藻酸钙等10种食品添加剂新品种

2. L（+）-酒石酸等19种食品添加剂扩大使用范围或使用量

3. L-苏糖酸镁等3种食品营养强化剂新品种

4. 左旋肉碱食品营养强化剂扩大使用量

国家卫生计生委

2016年6月15日

简明汇总表：

1. 新增食品添加剂新品种（10种）

（1）海藻酸钙（又名褐藻酸钙）

英文名称：Calcium alginate

功能分类：增稠剂、稳定和凝固剂

用量及使用范围：

食品分类号	食品名称	最大使用量/(g/kg)	备注
06.03.02	小麦粉制品	5.0	
07.01	面包	5.0	

（2）皂树皮提取物

英文名称：Quillaia extract

功能分类：乳化剂

用量及使用范围：

食品分类号	食品名称	最大使用量/(g/kg)	备注
14.02.03	果蔬汁(浆)类饮料	0.05	按皂素计，固体饮料按稀释倍数增加使用量
14.03	蛋白饮料	0.05	按皂素计，固体饮料按稀释倍数增加使用量
14.04	碳酸饮料	0.05	按皂素计，固体饮料按稀释倍数增加使用量
14.07	特殊用途饮料	0.05	按皂素计，固体饮料按稀释倍数增加使用量
14.08	风味饮料	0.05	按皂素计，固体饮料按稀释倍数增加使用量

（3）磷酸（湿法）

英文名称：Phosphoric acid (Wet process)

功能分类：酸度调节剂

用量及使用范围：

食品分类号	食品名称	最大使用量/(g/kg)	备注
14.04.01	可乐型碳酸饮料	5.0	以PO_4^{3-}计

（4）酒石酸铁

英文名称：Iron tartrate

功能分类：抗结剂

用量及使用范围：

食品分类号	食品名称	最大使用量/(g/kg)	备注
12.01	盐及代盐制品	0.106	最大使用量以酒石酸铁含量计

(5) 茶黄素

英文名称：Theaflavins

功能分类：抗氧化剂

用量及使用范围：

食品分类号	食品名称	最大使用量/(g/kg)	备注
02.0	脂肪，油和乳化脂肪制品	0.4	
02.01	基本不含水的脂肪和油	0.4	
04.05.02.01	熟制坚果与籽类(仅限油炸坚果与籽类)	0.2	
04.05.02.03	坚果与籽类罐头	0.2	
05.02.01	胶基糖果	0.4	
06.03.02.05	油炸面制品	0.2	
06.06	即食谷物，包括碾轧燕麦(片)	0.2	
06.07	方便米面制品	0.2	
07.0	焙烤食品	0.4	
08.02	预制肉制品	0.3	
08.03	熟肉制品	0.3	
09.0	水产及其制品(包括鱼类、甲壳类、贝类、软体类、棘皮类等水产及其加工制品等)	0.3	
09.03	预制水产品(半成品)	0.3	
12.10	复合调味料	0.1	
14.03.02	植物蛋白饮料	0.1	
14.04	碳酸饮料	0.2	
14.06	固体饮料	0.8	
14.07	特殊用途饮料	0.2	
14.08	风味饮料	0.2	
14.09	其他类饮料	0.2	
16.01	果冻	0.2	如用于果冻粉，按冲调倍数增加使用量
16.02.02	茶制品(包括调味茶和代用茶)	0.2	
16.06	膨化食品	0.2	

（6）新增食品用香料新品种

序号	中文名称	英文名称	功能
1	2(4)-乙基-4(2),6-二甲基二氢-1,3,5-二噻嗪	2(4)-Ethyl-4(2),6-dimethyldihydro-1,3,5-dithiazinane	食品用香料
2	3-庚基二氢-5-甲基-2(3*H*)-呋喃酮	3-Heptyldihydro-5-methyl-2(3*H*)-furanone	食品用香料
3	香兰醇	Vanillylalcohol	食品用香料
4	6-[5(6)-癸烯酰氧基]癸酸	6-[5(6)-Decenoyloxy]decanoicacid	食品用香料
5	葡萄糖基甜菊糖苷	Glucosyl Steviol Glycosides	食品用香料

用量及使用范围：

配制成食品用香精用于各类食品（GB 2760—2014 表 B.1 食品类别除外），用量为按生产需要适量使用。

2. 扩大使用范围或使用量的食品添加剂（19 种）

序号	名称	功能	食品分类号	食品名称	最大使用量/(g/kg)	备注
1	L(+)-酒石酸	酸度调节剂	05.02	糖果	30	以酒石酸计
2	二甲基二碳酸盐(又名维果灵)	防腐剂	14.08	风味饮料	0.25	固体饮料按稀释倍数增加使用量
3	二氧化钛	着色剂	16.03	胶原蛋白肠衣	按生产需要适量使用	
4	红曲红	着色剂	10.03	蛋制品(改变其物理性状)	按生产需要适量使用	
			10.04	其他蛋制品	按生产需要适量使用	
5	焦糖色(普通法)	着色剂	04.04.01.03	豆干再制品	按生产需要适量使用	
6	焦亚硫酸钾	抗氧化剂、防腐剂	15.02	配制酒	0.25g/L	最大使用量以二氧化硫残留量计
7	焦亚硫酸钠	护色剂、抗氧化剂	04.02.02.04	蔬菜罐头	0.05	最大使用量以二氧化硫残留量计
		食品工业用加工助剂(黏度调节剂)	—	大豆蛋白的加工工艺(仅限大豆分离蛋白、大豆浓缩蛋白)	0.03	以二氧化硫残留量计
8	抗坏血酸棕榈酸酯	抗氧化剂	14.05.01	茶(类)饮料	0.2	固体饮料按稀释倍数增加使用量

续表

序号	名称	功能	食品分类号	食品名称	最大使用量/(g/kg)	备注
9	可得然胶	稳定和凝固剂、增稠剂	01.02.02	风味发酵乳	按生产需要适量使用	
			03.01	冰淇淋、雪糕类	按生产需要适量使用	
			05.02.01	胶基糖果	按生产需要适量使用	
			12.10.02.01	蛋黄酱、沙拉酱	按生产需要适量使用	
			14.03.02	植物蛋白饮料	按生产需要适量使用	固体饮料按稀释倍数增加使用量
			14.06.04	其他固体饮料	按生产需要适量使用	
10	辣椒红	着色剂	04.03.02.03	腌渍的食用菌和藻类	按生产需要适量使用	
11	辣椒油树脂	增味剂、着色剂	04.04.01.03	豆干再制品	按生产需要适量使用	
			04.04.01.05	新型豆制品(大豆蛋白及其膨化食品、大豆素肉等)	按生产需要适量使用	
12	亮蓝及其铝色淀	着色剂	07.02.04	糕点上彩装	0.025	以亮蓝计
13	木松香甘油酯	乳化剂	05.03	糖果和巧克力制品包衣	0.32	
14	山梨酸钾	防腐剂	02.02.02	脂肪含量80%以下的乳化制品	1.0	以山梨酸计
15	山梨糖醇和山梨糖醇液	水分保持剂	09.02.03	冷冻鱼糜制品(包括鱼丸等)	20	
16	特丁基对苯二酚(TBHQ)	抗氧化剂	07.02	糕点	0.2	以油脂中的含量计
17	植物炭黑	着色剂	16.03	胶原蛋白肠衣	按生产需要量使用	
18	不溶性聚乙烯聚吡咯烷酮	食品工业用加工助剂(吸附剂)	—	茶(类)饮料加工工艺	按生产需要适量使用	
19	硅酸钙	食品工业用加工助剂(助滤剂)	—	煎炸油加工工艺	40	

3. 新增L-苏糖酸镁等3种食品营养强化剂新品种

序号	名称	功能	食品分类号	食品名称	使用量	备注
1	L-苏糖酸镁	食品营养强化剂	01.03.02	调制乳粉（儿童用乳粉和孕产妇用乳粉除）	300～1100mg/kg（以镁计）	
			14.0	饮料类（14.01及14.06涉及品种除外）	30～60mg/kg（以镁计）	
2	低聚半乳糖	食品营养强化剂	13.01	婴幼儿配方食品	单独或混合使用，该类物质总量不超过64.5g/kg	用量及使用范围符合GB 14880中低聚半乳糖（乳糖来源）的规定
			13.02.01	婴幼儿谷类辅助食品		
3	维生素K_2（发酵法）	食品营养强化剂	01.03.02	调制乳粉（仅限儿童用乳粉）	420～750μg/kg	
				调制乳粉（仅限孕产妇用乳粉）	340～680μg/kg	

4. 左旋肉碱食品营养强化剂扩大使用量

序号	名称	功能	食品分类号	食品名称	最大使用量/(mg/kg)	备注
1	左旋肉碱	食品营养强化剂	14.02.03	果蔬汁（肉）饮料（包括发酵型产品等）	100～3000	
			14.03.01	含乳饮料	100～3000	
			14.04.02.02	风味饮料（包括果味、乳味、茶味、咖啡味及其他味饮料等）	100～3000	

（三）国家卫生和计划生育委员会关于抗坏血酸棕榈酸酯（酶法）等食品添加剂新品种的公告（2016年第9号）

根据《食品安全法》规定，审评机构组织专家对抗坏血酸棕榈酸酯（酶法）等3种食品添加剂新品种、辣椒油树脂等8种食品添加剂扩大使用范围、富硒酵母食品营养强化剂扩大使用范围的安全性评估材料审查并通过。

特此公告。

附件：1. 抗坏血酸棕榈酸酯（酶法）等3种食品添加剂新品种
2. 辣椒油树脂等8种食品添加剂扩大使用范围
3. 富硒酵母食品营养强化剂扩大使用范围

国家卫生计生委
2016年7月22日

简明汇总表：

1. 新增食品添加剂新品种（3种）

（1）抗坏血酸棕榈酸酯（酶法）

英文名称：Ascorbylpalmitate（enzymatic）

功能分类：抗氧化剂

用量及使用范围：

食品分类号	食品名称	最大使用量/(g/kg)	备注
02.0	脂肪，油和乳化脂肪制品	0.2	
02.01	基本不含水的脂肪和油		

（2）新增食品用香料新品种

序号	中文名称	英文名称	功能
1	3-{1-[(3,5-二甲基-1,2-噁唑-4-基)甲基]-1*H*-吡唑-4-基}-1-(3-羟基苄基)咪唑啉-2,4-二酮	3-{1-[(3,5-dimethyl-1,2-oxazol-4-yl)methyl]-1*H*-pyrazol-4-yl}-1-(3-hydroxybenzyl)imidazolidine-2,4-dione	食品用香料
2	4-氨基-5-[3-(异丙基氨基)-2,2-二甲基-3-氧代丙氧基]-2-甲基喹啉-3-羧酸硫酸盐	4-amino-5-[3-(isopropylamino)-2,2-dimethyl-3-oxo-propoxy]-2-methylquinoline-3-carboxylicacidsulfate	食品用香料

用量及使用范围：

配制成食品用香精用于各类食品（GB 2760—2014 表 B.1 食品类别除外），用量为按生产需要适量使用。

2. 扩大使用范围的食品添加剂（8种）

序号	名称	功能	食品分类号	食品名称	最大使用量/(g/kg)	备注
1	辣椒油树脂	增味剂、着色剂	04.04.01.02	豆干类	按生产需要适量使用	
			09.04.02	经烹调或油炸的水产品		
2	辣椒红	着色剂	04.04.01.02	豆干类	按生产需要适量使用	
			09.04.02	经烹调或油炸的水产品		
3	异麦芽酮糖	甜味剂	05.01.02	巧克力与巧克力制品，除05.01.01以外的可可制品	生产需要适量使用	
			05.01.03	代可可脂巧克力及使用可可脂代用品的巧克力类似产品		
			05.03	糖果和巧克力制品包衣		

续表

序号	名称	功能	食品分类号	食品名称	最大使用量/(g/kg)	备注
3	异麦芽酮糖	甜味剂	06.10	粮食制品馅料	生产需要适量使用	
			07.04	焙烤食品馅料及表面用挂浆		
4	山梨酸钾	防腐剂	09.03.02	腌制水产品(仅限即食海蜇)	1.0	以山梨酸计
5	焦亚硫酸钠	防腐剂、抗氧化剂	09.01	鲜水产(仅限于海水虾蟹类及其制品)	0.1	最大使用量以二氧化硫残留量计
			09.02	冷冻水产品及其制品(仅限于海水虾蟹类及其制品)		
6	紫胶(又名虫胶)	着色剂	16.03	胶原蛋白肠衣	按生产需要适量使用	
7	聚二甲基硅氧烷及其乳液	食品工业用加工助剂(消泡剂)	—	薯类加工工艺	按生产需要适量使用	
8	辛，癸酸甘油酯	食品工业用加工助剂(防黏剂)	—	巧克力和巧克力制品加工工艺	0.08	

3. 富硒酵母食品营养强化剂扩大使用范围

序号	名称	功能	食品分类号	食品名称	使用量/(μg/kg)	备注
1	富硒酵母	食品营养强化剂	01.03.02	调制乳粉(儿童用乳粉除外)	140～280	以硒计
				调制乳粉(仅限儿童用乳粉)	60～130	
			06.02	大米及其制品	140～280	
			06.03	小麦粉及其制品	140～280	
			06.04	杂粮粉及其制品	140～280	
			07.01	面包	140～280	
			07.03	饼干	30～110	

(四)国家卫生和计划生育委员会关于食品用香料新品种9-癸烯-2-酮、茶多酚等7种食品添加剂扩大使用范围和食品营养强化剂钙扩大使用范围的公告(2016年第14号)

根据《食品安全法》规定，审评机构组织专家对食品用香料新品种9-癸烯-2-酮、茶多酚等7种食品添加剂扩大使用范围和食品营养强化剂钙扩大使用范围的安全性评估材料审查并通过。

特此公告。

附件：1. 食品用香料新品种 9-癸烯-2-酮

2. 茶多酚等 7 种食品添加剂扩大使用范围

3. 食品营养强化剂钙扩大使用范围

国家卫生计生委

2016 年 11 月 1 日

简明汇总表：

1. 新增食品添加剂新品种（1 种）

序号	中文名称	英文名称	功能
1	9-癸烯-2-酮	9-Decen-2-one	食品用香料

用量及使用范围：

配制成食品用香精用于各类食品（GB 2760—2014 表 B.1 食品类别除外），用量为按生产需要适量使用。

2. 扩大使用范围或使用量的食品添加剂（7 种）

序号	名称	功能	食品分类号	食品名称	最大使用量/(g/kg)	备注
1	茶多酚	抗氧化剂	04.01.02.05	果酱	0.5	以儿茶素计
			11.05.01	水果调味糖浆		
2	二氧化碳	其他	14.01.01	饮用天然矿泉水	按生产需要适量使用	
3	焦糖色（普通法）	着色剂	14.03.04	其他蛋白饮料	按生产需要适量使用	
4	乳酸	酸度调节剂	01.05.01	稀奶油	按生产需要适量使用	
5	纤维素	抗结剂、稳定剂和凝固剂、增稠剂	01.06	干酪和再制干酪及其类似品	按生产需要适量使用	
			06.03.02.04	面糊（如用于鱼和禽肉的拖面糊）、裹粉、煎炸粉		
			07.0	焙烤食品		
			08.03.04	西式火腿（熏烤、烟熏、蒸煮火腿）类		
			08.03.05	肉灌肠类		
			12.05	酱及酱制品		

续表

序号	名称	功能	食品分类号	食品名称	最大使用量/(g/kg)	备注
5	纤维素	抗结剂、稳定剂和凝固剂、增稠剂	12.09.03	香辛料酱(如芥末酱、青芥酱)	按生产需要适量使用	
			16.03	胶原蛋白肠衣		
6	亚硫酸钠	护色剂、抗氧化剂	04.01.02.05	果酱	0.1	以二氧化硫残留量计
7	聚二甲基硅氧烷及其乳液	食品工业用加工助剂(消泡剂)		畜禽血制品加工工艺	0.2	

3. 扩大使用范围或使用量的营养强化剂(1种)

序号	名称	功能	食品分类号	食品名称	使用量/(mg/kg)	备注
1	钙	食品营养强化剂	01.02.02	风味发酵乳	250～1000	钙的化合物来源符合 GB 14880 中附录 B 的要求

(五)国家卫生和计划生育委员会关于食品添加剂新品种碳酸铵、6-甲基庚醛等9种食品用香料新品种和焦亚硫酸钠等2种食品添加剂扩大使用范围的公告(2017年第1号)

根据《食品安全法》规定，审评机构组织专家对食品添加剂新品种碳酸铵、6-甲基庚醛等9种食品用香料新品种和焦亚硫酸钠等2种食品添加剂扩大使用范围的安全性评估材料审查并通过。

特此公告。

附件：1. 食品添加剂新品种碳酸铵
　　　2. 6-甲基庚醛等9种食品用香料新品种
　　　3. 焦亚硫酸钠等2种食品添加剂扩大使用范围

国家卫生计生委
2017年2月6日

简明汇总表：

1. 新增食品添加剂新品种(10种)

(1) 碳酸铵

英文名称：Ammonium Carbonate

功能分类：膨松剂

用量及使用范围：

食品分类号	食品名称	最大使用量/(g/kg)	备注
07.03	饼干	按生产需要适量使用	

(2) 新增食品用香料新品种

序号	中文名称	英文名称	功能
1	6-甲基庚醛	6-Methylheptanal	食品用香料
2	*N*-(2-异丙基-5-甲基环己基)环丙基甲酰胺	Cyclopropanecarboxylicacid (2-isopropyl-5-methyl-cyclohexyl)-amide	食品用香料
3	4-羟基-4-甲基-5-己烯酸-γ-内酯	4-Hydroxy-4-methyl-5-hexenoicacidgammalactone	食品用香料
4	糠基-2-甲基-3-呋喃基二硫醚	Furfuryl-2-methyl-3-furyldisulfide	食品用香料
5	4-癸烯酸	4-Decenoicacid	食品用香料
6	2-(4-甲基-5-噻唑基)乙醇丙酸酯	2-(4-methyl-5-thiazolyl)ethylpropionate	食品用香料
7	4,5-辛二酮	4,5-Octanedione	食品用香料
8	5-羟基癸酸乙酯	Ethyl 5-hydroxydecanoate	食品用香料
9	己二酸二辛酯	Dioctyladipate	食品用香料

2. 扩大使用范围的食品添加剂(2种)

序号	名称	功能	食品分类号	食品名称	最大使用量/(g/kg)	备注
1	焦亚硫酸钠	抗氧化剂	04.02.02.04	蔬菜罐头(仅限银条菜)	0.2	以二氧化硫残留计
2	葡萄糖酸-δ-内酯	酸度调节剂	01.05.01	稀奶油	按生产需要适量使用	

附件：

新版GB 2760—2014标准的要点介绍

食品添加剂是指为改善食品品质、营养和色、香、味，以及为防腐、保鲜和加工工艺的需要而加入食品中的人工合成或天然物质，食品用香料、胶基糖果中基础物质、食品工业用加工助剂也包括在内。

由于食品工业的快速发展，食品添加剂已经成为现代食品工业的重要组成部分，并且已经成为食品工业技术进步和科技创新的重要推动力。在食品添加剂的使用中，除保证其发挥应有的功能和作用外，最重要的是应保证食品的卫生和安全。为了规范食品添加剂的使用、保障食品添加剂使用的安全性，国家卫生和计划生育委员会根据《中华人民共和国食品安全法》的有关规定，制定颁布了《食品添加剂使用标准》(GB 2760—2014)，定义了食品添加剂，规定了食品添加剂的使用原则、允许使用的食品添加剂品种，并对食品添加剂使用时所允许的最大添加量作了规定，对食品添加剂或其分解产物在最终食品中的允许残留水平和最大残留量也作了规定。

GB 2760—2014 将食品营养强化剂和胶基糖果中基础剂物质及其配料名单调整由其他相关标准进行规定，但还是将食品工业用加工助剂和食品用香料保留在新版标准中。

一、食品添加剂使用时应符合以下基本要求

1. 不应对人体产生任何健康危害；

2. 不应掩盖食品腐败变质；

3. 不应掩盖食品本身或加工过程中的质量缺陷或以掺杂、掺假、伪造为目的而使用食品添加剂；

4. 不应降低食品本身的营养价值；

5. 在达到预期效果的前提下尽可能降低在食品中的使用量。

二、在下列情况下可使用食品添加剂

1. 保持或提高食品本身的营养价值；

2. 作为某些特殊膳食用食品的必要配料或成分；

3. 提高食品的质量和稳定性，改进其感官特性；

4. 便于食品的生产、加工、包装、运输或者贮藏。

三、带入原则

1. 在下列情况下食品添加剂可以通过食品配料（含食品添加剂）带入食品中：

a) 根据本标准，食品配料中允许使用该食品添加剂；

b）食品配料中该添加剂的用量不应超过允许的最大使用量；

c）应在正常生产工艺条件下使用这些配料，并且食品中该添加剂的含量不应超过由配料带入的水平；

d）由配料带入食品中的该添加剂的含量应明显低于直接将其添加到该食品中通常所需要的水平。

2. 当某食品配料作为特定终产品的原料时，批准用于上述特定终产品的添加剂允许添加到这些食品配料中，同时该添加剂在终产品中的量应符合本标准的要求。在所述特定食品配料的标签上应明确标示该食品配料用于上述特定食品的生产。

四、食品添加剂的使用规定

1. 食品添加剂的使用应符合附录 A 的规定。

a）表 A.1 规定了食品添加剂的允许使用品种、使用范围以及最大使用量或残留量；表 A.1 列出的同一功能的食品添加剂（相同色泽着色剂、防腐剂、抗氧化剂）在混合使用时，各自用量占其最大使用量的比例之和不应超过 1。

b）表 A.2 规定了可在各类食品（表 A.3 所列食品类别除外）中按生产需要适量使用的食品添加剂。

c）表 A.3 规定了按生产需要适量使用的食品添加剂（表 A.2）所例外的食品类别名单表，这些食品类别使用添加剂时应符合表 A.1 的规定。同时，这些食品类别不得使用表 A.1 规定的其上级食品类别中允许使用的食品添加剂。

d）上述各表中的“功能”栏为该添加剂的主要功能，供使用时参考，来源依据附录 D 食品添加剂功能类别（见标准 196 页）

2. 用于生产食品用香精的食品用香料使用应符合附录 B 的规定（见标准 119-183 页）

表 B.1 不得添加食品用香料、香精的食品名单；

表 B.2 允许使用的食品用天然香料名单；

表 B.3 允许使用的食品用合成香料名单。

3. 食品工业用加工助剂的使用应符合附录 C 的规定（见标准 184-195 页）。

表 C.1 可在各类食品加工过程中使用，残留量不需限定的加工助剂名单（不含酶制剂）；

表 C.2 需要规定功能和使用范围的加工助剂名单（不含酶制剂）；

表 C.3 食品用酶制剂及其来源名单。

4. 附录 E 食品分类系统（见标准 197 页）：GB 2760—2014 标准适用的食品分类系统只适用于本标准内使用，用于界定食品添加剂的使用范围，见附录 E。如允许某一食品添加剂应用于某一食品类别时，则允许其应用于该类别下的所有类别食品，另有规定的除外。

5. 附录 F 索引：附录 A 中食品添加剂使用规定索引（见标准 208 页）。

五、新旧标准的主要变化

GB 2760—2014 标准用于代替 GB 2760—2011《食品安全国家标准　食品添加剂使用标准》，与 GB 2760—2011 相比，主要变化如下：

1. 增加了原卫生部 2010 年 16 号公告、2010 年 23 号公告、2012 年 1 号公告、2012 年 6 号公告、2012 年 15 号公告、2013 年 2 号公告，国家卫生和计划生育委员会 2013 年 2 号公告、2013 年 5 号公告、2013 年 9 号公告、2014 年 3 号公告、2014 年 5 号公告、2014 年 9 号公告、2014 年 11 号公告、2014 年 17 号公告的食品添加剂规定。

2. 将食品营养强化剂和胶基糖果中基础剂物质及其配料名单调整由其他相关标准进行规定。

3. 修改了 3.4 带入原则，增加了 3.4.2。

4. 修改了附录 A“食品添加剂的使用规定”：

a）删除了表 A.1 中 4-苯基苯酚、2-苯基苯酚钠盐、不饱和脂肪酸单甘酯、茶黄色素、茶绿色素、多穗柯棕、甘草、硅铝酸钠、葫芦巴胶、黄蜀葵胶、酸性磷酸铝钠、辛基苯氧聚乙烯氧基、辛烯基琥珀酸铝淀粉、薪草提取物、乙萘酚、仲丁胺等食品添加剂品种及其使用规定；

b）修改了表 A.1 中硫酸铝钾、硫酸铝铵、赤藓红及其铝色淀、靛蓝及其铝色淀、亮蓝及其铝色淀、柠檬黄及其铝色淀、日落黄及其铝色淀、胭脂红及其铝色淀、诱惑红及其铝色淀、焦糖色（加氨生产）、焦糖色（亚硫酸铵法）、山梨醇酐单月桂酸酯、山梨醇酐单棕榈酸酯、山梨醇酐单硬脂酸酯、山梨醇酐三硬脂酸酯、山梨醇酐单油酸酯、甜菊糖苷、胭脂虫红的使用规定；

c）在表 A.1 中增加了 L（+）-酒石酸、*dl*-酒石酸、纽甜、β-胡萝卜素、β-环状糊精、双乙酰酒石酸单双甘油酯、阿斯巴甜等食品添加剂的使用范围和最大使用量，删除了上述食品添加剂在表 A.2 中的使用规定；

d）删除了表 A.1 中部分食品类别中没有工艺必要性的食品添加剂规定；

e）表 A.3 中增加了“06.04.01 杂粮粉”，删除了“13.03 特殊医学用途配方食品”。

5. 修改了附录 B 食品用香料、香精的使用规定：

a）删除了八角茴香、牛至、甘草根、中国肉桂、丁香、众香子、莳萝籽等香料品种；

b）表 B.1 中增加“16.02.01 茶叶、咖啡”。

6. 修改了附录 C 食品工业用加工助剂（以下简称“加工助剂”）使用规定：

a）表 C.1 中增加了过氧化氢；

b）表 C.2 中删除了甲醇、钯、聚甘油聚亚油酸酯品种及其使用规定。

7. 删除了附录 D 胶基糖果中基础剂物质及其配料名单。

8. 修改了附录 F 食品分类系统：

a）修改为附录 E 食品分类系统；

b）修改了 01.0、02.0、04.0、08.0、09.0、11.0、12.0、13.0、14.0、16.0 等类别中的部分食品分类号及食品名称，并按照调整后的食品类别对食品添加剂使用规定进行了调整。

9. 增加了附录 F“附录 A 中食品添加剂使用规定索引”。

* 本章主要内容引自食品安全国家标准 GB 2760—2014《食品添加剂使用标准》。

参 考 文 献

[1] GB 2760—2014 食品添加剂使用标准.
[2] 王竹天. GB 2760—2014《食品安全国家标准 食品添加剂使用标准》实施指南. 北京：中国标准出版社，2015.
[3] 食品伙伴网 http：//www. foodmate. net/.

致　谢

成都市佳味添成饮料科技研究所是一家致力于饮料产品研发和工艺设计的科研机构，具有60余人的专业研发和生产技术团队及26年从事饮料食品研发、生产技术的经验，已先后服务于完达山、新希望、太子奶、燕之屋等1000多家饮料食品生产企业，拥有较高的行业口碑和社会认同。

本书的出版得到了成都市佳味添成饮料科技研究所的大力支持，特此感谢！